Irving Adler

Gruppen in der Neuen Mathematik

Eine elementare Einführung
in die Theorie mathematischer Gruppen
an Hand einfacher Beispiele

Mit 234 Bildern

Vieweg · Braunschweig

Übersetzer: Dipl.-Math. Robert Maier, Münster

Titel der amerikanischen Originalausgabe:
Groups in the New Mathematics
The John Day Company, New York 1967

1974

Alle Rechte vorbehalten
© Friedr. Vieweg & Sohn Verlagsgesellschaft mbH, Braunschweig, 1974

Die Vervielfältigung und Übertragung einzelner Textabschnitte, Zeichnungen oder Bilder, auch für Zwecke der Unterrichtsgestaltung, gestattet das Urheberrecht nur, wenn sie mit dem Verlag vorher vereinbart wurden. Im Einzelfall muß über die Zahlung einer Gebühr für die Nutzung fremden geistigen Eigentums entschieden werden. Das gilt für die Vervielfältigung durch alle Verfahren einschließlich Speicherung und jede Übertragung auf Papier, Transparente, Filme, Bänder, Platten und andere Medien.

Satz: Friedr. Vieweg & Sohn, Braunschweig
Druck: E. Hunold, Braunschweig
Buchbinder: W. Langelüddecke, Braunschweig
Printed in Germany

ISBN 3 528 0 8330 1

Vorwort

Dieses Buch handelt von der mathematischen Struktur, die als *Gruppe* bekannt ist.

Der Begriff der Gruppe wurde im achtzehnten Jahrhundert auf Grund von Untersuchungen gewisser Gruppen geprägt, die in der Algebra auftreten. Später ergab sich, daß es auch in der Geometrie und anderen Zweigen der Mathematik wichtige Gruppen gibt. Schließlich stellte sich heraus, daß Gruppen in Kunst und Wissenschaft überhaupt eine wichtige Rolle spielen.

Die Bedeutung der Gruppen ergibt sich aus ihrem Nutzen für das Studium von Symmetrien, wie wir in Kapitel 7 sehen werden. Symmetrie tritt in der Natur sehr häufig auf, und wo immer Symmetrie auftritt, gibt es eine entsprechende Gruppe. Aus diesem Grund findet die Gruppentheorie in vielen Wissenschaften Anwendung. Sie wird z. B. von Kristallographen beim Studium von Symmetrien der Kristalle von Mineralen verwendet. Sie wird ebenso von Physikern und Chemikern bei Untersuchungen von Symmetrien von Elementarteilchen und Kräftefeldern benutzt. Die Bedeutung der Gruppentheorie wurde erst kürzlich sehr nachdrücklich unterstrichen, als einige Physiker mit Hilfe der Gruppentheorie die Existenz eines Elementarteilchens voraussagten, das nie zuvor beobachtet worden war, und die Eigenschaften beschrieben, die es haben sollte. Spätere Experimente zeigten, daß dieses Teilchen tatsächlich existiert und jene Eigenschaften hat.

Aus der Sicht des durchschnittlichen Lesers besteht eine Lücke in der vorhandenen Literatur über Gruppen. Einerseits gibt es sehr viele Lehrbücher über Gruppentheorie. Aber diese sind zu abstrakt, zu technisch und zu schwierig für den durchschnittlichen Leser. Andererseits gibt es viele Bücher für den Durchschnittsleser, die Gruppen behandeln, aber nicht genügend Einzelheiten enthalten, um dem Leser wirklich Verständnis für Gruppen zu vermitteln. Dieses Buch soll diese Lücke schließen, indem es wesentliche Teile der elementaren Gruppentheorie an Hand einfacher, konkreter Beispiele entwickelt und dabei beim Leser nicht mehr als die Beherrschung der Arithmetik des sechsten Schuljahres voraussetzt.

Wegen der vielfältigen Anwendungsmöglichkeiten von Gruppen ist es wichtig, daß junge Leute früh mit ihnen vertraut werden. Dieses Buch zeigt, wie der Begriff der Gruppe durch einfache Beispiele eingeführt werden kann, die von Schulkindern vom siebten Schuljahr an verstanden werden können. Es ist wahrscheinlich, daß schon in der nahen Zukunft Gruppen Bestandteil des mathematischen Unterrichtsstoffes bereits im siebten Schuljahr sein werden und Erfahrungen, von denen her der Begriff der Gruppe entwickelt werden kann, schon im zweiten Schuljahr vermittelt werden. Um sich auf diesen Tag vorzubereiten, müssen Lehrer jetzt lernen, was sie über Gruppen später lehren müssen. Dieses Buch, das für den Durchschnittsleser geschrieben ist, will auch dazu beitragen, diesen Zweck für den Lehrer zu erfüllen.

Irving Adler

Inhalt

1. Zahlen und ähnliche Dinge — 1
2. Multiplikation von Maßzahlen — 2
3. Addition ganzer Zahlen — 12
4. Der Begriff der Gruppe — 24
5. Die Drehungen eines Rades — 28
6. Zifferblattzahlen — 36
7. Symmetrien ebener Figuren — 44
8. Rechenregeln in einer Gruppe — 57
9. Gruppen und ihre Tafeln — 69
10. Transformationen — 78
11. Gruppen gleicher Struktur — 94
12. Gruppen innerhalb einer Gruppe — 125
13. Zusammenklappen einer Gruppe — 145
    Antworten zu den Übungen — 158
    Sachwortverzeichnis — 186

1. Zahlen und ähnliche Dinge

Zwei beliebige Zahlen können durch Addition zu einer dritten Zahl „verknüpft" werden, die ihre *Summe* genannt wird. So können etwa die Zahlen 2 und 3 addiert werden, wobei sich die Summe 5 ergibt.

Auch durch Multiplikation können zwei beliebige Zahlen zu einer dritten Zahl „verknüpft" werden, die ihr *Produkt* genannt wird. So können etwa die Zahlen $\frac{1}{2}$ und $\frac{1}{3}$ multipliziert werden, wobei sich das Produkt $\frac{1}{6}$ ergibt.

Es gibt viele Mengen von Dingen, die keine Zahlen sind, aber den Zahlen in dieser Hinsicht gleichen. Es gibt eine Verknüpfungsregel, durch welche zwei beliebige Dinge der Menge zu einem dritten verknüpft werden können. Ein bekanntes Beispiel ist die Menge aller möglichen Rotationen oder Drehungen eines Uhrzeigers um den Mittelpunkt des Zifferblattes. Zwei Drehungen können verknüpft werden, indem man die eine Drehung auf die andere folgen läßt. Wenn man z. B. einer viertel Drehung im Uhrzeigersinn eine

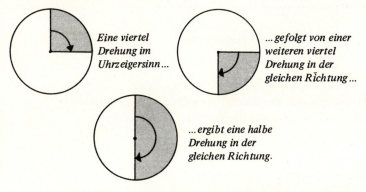

Eine viertel Drehung im Uhrzeigersinn...

...gefolgt von einer weiteren viertel Drehung in der gleichen Richtung...

...ergibt eine halbe Drehung in der gleichen Richtung.

weitere viertel Drehung im Uhrzeigersinn folgen läßt, ergeben die beiden Drehungen zusammen eine halbe Drehung in der gleichen Richtung.

In einigen Mengen, in denen es eine Verknüpfungsregel gibt, geht die Ähnlichkeit zu Zahlen sogar noch weiter. Es können nicht nur je zwei Elemente zu einem dritten verknüpft werden, sondern die Verknüpfungsregel hat darüberhinaus Eigenschaften, die den Eigenschaften gleichen, die Addition und Multiplikation in einigen wichtigen Mengen von Zahlen besitzen. Vier dieser Eigenschaften, die in Kapitel 2 beschrieben werden, treten bei vielen nützlichen Mengen auf. Jede Menge, die eine Verknüpfungsregel mit diesen Eigenschaften besitzt, wird *Gruppe* genannt.

Dieses Buch soll erklären, was eine Gruppe ist, einiges über die Natur einer Gruppe vermitteln und mit einer Reihe wichtiger Gruppen vertraut machen. Wie wir sehen werden, können die Elemente einer Gruppe Zahlen sein oder nicht; sie verhalten sich jedenfalls in vieler Hinsicht wie Zahlen.

2. Multiplikation von Maßzahlen

Natürliche Zahlen

Beim Zählen benutzen wir die Zahlen *1, 2, 3, 4, 5, 6* usw. Diese Zahlen werden *natürliche Zahlen* genannt. Es ist nützlich, die natürlichen Zahlen in folgender Weise als Punkte auf einer Zahlengeraden darzustellen: Man stelle sich eine waagerechte Gerade vor, die sich nach rechts und links ins Unendliche erstreckt. Man wähle irgendeinen Punkt auf der Geraden, um ihn als *Anfangspunkt* zu benutzen. Man wähle irgendeine Längeneinheit. Man teile die Halbgerade zur Rechten des Anfangspunktes in *Segmente* oder Teile gleicher Länge. Auf diese Weise erhält man eine Menge gleich weit voneinander entfernter Punkte rechts vom Anfangspunkt. Der erste dieser gleich weit voneinander entfernten Punkte rechts vom Anfangspunkt stelle die Zahl *1* dar; der zweite dieser Punkte stelle die *2* dar; der dritte dieser Punkte stelle die *3* dar; usw.

Natürliche Zahlen als Punkte auf der Zahlengeraden

Übung:

1. Welche natürliche Zahl wird durch den neunten dieser gleich weit voneinander entfernten Punkte rechts vom Anfangspunkt dargestellt?

Maßzahlen

Bei Messungen benutzen wir außer den natürlichen Zahlen weitere Zahlen. Wir verwenden Zahlen, die durch Brüche wie $\frac{1}{2}, \frac{2}{2}, \frac{3}{2}$ usw.; $\frac{1}{3}, \frac{2}{3}, \frac{3}{3}, \frac{4}{3}$ usw.; $\frac{1}{4}, \frac{2}{4}, \frac{3}{4}, \frac{4}{4}, \frac{5}{4}$ usw. dargestellt werden. In jedem dieser Brüche sind Zähler und Nenner natürliche Zahlen. Da die Zahlen, die durch solche Brüche dargestellt werden, bei Messungen benutzt werden, nennen wir sie *Maßzahlen*. Ein anderer Name für sie ist *positive rationale Zahlen*.

Jede Maßzahl wird durch viele verschiedene Brüche dargestellt. So stehen z. B. die Brüche $\frac{1}{2}, \frac{2}{4}, \frac{3}{6}$ und alle anderen Brüche, deren Nenner das Doppelte des Zählers ist, für dieselbe Maßzahl.

Die Menge aller Maßzahlen umfaßt die Menge aller natürlichen Zahlen. Jede natürliche Zahl wird auch durch viele verschiedene Brüche dargestellt. So stehen z. B. die Brüche $\frac{1}{1}, \frac{2}{2}, \frac{3}{3}$ usw. alle für die natürliche Zahl *1*. Überhaupt steht jeder Bruch, dessen Zähler und Nenner gleich sind, für die Zahl *1*.

Multiplikation von Maßzahlen

Wir können auch die Maßzahlen als Punkte auf der Zahlengeraden darstellen. Die Punkte, die die natürlichen Zahlen darstellen, teilen die Halbgerade rechts vom Anfangspunkt in Einheitssegmente. Man teile jedes dieser Segmente in zwei gleiche Teile. Dann erhalten wir eine Reihe gleich weit voneinander entfernter Punkte, die die Halbgerade in Segmente einteilen, deren Länge die Hälfte der Einheit ist. Vom Anfangspunkt nach rechts gehend schreibe man an den ersten dieser Punkte $\frac{1}{2}$, an den zweiten $\frac{2}{2}$, an den dritten $\frac{3}{2}$ usw. Nun beginne man von vorne und teile jedes der Einheitssegmente in drei gleiche Teile. Dann erhalten wir eine Reihe gleich weit voneinander entfernter Punkte, die die Halbgerade in

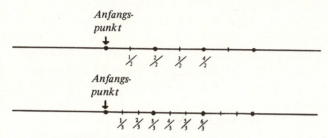

Maßzahlen als Punkte auf der Zahlengeraden

Segmente einteilen, deren Länge ein Drittel der Einheit ist. Vom Anfangspunkt nach rechts gehend schreibe man an den ersten dieser Punkte $\frac{1}{3}$, an den zweiten $\frac{2}{3}$, an den dritten $\frac{3}{3}$ usw. Entsprechend bestimmen wir Punkte, denen Brüche mit dem Nenner 4, Brüche mit dem Nenner 5 usw. zugeordnet werden. Jeder Punkt, der auf diese Weise beschriftet wird, stellt eine Maßzahl dar.

Erhält ein Punkt auf der Geraden wenigstens eine dieser Beschriftungen, so erhält er auch viele andere. So sind z. B. die Beschriftungen $\frac{1}{2}, \frac{2}{4}, \frac{3}{6}$ usw., die alle für die gleiche Maßzahl stehen, Beschriftungen für den gleichen Punkt. Jeder Punkt steht für diejenige Maßzahl, die von jedem der Brüche dargestellt wird, die Beschriftungen dieses Punktes sind.

Übungen:

2. Welche Brüche sind Beschriftungen für den Punkt, der die natürliche Zahl *2* darstellt?
3. In der Mitte zwischen den Punkten, die die Zahlen *1* und *2* darstellen, liegt ein Punkt, der eine Maßzahl darstellt. Welche Brüche stehen für diese Maßzahl?

Multiplikation von Maßzahlen

Je zwei Maßzahlen können durch Multiplikation zu ihrem Produkt verknüpft werden. Dieses Produkt ist eine weitere Maßzahl. So gilt z. B. $\frac{2}{3} \times \frac{4}{5} = \frac{2 \times 4}{3 \times 5} = \frac{8}{15}$. Aus der Arithmetik wissen wir, daß allgemein für zwei Brüche $\frac{a}{b}$ und $\frac{c}{d}$, die für Maßzahlen stehen, gilt $\frac{a}{b} \times \frac{c}{d} = \frac{a \times c}{b \times d}$. Um also den Zähler des Produktes zweier Brüche zu bestimmen, multiplizieren wir ihre Zähler, und um den Nenner des Produktes zu bestimmen, multiplizieren wir ihre Nenner.

Übungen:
4. Man bestimme das Produkt von $\frac{1}{3}$ und $\frac{2}{7}$.
5. Mit welchem Bruch muß man $\frac{2}{3}$ multiplizieren, um als Produkt den Bruch $\frac{6}{6}$ zu erhalten?

Geordnete Paare

Um zu zeigen, daß zwei Zahlen miteinander multipliziert werden sollen, schreiben wir ein Multiplikationszeichen zwischen sie. Eine der Zahlen wird als erste links vom Multiplikationszeichen geschrieben. Die andere Zahl wird als zweite rechts vom Multiplikationszeichen geschrieben. Da die beiden Zahlen in einer festen Reihenfolge geschrieben werden, mit einer von ihnen als *ersten,* der anderen als *zweiten,* sagen wir, daß sie ein *geordnetes Paar* von Zahlen bilden. Bei der Multiplikation von Zahlen beginnen wir jeweils mit einem geordneten Paar von Zahlen und ordnen dann diesem geordneten Paar eine weitere Zahl zu, die ihr Produkt genannt wird. Wenn $\frac{2}{3}$ das erste Glied eines geordneten Paares von Zahlen und $\frac{4}{5}$ das zweite Glied des geordneten Paares ist, so ist die Zahl, die dem geordneten Paar durch Multiplikation zugeordnet wird, die Zahl $\frac{8}{15}$. Um diese Zuordnung auszudrücken, schreiben wir $\frac{2}{3} \times \frac{4}{5} = \frac{8}{15}$. Wenn $\frac{4}{5}$ das erste Glied des geordneten Paares von Zahlen und $\frac{2}{3}$ das zweite Glied des geordneten Paares ist, so ist die Zahl, die dem geordneten Paar durch Multiplikation zugeordnet wird, wiederum die Zahl $\frac{8}{15}$. Um diese Zuordnung auszudrücken, schreiben wir $\frac{4}{5} \times \frac{2}{3} = \frac{8}{15}$.

Wir stellen ein geordnetes Paar von Zahlen dar, indem wir diese in Klammern setzen und ein Komma zwischen sie schreiben, wobei das erste Glied des geordneten Paares an erster, das zweite Glied an zweiter Stelle geschrieben wird. So ist $\left(\frac{2}{3}, \frac{4}{5}\right)$ ein geordnetes Paar, in dem $\frac{2}{3}$ das erste Glied ist; $\left(\frac{4}{5}, \frac{2}{3}\right)$ ist ein geordnetes Paar, in dem $\frac{4}{5}$ das erste Glied ist. Die Regel für die Multiplikation von Maßzahlen weist dem geordneten Paar $\left(\frac{2}{3}, \frac{4}{5}\right)$ die Zahl $\frac{8}{15}$ als Produkt zu.

Binäre Operationen

Eine Verknüpfungsregel wird eine *binäre Operation* in einer Menge genannt, wenn sie *jedem* geordneten Paar von Elementen der Menge ein bestimmtes drittes Element der gleichen Menge zuordnet. Da die Multiplikation jedem geordneten Paar von Maßzahlen eine bestimmte dritte Zahl zuordnet, nämlich ihr Produkt, das wieder eine Maßzahl ist, können wir feststellen, daß die Multiplikation eine binäre Operation in der Menge aller Maßzahlen ist.

Wenn eine Operation eine binäre Operation in einer Menge ist, sagen wir, daß die Menge *abgeschlossen* ist gegenüber dieser Operation. Da die Multiplikation eine binäre Operation in der Menge aller Maßzahlen ist, ist die Menge aller Maßzahlen abgeschlossen gegenüber der Multiplikation.

Wenn eine Verknüpfungsregel in einer Menge einigen, aber nicht allen geordneten Paaren von Elementen der Menge ein weiteres Element der Menge zuordnet, kann sie nicht als binäre Operation bezeichnet werden. So ist etwa die Division eine Verknüpfungsregel, die nur einigen geordneten Paaren von natürlichen Zahlen eine natürliche Zahl zuordnet. Sie ordnet dem Paar *(6, 2)* die natürliche Zahl *3* zu, da gilt *6 : 2 = 3*. Dem geordneten Paar *(2, 6)* weist sie jedoch keine natürliche Zahl zu, da es keine natürliche Zahl mit dem Wert von *2 : 6* gibt. Daher ist die Division keine binäre Operation in der Menge aller natürlichen Zahlen, und die Menge aller natürlichen Zahlen ist nicht abgeschlossen gegenüber der Division. Die Division ordnet jedoch jedem geordneten Paar von *Maßzahlen* einen Quotienten zu, der eine *Maßzahl* ist. Da z. B. gilt $2 : 6 = \frac{2}{6}$ und $\frac{2}{6}$ eine Maßzahl ist, ordnet die Division dem geordneten Paar *(2, 6)* die Maßzahl $\frac{2}{6}$ zu. (Man beachte, daß *2* und *6* sowohl Maßzahlen als auch natürliche Zahlen sind.) So ist die Division zwar keine binäre Operation in der Menge aller natürlichen Zahlen, aber eine binäre Operation in der Menge aller Maßzahlen. Die Menge aller Maßzahlen ist abgeschlossen gegenüber der Division.

Übungen:

6. Ist das Produkt jedes geordneten Paares natürlicher Zahlen eine natürliche Zahl? Ist die Multiplikation eine binäre Operation in der Menge aller natürlichen Zahlen? Ist die Menge aller natürlichen Zahlen abgeschlossen gegenüber der Multiplikation?
7. Welche natürliche Zahl wird durch den Ausdruck *5 − 2* dargestellt? Gibt es eine natürliche Zahl, die durch den Ausdruck *2 − 5* dargestellt wird? Ist die Subtraktion eine binäre Operation in der Menge aller natürlichen Zahlen? Ist die Menge aller natürlichen Zahlen abgeschlossen gegenüber der Subtraktion?

Das Assoziativgesetz

Der Ausdruck $\left(2 \times \frac{1}{2}\right) \times \frac{1}{3}$ gibt uns Anweisungen zur Ausführung der Multiplikation in zwei Schritten. Er weist uns an, zunächst die Zahlen *2* und $\frac{1}{2}$ zu multiplizieren und dann ihr Produkt mit der Zahl $\frac{1}{3}$ zu multiplizieren. Wenn wir diesen Anweisungen folgen, erhalten wir $\left(2 \times \frac{1}{2}\right) \times \frac{1}{3} = 1 \times \frac{1}{3} = \frac{1}{3}$.

Der Ausdruck $2 \times \left(\frac{1}{2} \times \frac{1}{3}\right)$ enthält dieselben drei Zahlen 2, $\frac{1}{2}$ und $\frac{1}{3}$ in der gleichen Reihenfolge. Aber er gibt uns eine andere Folge von Anweisungen. Er weist uns an, zunächst die Zahlen $\frac{1}{2}$ und $\frac{1}{3}$ zu multiplizieren und dann 2 mit ihrem Produkt zu multiplizieren. Wenn wir diesen Anweisungen folgen, erhalten wir $2 \times \left(\frac{1}{2} \times \frac{1}{3}\right) = 2 \times \frac{1}{6} = \frac{2}{6} = \frac{1}{3}$.

Obwohl die beiden Ausdrücke verschiedene Folgen von Anweisungen geben, führen beide Folgen von Anweisungen zu derselben Zahl $\frac{1}{3}$. Also stehen beide Ausdrücke für dieselbe Zahl. Da sie für dieselbe Zahl stehen, können wir schreiben

$$2 \times \left(\frac{1}{2} \times \frac{1}{3}\right) = \left(2 \times \frac{1}{2}\right) \times \frac{1}{3}.$$

Allgemein gilt für drei beliebige Maßzahlen a, b und c

$$a \times (b \times c) = (a \times b) \times c. \tag{1}$$

Wenn man also drei Maßzahlen multipliziert, die in einer bestimmten Ordnung geschrieben sind, dann erhält man dasselbe Produkt unabhängig davon, ob man die mittlere Zahl im ersten Schritt der Multiplikation mit der letzten Zahl oder ob man die mittlere Zahl im ersten Schritt der Multiplikation mit der ersten Zahl zusammenfaßt. Gleichung (1) ist bekannt als *Assoziativgesetz* der Multiplikation von Maßzahlen.

Nicht für jede binäre Operation gilt das Assoziativgesetz. Die Division z. B. ist eine binäre Operation in der Menge aller Maßzahlen. Aber $(12:6):2$ ist nicht gleich $12:(6:2)$. In der Tat gilt $(12:6):2 = 2:2 = 1$, aber $12:(6:2) = 12:3 = 4$.

Die Klammern in den Ausdrücken $a \times (b \times c)$ und $(a \times b) \times c$ sagen uns, wie die Zahlen beim ersten Schritt der Multiplikation der drei Zahlen a, b und c zusammengefaßt werden. Die gleichen drei Zahlen in der gleichen Reihenfolge haben jedoch das gleiche Produkt unabhängig davon, wie sie zusammengefaßt werden. Es besteht also nicht die Gefahr einer Verwechslung, wenn wir die Klammern überhaupt weglassen. Wir können also schreiben

$a \times b \times c = a \times (b \times c) = (a \times b) \times c$.

Diese Gleichung besagt, daß wir das Produkt dreier Maßzahlen entweder ohne Klammern oder mit Klammern um zwei beliebige im Produkt unmittelbar nebeneinander stehende Zahlen schreiben können. Man kann auf Grund des Assoziativgesetzes der Multiplikation zeigen, daß eine entsprechende Regel auch für die Multiplikation von mehr als drei Maßzahlen gilt. Wir haben also folgende allgemeine Regel, die aus dem Assoziativgesetz der Multiplikation von Maßzahlen folgt:

Das Produkt von drei oder mehr Maßzahlen können wir entweder ohne Klammern oder mit Klammern um zwei oder mehr beliebige im Produkt unmittelbar nebeneinanderstehende Zahlen schreiben.

Entsprechend dieser Regel stehen folgende Ausdrücke alle für die gleiche Maßzahl:
$2 \times \frac{1}{2} \times \frac{1}{3} \times 5$, $\left(2 \times \frac{1}{2}\right) \times \left(\frac{1}{3} \times 5\right)$, $2 \times \left(\frac{1}{2} \times \frac{1}{3}\right) \times 5$, $2 \times \frac{1}{2} \times \left(\frac{1}{3} \times 5\right)$ und $\left(2 \times \frac{1}{2}\right) \times \frac{1}{3} \times 5$.

Übungen:

8. Für welche Zahl steht $8 - (5 - 2)$? Für welche Zahl steht $(8 - 5) - 2$? Gilt für die Substraktion natürlicher Zahlen das Assoziativgesetz?
9. Man weise durch Multiplikation nach, daß folgende Produkte gleich sind: $(4 \times 1) \times 2 \times 5$, $4 \times (1 \times 2) \times 5$ und $4 \times 1 \times (2 \times 5)$.

Die Zahl Eins

Die Maßzahl *1* verhält sich beim Multiplizieren in einer ganz besonderen Weise, wie folgende Beispiele zeigen:

$1 \times 2 = 2$. $2 \times 1 = 2$.
$1 \times 3 = 3$. $3 \times 1 = 3$.
$1 \times 9 = 9$. $9 \times 1 = 9$.
$1 \times \frac{3}{4} = \frac{3}{4}$. $\frac{3}{4} \times 1 = \frac{3}{4}$.

Allgemein gilt für eine beliebige Maßzahl a

$$1 \times a = a \times 1 = a. \tag{2}$$

Das bedeutet, daß eine Maßzahl bei der Multiplikation mit *1* unverändert bleibt. Da die Multiplikation einer Maßzahl mit *1* ein Produkt ergibt, das mit der Zahl selbst identisch ist, sagen wir, daß *1* ein *neutrales* Element für die Multiplikation von Maßzahlen ist. Da *1* ein Element der Menge aller Maßzahlen ist, können wir sagen, daß die Menge aller Maßzahlen ein neutrales Element für die Operation der Multiplikation enthält. Da *1* auch eine natürliche Zahl ist, können wir sagen, daß die Menge aller natürlichen Zahlen ein neutrales Element für die Multiplikation enthält.

Übungen:

10. Man betrachte die Menge aller ungeraden natürlichen Zahlen *1, 3, 5, 7, 9* usw. Ist das Produkt jedes geordneten Paares von Elementen dieser Menge wieder ein Element der Menge? Ist die Multiplikation eine binäre Operation in der Menge aller ungeraden natürlichen Zahlen? Ist die Menge aller ungeraden natürlichen Zahlen abgeschlossen gegenüber der Multiplikation? Enthält die Menge aller ungeraden natürlichen Zahlen ein neutrales Element für die Multiplikation?
11. Man betrachte die Menge aller geraden natürlichen Zahlen *2, 4, 6, 8* usw. Ist das Produkt jedes geordneten Paares von Elementen dieser Menge wieder ein Element der Menge? Ist die Multiplikation eine binäre Operation in der Menge aller geraden natür-

lichen Zahlen? Ist die Menge aller geraden natürlichen Zahlen abgeschlossen gegenüber der Multiplikation? Enthält die Menge aller geraden natürlichen Zahlen ein neutrales Element für die Multiplikation?

Inverses

Man betrachte die Produkte $\frac{2}{3} \times \frac{3}{2}$ und $\frac{3}{2} \times \frac{2}{3}$:

$$\frac{2}{3} \times \frac{3}{2} = \frac{2 \times 3}{3 \times 2} = \frac{6}{6} = 1 \; ;$$

$$\frac{3}{2} \times \frac{2}{3} = \frac{3 \times 2}{2 \times 3} = \frac{6}{6} = 1 \; .$$

Da das Produkt der Maßzahlen $\frac{2}{3}$ und $\frac{3}{2}$ gleich 1 ist, sagen wir, daß $\frac{3}{2}$ das *multiplikative Inverse* von $\frac{2}{3}$ und $\frac{2}{3}$ das multiplikative Inverse von $\frac{3}{2}$ ist.

Entsprechend gilt $\frac{3}{4} \times \frac{4}{3} = 1$ und $\frac{4}{3} \times \frac{3}{4} = 1$. Daher sagen wir, daß $\frac{4}{3}$ das multiplikative Inverse von $\frac{3}{4}$ und $\frac{3}{4}$ das multiplikative Inverse von $\frac{4}{3}$ ist.

Ist allgemein a eine beliebige Maßzahl und b eine andere Maßzahl mit der Eigenschaft

$$a \times b = b \times a = 1, \tag{3}$$

so sagen wir, daß b das multiplikative Inverse von a und a das multiplikative Inverse von b ist.

Ist a eine beliebige Maßzahl, können wir immer eine andere Maßzahl finden, die ihr multiplikatives Inverses ist. Wenn nämlich a durch den Bruch $\frac{m}{n}$ dargestellt wird, so wird sein multiplikatives Inverses durch den Bruch $\frac{n}{m}$ dargestellt, den wir durch Vertauschen von Zähler und Nenner erhalten. Also hat die Menge aller Maßzahlen die Eigenschaft, daß sie für jedes ihrer Elemente ein multiplikatives Inverses enthält.

Ist a eine beliebige Maßzahl, benutzen wir das Symbol $\frac{1}{a}$ für ihr multiplikatives Inverses. So steht z. B. das Symbol $\frac{1}{\frac{1}{4}}$ für das multiplikative Inverse von $\frac{1}{4}$ oder die Zahl 4. Unter Verwendung dieser Schreibweise und unter Berücksichtigung von Gleichung (3) können wir sagen, daß es zu einer beliebigen Maßzahl a eine andere Maßzahl $\frac{1}{a}$ gibt mit der Eigenschaft

$$a \times \frac{1}{a} = \frac{1}{a} \times a = 1. \tag{4}$$

Potenzen einer Zahl

Übungen:

12. Was ist das multiplikative Inverse von *1*?

13. Was ist das multiplikative Inverse von $\frac{5}{6}$?

14. Was ist das multiplikative Inverse von $\frac{1}{2}$?

15. Was ist das multiplikative Inverse von *5*?

16. Ist das multiplikative Inverse von *5* eine natürliche Zahl? Enthält die Menge aller natürlichen Zahlen ein multiplikatives Inverses für jedes ihrer Elemente?

17. Welche Zahl wird dargestellt durch das Symbol $\frac{1}{\frac{3}{5}}$?

Potenzen einer Zahl

Wenn aus zwei oder mehr Zahlen durch Multiplikation ein Produkt gebildet wird, nennen wir jede dieser Zahlen einen *Faktor* des Produktes. In dem Produkt *2 × 3* gibt es z. B. zwei Faktoren, *2* und *3*. In dem Produkt *2 × 2* gibt es zwei Faktoren, die beide gleich *2* sind. In dem Produkt *2 × 2 × 2* gibt es drei Faktoren, und jeder von ihnen ist gleich *2*. Ein Produkt wie *2 × 2* oder *2 × 2 × 2*, in dem alle Faktoren gleich sind, wird eine *Potenz* dieses Faktors genannt. So werden *2 × 2* und *2 × 2 × 2* beide *Potenzen* von *2* genannt. Das Produkt *2 × 2*, das zwei Faktoren hat, wird die *zweite Potenz* von *2* genannt. Das Produkt *2 × 2 × 2*, das drei Faktoren hat, wird die *dritte Potenz* von *2* genannt. Das Produkt *2 × 2 × 2 × 2*, das vier Faktoren hat, wird die *vierte Potenz* von *2* genannt, usw.

Statt bei der Darstellung einer Potenz einer Zahl die gleichen Faktoren alle einzeln hinzuschreiben, schreiben wir manchmal den Faktor nur ein einziges Mal und setzen dann unmittelbar dahinter etwas höher eine Zahl, die uns angibt, wie oft dieser Faktor auftritt. Um z. B. *2 × 2 × 2* auszudrücken, worin der Faktor *2* dreimal auftritt, schreiben wir 2^3. Dieses Symbol wird „2 hoch 3" gelesen und ist als Ausdruck für *2 × 2 × 2* bzw. *8* zu verstehen. Entsprechend wird das Symbol 2^4 „2 hoch 4" gelesen und ist als Ausdruck für *2 × 2 × 2 × 2* bzw. *16* zu verstehen. Das Symbol 5^2 wird „5 hoch 2" gelesen und ist als Ausdruck für *5 × 5* bzw. *25* zu verstehen. Das Symbol 5^1 wird „5 hoch 1" gelesen und ist als Ausdruck für *5* zu verstehen. Ist allgemein *a* eine beliebige Maßzahl, so wird das Symbol a^n „a hoch n" gelesen und ist zu verstehen als Ausdruck für das Produkt $a \times a \times a \times \ldots \times a$ mit *n* Faktoren, die alle gleich *a* sind. Im Ausdruck a^n wird *a* die Basis und *n* der Exponent genannt. So ist in 5^2 die Basis *5* und der Exponent *2*.

Die zweite Potenz einer Zahl ist auch unter dem speziellen Namen „Quadrat" der Zahl bekannt. So kann man 5^2 entweder „5 zum Quadrat" oder „5 hoch 2" lesen.

Das multiplikative Inverse von a^n wird dargestellt durch das Symbol $\frac{1}{a^n}$. So steht $\frac{1}{a^2}$ für das multiplikative Inverse von a^2; $\frac{1}{a^3}$ steht für das multiplikative Inverse von a^3; usw.

Ist a eine beliebige Maßzahl, so wird die Menge von Zahlen, die aus *1, a,* allen Potenzen von *a* und den multiplikativen Inversen der Potenzen von *a* besteht, als die *Menge der von a durch Multiplikation erzeugten Maßzahlen* bezeichnet. So besteht z. B. die Menge der von *2* durch Multiplikation erzeugten Maßzahlen aus *1, 2, 2^2, 2^3, 2^4* usw. und den Zahlen $\frac{1}{2}, \frac{1}{2^2}, \frac{1}{2^3}, \frac{1}{2^4}$ usw. Da gilt $2^2 = 2 \times 2 = 4$, $2^3 = 2 \times 2 \times 2 = 8$, $2^4 = 2 \times 2 \times 2 \times 2 = 16$ usw., besteht die Menge der von *2* durch Multiplikation erzeugten Maßzahlen aus *1, 2, 4, 8, 16, ...* und $\frac{1}{2}, \frac{1}{4}, \frac{1}{8}, \frac{1}{16}, \ldots$. Die drei Punkte, die im vorangehenden Satz verwendet werden, stehen für die Worte „und so weiter".

Übungen:

18. Was bedeutet das Symbol $\left(\frac{1}{2}\right)^2$? Für welche Maßzahl steht es?
19. Was bedeutet a^4, wenn gilt $a = \frac{2}{3}$?
20. Was bedeutet $\frac{1}{a^2}$, wenn gilt $a = 3$?
21. Man gebe die Elemente der Menge der von *3* durch Multiplikation erzeugten Maßzahlen an. (Man benutze drei Punkte für „und so weiter".) Ist das Produkt jedes geordneten Paares der Elemente dieser Menge selbst ein Element der Menge? Ist die Menge abgeschlossen gegenüber der Multiplikation? Ist das multiplikative Inverse jedes Elementes dieser Menge selbst ein Element dieser Menge?

Multiplikation von Potenzen gleicher Basis

Wenn wir zwei Potenzen gleicher Basis multiplizieren, ist das Produkt wieder eine Potenz dieser Basis. In dem Produkt $5^3 \times 5^4$ z. B. können 5^3 durch $5 \times 5 \times 5$ und 5^4 durch $5 \times 5 \times 5 \times 5$ ersetzt werden. Wenn diese Ersetzungen erfolgt sind, sehen wir, daß gilt $5^3 \times 5^4 = 5 \times 5 \times 5 \times 5 \times 5 \times 5 \times 5 = 5^7$. Man beachte, daß der Exponent *7* die Summe der Exponenten *3* und *4* der Potenzen ist, die multipliziert worden sind.

Wenn allgemein *a* eine beliebige Maßzahl ist und wir a^m und a^n multiplizieren, so trägt a^m zum Produkt *m* Faktoren bei, die alle gleich *a* sind, und a^n trägt zum Produkt *n* Faktoren bei, die alle gleich *a* sind. So enthält das Produkt insgesamt *m + n* Faktoren, die alle gleich *a* sind, und das Produkt kann dargestellt werden durch das Symbol a^{m+n}, in dem die Basis *a* und der Exponent *m + n* ist. So haben wir folgende einfache Regel für die Multiplikation von Potenzen gleicher Basis: Um zwei Potenzen gleicher Basis zu multiplizieren, behalte man die Basis bei und addiere die Exponenten.

Übungen:

22. Man schreibe das Produkt $2^6 \times 2^4$ als eine Potenz von *2*.
23. Man schreibe das Produkt 4×4^8 als eine Potenz von *2*.

Vier Eigenschaften

Wir haben vier Eigenschaften beobachtet, die die Menge aller Maßzahlen bezüglich der Operation der Multiplikation besitzt:

I. Abgeschlossenheit. Die Multiplikation ist eine binäre Operation in der Menge aller Maßzahlen. Somit ist die Menge aller Maßzahlen abgeschlossen gegenüber der Multiplikation.

II. Assoziativgesetz. Für die Multiplikation von Maßzahlen gilt das Assoziativgesetz. Das bedeutet, daß für drei beliebige Maßzahlen a, b und c gilt

$$a \times (b \times c) = (a \times b) \times c. \qquad (1)$$

III. Neutrales Element. Die Menge aller Maßzahlen enthält ein neutrales Element 1 für die Multiplikation. Für eine beliebige Maßzahl a gilt

$$1 \times a = a \times 1 = a. \qquad (2)$$

IV. Inverses. Die Menge aller Maßzahlen enthält ein multiplikatives Inverses $\frac{1}{a}$ für jedes ihrer Elemente a mit der Eigenschaft

$$a \times \frac{1}{a} = \frac{1}{a} \times a = 1. \qquad (4)$$

Unser Interesse gilt jetzt der Frage, welche dieser Eigenschaften die Menge aller natürlichen Zahlen bezüglich der Multiplikation besitzt:

1. Abgeschlossenheit. Wir sahen in Übung 6 auf Seite 5, daß die Multiplikation eine binäre Operation in der Menge aller natürlichen Zahlen ist. Somit ist die Menge aller natürlichen Zahlen abgeschlossen gegenüber der Multiplikation.

2. Assoziativgesetz. a, b und c seien drei beliebige natürliche Zahlen. Da jede natürliche Zahl auch eine Maßzahl ist, sind a, b und c auch Maßzahlen. Da für die Multiplikation von Maßzahlen das Assoziativgesetz gilt, gilt $a \times (b \times c) = (a \times b) \times c$. Die Gleichung (1) trifft somit auf drei beliebige natürliche Zahlen a, b und c zu. Daher gilt für die Multiplikation von natürlichen Zahlen das Assoziativgesetz.

3. Neutrales Element. Da 1 eine natürliche Zahl ist, enthält die Menge aller natürlichen Zahlen ein neutrales Element für die Multiplikation.

4. Inverses. Wir sahen in Übung 16 auf Seite 9, daß die Menge aller natürlichen Zahlen *nicht* für jedes ihrer Elemente ein multiplikatives Inverses besitzt.

Folglich besitzt die Menge aller natürlichen Zahlen bezüglich der Multiplikation zwar die Eigenschaften I, II und III, nicht aber die Eigenschaft IV.

Übungen:

24. Man betrachte die Menge aller ungeraden natürlichen Zahlen. Welche der vier Eigenschaften *Abgeschlossenheit*, *Assoziativgesetz*, *Neutrales Element* und *Inverses* besitzt diese Menge bezüglich der Multiplikation?

25. Man betrachte die Menge aller geraden natürlichen Zahlen. Welche der vier Eigenschaften *Abgeschlossenheit*, *Assoziativgesetz*, *Neutrales Element* und *Inverses* besitzt diese Menge bezüglich der Multiplikation?

3. Addition ganzer Zahlen

In Kapitel 2 beobachteten wir vier Eigenschaften, die die Menge aller Maßzahlen bezüglich der Operation der Multiplikation besitzt. Wir nannten diese Eigenschaften *Abgeschlossenheit, Assoziativgesetz, Neutrales Element* und *Inverses*. In diesem Kapitel richten wir unsere Aufmerksamkeit auf die Menge der natürlichen Zahlen und auf eine andere Operation, die Operation der Addition. Wir werden prüfen, ob die Menge der natürlichen Zahlen bezüglich der Addition die gleichen Eigenschaften hat, wie sie die Menge der Maßzahlen bezüglich der Multiplikation besitzt. Wir werden feststellen, daß die Menge aller natürlichen Zahlen bezüglich der Operation der Addition nicht alle diese vier Eigenschaften besitzt. Wenn wir jedoch die Menge durch Hinzunahme weiterer Zahlen erweitern, besitzt diese erweiterte Menge, die *Menge der ganzen Zahlen* genannt wird, diese vier Eigenschaften bezüglich der Addition.

Abgeschlossenheit

In der Menge der natürlichen Zahlen ordnet die Operation der Addition jedem geordneten Paar natürlicher Zahlen eine bestimmte dritte Zahl zu, die ihre Summe genannt wird. So ordnet z. B. die Addition dem geordneten Paar *(2, 3)* die Summe *5* zu. Um diese Zuordnung auszudrücken, schreiben wir *2 + 3 = 5*.

Die Addition ordnet *jedem* geordneten Paar natürlicher Zahlen eine Summe zu. Darüberhinaus ist diese Summe selbst eine natürliche Zahl. Die Operation der Addition ist also eine binäre Operation in der Menge aller natürlichen Zahlen. Unter Verwendung der auf Seite 5 eingeführten Ausdrucksweise können wir sagen, daß die Menge aller natürlichen Zahlen abgeschlossen ist gegenüber der Addition. Also besitzt die Menge aller natürlichen Zahlen bezüglich der Operation der Addition die Eigenschaft der *Abgeschlossenheit*.

Das Assoziativgesetz

Der Ausdruck *(2 + 3) + 7* gibt uns Anweisungen zur Ausführung der Addition in zwei Schritten. Er weist uns an, zunächst die Zahlen *2* und *3* zu addieren und dann ihre Summe und die Zahl *7* zu addieren. Wenn wir diesen Anweisungen folgen, erhalten wir *(2 + 3) + 7 = 5 + 7 = 12*.

Der Ausdruck *2 + (3 + 7)* enthält dieselben drei Zahlen *2, 3* und *7* in der gleichen Reihenfolge. Aber er gibt uns eine andere Folge von Anweisungen. Er weist uns an, zunächst die Zahlen *3* und *7* zu addieren und dann *2* und ihre Summe zu addieren. Wenn wir diesen Anweisungen folgen, erhalten wir *2 + (3 + 7) = 2 + 10 = 12*.

Obwohl die beiden Ausdrücke verschiedene Folgen von Anweisungen geben, führen beide Folgen von Anweisungen zu derselben Zahl *12*. Also stehen beide Ausdrücke für dieselbe Zahl. Da sie für dieselbe Zahl stehen, können wir schreiben

2 + (3 + 7) = (2 + 3) + 7.

Allgemein gilt für drei beliebige natürliche Zahlen a, b und c

$$a + (b + c) = (a + b) + c. \tag{5}$$

Gleichung (5) entspricht Gleichung (1) in Kapitel 2, wobei in Gleichung (5) Additionszeichen an Stelle der Multiplikationszeichen in Gleichung (1) stehen. Sie drückt die Tatsache aus, daß für die Addition natürlicher Zahlen das *Assoziativgesetz* gilt.

Die Klammern in den Ausdrücken $a + (b + c)$ und $(a + b) + c$ sagen uns, wie die Zahlen beim ersten Schritt der Addition der Zahlen a, b und c zusammengefaßt werden. Die gleichen drei Zahlen in der gleichen Reihenfolge haben jedoch die gleiche Summe unabhängig davon, wie sie zusammengefaßt werden. Es besteht also nicht die Gefahr einer Verwechslung, wenn wir die Klammern überhaupt weglassen. Wir können dann schreiben

$$a + b + c = a + (b + c) = (a + b) + c.$$

Übungen:

1. Man führe die Addition $(9 + 16) + 43$ in zwei Schritten aus.
2. Man führe die Addition $9 + (16 + 43)$ in zwei Schritten aus. Man überzeuge sich, daß die Übungen 1 und 2 dasselbe Ergebnis haben.
3. Auf Seite 6 stellten wir eine Regel zum Gebrauch von Klammern beim Schreiben eines Produktes von drei oder mehr Maßzahlen auf. Diese Regel beruht auf der Tatsache, daß für die Multiplikation von Maßzahlen das Assoziativgesetz gilt. Da für die Addition natürlicher Zahlen ebenfalls das Assoziativgesetz gilt, gilt eine entsprechende Regel für das Schreiben der Summe von drei oder mehr natürlichen Zahlen. Man gebe diese Regel an.

Neutrales Element

Die Zahl *1* ist ein neutrales Element für die Multiplikation in der Menge aller Maßzahlen. Sie hat die Eigenschaft, daß jede Zahl der Menge bei der Multiplikation mit *1* unverändert bleibt. Ein Element einer Menge von Zahlen heißt neutrales Element für die Addition, wenn es sich bezüglich der Addition ebenso verhält, wie die Zahl *1* sich bezüglich der Multiplikation verhält. Ein Element einer Menge von Zahlen ist also ein neutrales Element für die Addition, wenn bei der Addition dieses Elementes zu einer beliebigen Zahl der Menge diese Zahl unverändert bleibt. In der Menge der natürlichen Zahlen gibt es keine Zahl, die sich bezüglich der Addition in dieser Weise verhält. Wenn man *1* zu einer beliebigen ntürlichen Zahl addiert, erhält man die nächst höhere Zahl und nicht die gleiche Zahl. Wenn man *2* zu einer beliebigen natürlichen Zahl addiert, erhält man eine höhere Zahl. Wenn man *3* zu einer beliebigen natürlichen Zahl addiert, erhält man eine höhere Zahl; usw. Also besitzt die Menge der natürlichen Zahlen kein neutrales Element für die Addition.

Nehmen wir an, wir erweitern die Menge der Zahlen, die wir benutzen, indem wir zu den natürlichen Zahlen noch die Zahl *0* hinzunehmen. Die erweiterte Menge, die aus den Zahlen *0, 1, 2, 3, 4* usw. besteht, wird die *Menge der nichtnegativen ganzen Zahlen* genannt. Die Zahl *0* hat die Eigenschaft, daß eine beliebige nichtnegative ganze Zahl unverändert bleibt, wenn *0* zu ihr addiert wird. So gilt z. B. *0 + 5 = 5*.

Allgemein gilt für eine beliebige nichtnegative ganze Zahl

$0 + a = a + 0 = a.$ (6)

Gleichung (6) hat die gleiche Form wie Gleichung (2) in Kapitel 2 mit einer *0* in Gleichung (6), wo in Gleichung (2) eine *1* steht, und einem Pluszeichen in Gleichung (6), wo in Gleichung (2) ein Multiplikationszeichen steht. Auf Grund dieser Eigenschaft ist *0* ein neutrales Element für die Addition in der Menge aller nichtnegativen ganzen Zahlen. Während also die Menge aller natürlichen Zahlen kein neutrales Element für die Addition hat, besitzt die Menge aller nichtnegativen ganzen Zahlen ein solches.

Wir können die Menge der nichtnegativen ganzen Zahlen als eine Menge von Punkten auf einer Zahlengeraden darstellen, indem wir die Darstellung für die Menge aller natürlichen Zahlen auf Seite 2 erweitern. Wir nehmen den Anfangspunkt für die *0* und die gleich weit voneinander entfernten Punkte rechts vom Anfangspunkt für die natürlichen Zahlen wie in der Darstellung auf Seite 2. So erhalten wir folgende Darstellung der Menge aller nichtnegativen ganzen Zahlen:

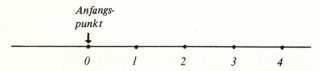

Nichtnegative ganze Zahlen als Punkte auf der Zahlengeraden

Bei der Addition zweier nichtnegativer ganzer Zahlen befolgen wir folgende Regeln: Ist keine der beiden Zahlen *0*, sind sie beide natürliche Zahlen, und wir addieren sie wie natürliche Zahlen. Ist eine der beiden *0* oder sind sie beide *0*, addieren wir sie gemäß der durch Gleichung (6) gegebenen Regel.

Übungen:

4. *a* und *b* seien nichtnegative ganze Zahlen und beide verschieden von *0*. Ist dann $a + b$ eine nichtnegative ganze Zahl? Warum?

5. *a* und *b* seien nichtnegative ganze Zahlen; dabei sei *a* gleich *0*, *b* aber verschieden von *0*. Ist dann $a + b$ eine nichtnegative ganze Zahl? Warum?

6. *a* und *b* seien nichtnegative ganze Zahlen; dabei sei *b* gleich *0*, *a* aber verschieden von *0*. Ist dann $a + b$ eine nichtnegative ganze Zahl? Warum?

7. *a* und *b* seien nichtnegative ganze Zahlen und beide gleich *0*. Ist dann $a + b$ eine nichtnegative ganze Zahl? Warum?

8. Welche Folgerung kann man aus den Ergebnissen der Übungen 4, 5, 6 und 7 ziehen?

9. Man beweise unter Verwendung der Regeln für die Addition nichtnegativer ganzer Zahlen, daß für nichtnegative ganze Zahlen *a*, *b* und *c*, von denen keine *0* ist, gilt
$a + (b + c) = (a + b) + c.$

10. *a*, *b* und *c* seien nichtnegative ganze Zahlen, und es gelte $a = 0$. Man beweise, daß gilt $a + (b + c) = (a + b) + c.$

11. *a, b* und *c* seien nichtnegative ganze Zahlen, und es gelte *b = 0*. Man beweise, daß gilt $a + (b + c) = (a + b) + c$.

12. *a, b* und *c* seien nichtnegative ganze Zahlen, und es gelte *c = 0*. Man beweise, daß gilt $a + (b + c) = (a + b) + c$.

13. Welche Folgerung kann man aus den Ergebnissen der Übungen 9, 10, 11 und 12 ziehen?

Inverses

In Übung 8 stellten wir fest, daß die Menge aller nichtnegativen ganzen Zahlen abgeschlossen ist gegenüber der Addition. In Übung 13 stellen wir fest, daß für die Addition nichtnegativer ganzer Zahlen das Assoziativgesetz gilt. Gleichung (6) zeigt uns, daß die Menge aller nichtnegativen ganzen Zahlen ein neutrales Element für die Addition besitzt. Die Menge der nichtnegativen ganzen Zahlen hat also die Eigenschaften *Abgeschlossenheit*, *Assoziativgesetz* und *Neutrales Element*. Wir wollen nun sehen, ob sie auch die *Inversen*-Eigenschaft hat.

Als erstes müssen wir klarstellen, was wir mit der *Inversen*-Eigenschaft bezüglich der Operation der Addition meinen. Auf Seite 8, wo wir über die Multiplikation von zwei Zahlen *a* und *b* sprachen, sagten wir, daß *b* das multiplikative Inverse von *a* und *a* das multiplikative Inverse von *b* ist, wenn *a* und *b* die Eigenschaft

$$a \times b = b \times a = 1 \tag{3}$$

haben, wobei *1* das neutrale Element für die Multiplikation ist. Wir können diese Definition in eine solche abändern, die auf die Addition zutrifft, indem wir das Wort *multiplikativ* durch das Wort *additiv* ersetzen, das Zeichen $\times$ durch das Zeichen $+$ ersetzen und *1*, das neutrale Element für die Multiplikation, durch *0*, das neutrale Element für die Addition, ersetzen. Wir erhalten so folgende Definition des additiven Inversen: *Die Zahl b ist das additive Inverse von a, und a ist das additive Inverse von b, wenn a und b die Eigenschaft*

$$a + b = b + a = 0 \tag{7}$$

haben. Wenn also die Summe zweier Zahlen *0* ist, dann ist jede das additive Inverse der anderen.

Wir sagten auf Seite 8, daß die Menge aller Maßzahlen die *Inversen*-Eigenschaft bezüglich der *Multiplikation* hat, da sie für jedes ihrer Elemente ein *multiplikatives* Inverses enthält. Entsprechend werden wir sagen, daß eine Menge von Zahlen die *Inversen*-Eigenschaft bezüglich der *Addition* hat, wenn sie für jedes ihrer Elemente ein *additives* Inverses enthält.

Wir wollen nun feststellen, ob die Menge aller nichtnegativen ganzen Zahlen ein additives Inverses für jedes ihrer Elemente enthält. Dazu prüfen wir für jede der Zahlen *0, 1, 2, 3, 4* usw. der Reihe nach, ob es eine nichtnegative ganze Zahl gibt, die deren additives Inverses ist.

Wir fragen zunächst, ob es eine nichtnegative ganze Zahl gibt, die wir zu *0* addieren können, um *0* als Summe zu erhalten. Wir wissen, daß es eine solche Zahl gibt, da gilt *0 + 0 = 0*. *0* ist also das additive Inverse von *0*.

Wir fragen weiter, ob es eine nichtnegative ganze Zahl gibt, die wir zu *1* addieren können, um *0* zu erhalten. Zur Beantwortung dieser Frage wollen wir der Reihe nach jede nichtnegative ganze Zahl zu *1* addieren:

1 + 0 = 1;
1 + 1 = 2;
1 + 2 = 3;
usw.

Dies zeigt, daß bei der Addition einer nichtnegativen ganzen Zahl zu *1* die Summe nie kleiner als *1* ist. Es gibt keine nichtnegative ganze Zahl, die wir zu *1* addieren können, um *0* als Summe zu erhalten. Also gibt es keine nichtnegative ganze Zahl, die das additive Inverse von *1* ist.

Entsprechend gilt für die Addition einer nichtnegativen ganzen Zahl zu *2*, daß die Summe nie kleiner als *2* ist. Es gibt keine nichtnegative ganze Zahl, die wir zu *2* addieren können, um *0* zu erhalten. Also gibt es keine nichtnegative ganze Zahl, die das additive Inverse von *2* ist. Entsprechend stellen wir fest, daß es keine nichtnegative ganze Zahl gibt, die das additive Inverse von *3* oder *4* oder *5* usw. ist.

Wir sehen also, daß die Menge der nichtnegativen ganzen Zahlen ein additives Inverses für *0* enthält, aber für kein anderes ihrer Elemente ein additives Inverses enthält. Da sie nicht für jedes ihrer Elemente ein additives Inverses enthält, hat sie nicht die *Inversen*-Eigenschaft bezüglich der Addition.

Um eine Menge zu erhalten, die alle nichtnegativen ganzen Zahlen umfaßt und außerdem für jedes ihrer Elemente ein additives Inverses enthält, müssen wir die Menge der Zahlen ein weiteres Mal vergrößern.

Die andere Seite der Zahlengeraden

Die Art, in der wir die Menge der Zahlen, die wir benutzen, zu vergrößern haben, wird nahegelegt durch die Art, in der wir die nichtnegativen ganzen Zahlen als Punkte auf der Zahlengeraden dargestellt haben. Auf der Zahlengeraden steht der Anfangspunkt für *0*, und gleich weit voneinander entfernte Punkte rechts vom Anfangspunkt stehen für die anderen nichtnegativen ganzen Zahlen. Wir können weitere gleich weit voneinander entfernte Punkte auf der Zahlengeraden erhalten, indem wir sie links vom Anfangspunkt bzw. Nullpunkt eintragen. Dadurch wird es nahegelegt, daß wir diese Punkte links vom Nullpunkt als Darstellung neuer Zahlen auffassen. Der Punkt eine Einheit rechts vom Nullpunkt steht für die Zahl *1*. Der Punkt eine Einheit links vom Nullpunkt stehe für eine Zahl, die wir *minus eins* nennen und -1 schreiben. Der Punkt zwei Einheiten rechts vom Nullpunkt steht für die Zahl *2*. Der Punkt zwei Einheiten links vom Nullpunkt stehe für eine Zahl, die wir *minus zwei* nennen und -2 schreiben. Ist allgemein n eine beliebige nichtnegative ganze Zahl, die ungleich *0* ist, so stehe der Punkt, der sich n Einheiten links vom Nullpunkt befindet, für eine Zahl, die wir *minus n* nennen und $-n$ schreiben.

Zahlen als Bewegungen

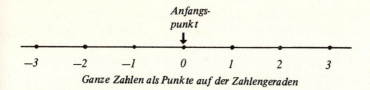

Ganze Zahlen als Punkte auf der Zahlengeraden

Die vergrößerte Menge von Zahlen, die wir auf diese Weise erhalten, wird die *Menge aller ganzen Zahlen* genannt. Die Zahlen *1, 2, 3, ...*, die von Punkten rechts vom Nullpunkt dargestellt werden, werden *positive ganze Zahlen* genannt. Die Zahlen *−1, −2, −3, ...*, die von Punkten links vom Nullpunkt dargestellt werden, werden *negative ganze Zahlen* genannt. Die positiven ganzen Zahlen sind die gleichen wie die natürlichen Zahlen.

Zahlen als Bewegungen

Wir haben das System der nichtnegativen ganzen Zahlen in der Hoffnung erweitert, daß das erweiterte System, das System aller ganzen Zahlen, für jedes seiner Elemente ein additives Inverses enthält. Bevor es etwas wie ein *additives Inverses* für eine ganze Zahl geben kann, muß eine Operation der *Addition* für ganze Zahlen erklärt sein. Um zu sehen, wie wir die Addition ganzer Zahlen zu definieren haben, betrachten wir zunächst einige weitere Möglichkeiten der Darstellung der ganzen Zahlen auf der Zahlengeraden.

Wir haben bereits jede ganze Zahl als Punkt auf der Zahlengeraden dargestellt. Wenn wir einen Pfeil vom Nullpunkt bis zu diesem Punkt zeichnen, erhalten wir eine zweite Darstellung für diese ganze Zahl. So steht ein Pfeil, dessen Ende der Nullpunkt und dessen Spitze der Punkt *1* ist, für *1*. Ein Pfeil, dessen Ende der Nullpunkt und dessen Spitze der Punkt *−1* ist, steht für *−1*. Ein Pfeil, dessen Ende der Nullpunkt und dessen Spitze der Punkt *2* ist, steht für *2*. Ein Pfeil, dessen Ende der Nullpunkt und dessen Spitze der Punkt *−2* ist, steht für *−2*; usw. Bei dieser Art der Darstellung ganzer Zahlen als Pfeile, deren Ende der Nullpunkt ist, hat der Pfeil, der für eine positive ganze Zahl n steht, eine Länge von n Einheiten und zeigt nach rechts. Der Pfeil, der für eine negative ganze Zahl $−n$ steht, hat eine Länge von n Einheiten und zeigt nach links. Der Pfeil, der für *0* steht,

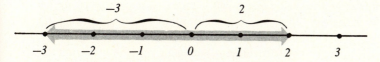

Ganze Zahlen als Pfeile vom Nullpunkt aus

hat eine Länge von *0* Einheiten und kann entweder als nach rechts oder als nach links zeigend aufgefaßt werden.

Bei dieser zweiten Art der Darstellung einer ganzen Zahl wird sie durch einen Pfeil dargestellt, dessen Ende am Nullpunkt liegt. Wir erhalten eine dritte Art der Darstellung der ganzen Zahl, indem wir den Pfeil vom Nullpunkt lösen und ihn irgendwo auf die

Zahlengerade legen, solange wir dabei nicht seine Länge und Richtung ändern. Dann steht jeder Pfeil, dessen Länge eine Einheit ist und der nach rechts zeigt, für die ganze Zahl *1*. Jeder Pfeil, dessen Länge eine Einheit ist und der nach links zeigt, steht für die ganze Zahl *−1*. Jeder Pfeil, dessen Länge zwei Einheiten ist und der nach rechts zeigt, steht für die ganze Zahl *2*. Jeder Pfeil, dessen Länge zwei Einheiten ist und der nach links zeigt, steht für die ganze Zahl *−2*; usw. Ein Pfeil z. B., dessen Ende sich am Punkt *5* und dessen Spitze sich am Punkt *8* befindet, ist *3* Einheiten lang und zeigt nach rechts. Er steht also für die positive ganze Zahl *3*. Ein Pfeil, dessen Ende sich am Punkt *8* und dessen Spitze sich am Punkt *5* befindet, ist *3* Einheiten lang und zeigt nach links. Er steht also für die negative ganze Zahl *−3*.

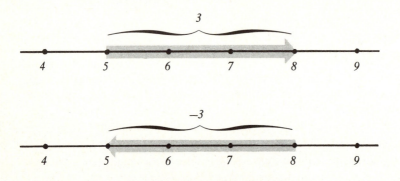

Ganze Zahlen als verschiebbare Pfeile

Die Pfeildarstellung einer ganzen Zahl legt eine vierte Darstellungsart für ganze Zahlen nahe. Wir können uns eine ganze Zahl vorstellen als eine *Bewegung* längs der Zahlengeraden vom Ende des Pfeiles bis zur Spitze des Pfeiles. Eine solche Bewegung von einer Stelle zu einer anderen wird eine *Verschiebung* genannt. Da das Ende eines Pfeiles auf jeden beliebigen Punkt der Zahlengeraden gelegt werden kann, kann die Bewegung oder Verschiebung an jedem beliebigen Punkt der Zahlengeraden beginnen. In diesem System der Darstellung ganzer Zahlen wird eine positive ganze Zahl *n* als eine Bewegung nach rechts über eine Entfernung von *n* Einheiten dargestellt. Eine negative ganze Zahl *−n* wird als eine Bewegung nach links über eine Entfernung von *n* Einheiten dargestellt. Die ganze Zahl *2* z. B. kann man sich vorstellen als eine Bewegung vom Punkt *0* zum Punkt *2* oder vom Punkt *1* zum Punkt *3* oder vom Punkt *2* zum Punkt *4* oder vom Punkt *−1* zum Punkt *1* oder vom Punkt *−2* zum Punkt *0* usw.

Übungen:

14. Welche ganze Zahl wird durch einen Pfeil dargestellt, dessen Ende sich am Punkt *6* und dessen Spitze sich am Punkt *10* befindet?
15. Welche ganze Zahl wird durch einen Pfeil dargestellt, dessen Ende sich am Punkt *−1* und dessen Spitze sich am Punkt *2* befindet?

Kombination von Bewegungen

16. Welche ganze Zahl wird durch einen Pfeil dargestellt, dessen Ende sich am Punkt -4 und dessen Spitze sich am Punkt -3 befindet?
17. Welche ganze Zahl wird durch einen Pfeil dargestellt, dessen Ende sich am Punkt *5* und dessen Spitze sich am Punkt *3* befindet?
18. Welche ganze Zahl wird durch einen Pfeil dargestellt, dessen Ende sich am Punkt *1* und dessen Spitze sich am Punkt -4 befindet?
19. Welche ganze Zahl wird durch einen Pfeil dargestellt, dessen Ende sich am Punkt -2 und dessen Spitze sich am Punkt -3 befindet?
20. Wo befindet sich die Spitze des Pfeiles, der die ganze Zahl *6* darstellt und dessen Ende sich am Punkt -2 befindet?
21. Wo befindet sich die Spitze des Pfeiles, der die ganze Zahl -3 darstellt und dessen Ende sich am Punkt -2 befindet?
22. Welche ganze Zahl wird dargestellt durch eine Bewegung vom Punkt *8* zum Punkt *10*? vom Punkt *10* zum Punkt *8*?

Kombination von Bewegungen

Wir sind nun in der Lage, die Addition ganzer Zahlen zu definieren. Wir addieren ganze Zahlen, indem wir die Bewegungen oder Verschiebungen, durch die sie dargestellt werden, kombinieren. Die Bewegungen werden kombiniert, indem man eine Bewegung nach der anderen ausführt. Die Summe der beiden Bewegungen ist diejenige Bewegung, die alleine die gleiche Wirkung hat wie die kombinierten Bewegungen. Um z. B. die Summe $1 + 2$ zu bestimmen, stellen wir *1* als eine Bewegung um *1* Einheit nach rechts und *2* als eine Bewegung um *2* Einheiten nach rechts dar. Zur Kombination der Bewegungen bewege man einen Stift auf der Zahlengeraden erst um *1* Einheit nach rechts und dann um *2* weitere Einheiten nach rechts. Die so kombinierten Bewegungen haben die gleiche Wirkung wie eine einzige Bewegung um *3* Einheiten nach rechts. Es gilt also $1 + 2 = 3$. Um die Summe $3 + (-5)$ zu bestimmen, stellen wir *3* als eine Bewegung um *3* Einheiten

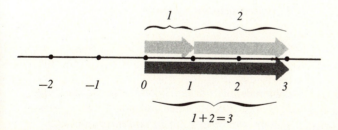

nach rechts und -5 als eine Bewegung um *5* Einheiten nach links dar. Zur Kombination der Bewegungen bewege man einen Stift auf der Zahlengeraden erst um *3* Einheiten nach rechts und dann um *5* Einheiten nach links. Die so kombinierten Bewegungen haben die gleiche Wirkung wie eine einzige Bewegung um *2* Einheiten nach links. Es gilt also $3 + (-5) = -2$.

Wenn wir zwei ganze Zahlen durch Kombination der Bewegungen, durch die sie dargestellt werden, addieren, erhalten wir die Antwort unmittelbar, *wenn wir mit der ersten Bewegung am Nullpunkt beginnen*. Der Punkt, an dem die zweite Bewegung endet, stellt dann die Summe dar. Um z. B. die Summe $3 + (-5)$ zu bestimmen, beginne man am Nullpunkt und bewege sich 3 Einheiten nach rechts und dann 5 Einheiten nach links. Die erste Bewegung wird in der Abbildung unten durch einen Pfeil dargestellt, dessen Ende sich am Punkt 0 und dessen Spitze sich am Punkt 3 befindet. Die zweite Bewegung wird durch einen Pfeil dargestellt, dessen Ende sich am Punkt 3 und dessen Spitze sich am Punkt -2 befindet. Diejenige Bewegung, die alleine die gleiche Wirkung hat wie die

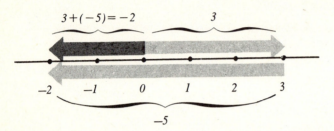

beiden kombinierten Bewegungen, ist die Bewegung vom Punkt 0 zum Punkt -2 und wird durch einen Pfeil dargestellt, dessen Ende sich am Punkt 0 und dessen Spitze sich am Punkt -2 befindet. In unserem zweiten System zur Darstellung ganzer Zahlen stellt dieser Pfeil aber gerade die ganze Zahl -2 dar. Somit stellt der Punkt, an dem die zweite Bewegung endet, in der Tat das Ergebnis der Kombination der beiden Bewegungen bzw. die Summe der beiden ganzen Zahlen dar.

Übungen:

23. Man bestimme die Summe $2 + (-4)$, indem man am Nullpunkt beginnend zwei Bewegungen kombiniert.
24. Man bestimme die Summe $6 + (-2)$, indem man am Nullpunkt beginnend zwei Bewegungen kombiniert.
25. Man bestimme die Summe $5 + (-5)$, indem man am Nullpunkt beginnend zwei Bewegungen kombiniert.

Die vier Eigenschaften

Nachdem wir die Addition ganzer Zahlen definiert haben, können wir nun die Menge aller ganzen Zahlen daraufhin überprüfen, ob sie bezüglich der Addition die vier Eigenschaften *Abgeschlossenheit, Assoziativgesetz, Neutrales Element* und *Inverses* besitzt.

I. Abgeschlossenheit. Um zwei beliebige ganze Zahlen zu addieren, stellen wir zunächst jede der ganzen Zahlen als eine Bewegung um eine nichtnegative ganze Zahl von Einheiten nach rechts oder nach links auf der Zahlengeraden dar. Dann kombinieren wir die beiden Bewegungen, um zu sehen, welche Bewegung alleine die gleiche Wirkung hat. Diejenige Bewegung, die alleine die gleiche Wirkung wie die kombinierten Bewegungen hat,

Die vier Eigenschaften

ist selbst eine Bewegung um eine nichtnegative ganze Zahl von Einheiten auf der Zahlengeraden. Jede solche Bewegung steht aber für eine ganze Zahl. Also ist die Summe zweier beliebiger ganzer Zahlen eine ganze Zahl. Daher ist die Menge aller ganzen Zahlen abgeschlossen gegenüber der Addition.

II. Assoziativgesetz. a, b und c seien drei beliebige ganze Zahlen. Der Ausdruck $a + (b + c)$ steht für diejenige Bewegung, die alleine die gleiche Wirkung hat wie die Bewegung a, gefolgt von der Bewegung $b + c$. Die Bewegung $b + c$ ist diejenige Bewegung, die alleine die gleiche Wirkung hat wie die Bewegung b, gefolgt von der Bewegung c. Also hat $a + (b + c)$ die gleiche Wirkung wie die Bewegung a, gefolgt von der Bewegung b, gefolgt von der Bewegung c. Der Ausdruck $(a + b) + c$ steht für diejenige Bewegung, die alleine die gleiche Wirkung hat wie die Bewegung $a + b$, gefolgt von der Bewegung c. Die Bewegung $a + b$ ist diejenige Bewegung, die alleine die gleiche Wirkung hat wie die Bewegung a, gefolgt von der Bewegung b. Also hat $(a + b) + c$ die gleiche Wirkung wie die Bewegung a, gefolgt von der Bewegung b, gefolgt von der Bewegung c. Da $a + (b + c)$ und $(a + b) + c$ die gleiche Wirkung haben, sind sie gleich. Es gilt also

$$a + (b + c) = (a + b) + c. \tag{5}$$

Für die Addition ganzer Zahlen gilt also das Assoziativgesetz.

III. Neutrales Element. Da die ganze Zahl 0 als eine Bewegung um 0 Einheiten nach rechts oder links dargestellt wird, ist es offensichtlich, daß $0 + a$ und $a + 0$ für die gleiche Bewegung stehen wie a selbst. Es gilt also für jede ganze Zahl a

$$0 + a = a + 0 = a. \tag{6}$$

Die Menge aller ganzen Zahlen enthält also ein neutrales Element 0 für die Addition.

IV. Inverses. Ist a eine beliebige ganze Zahl, steht sie für eine Bewegung um eine nichtnegative ganze Zahl von Einheiten nach rechts oder nach links. Es gibt dann eine andere ganze Zahl b, die für eine Bewegung um die gleiche Anzahl von Einheiten in die entgegengesetzte Richtung steht. Wenn wir zwei Bewegungen um die gleiche Anzahl von Einheiten in entgegengesetzte Richtungen kombinieren, heben sie sich gegenseitig auf. Es gilt also

$$a + b = b + a = 0. \tag{7}$$

Das bedeutet, daß die Menge aller ganzen Zahlen ein additives Inverses für jedes ihrer Elemente enthält.

Ist a eine beliebige ganze Zahl, benutzen wir das Symbol $-a$ für ihr additives Inverses. Wenn a z. B. die positive ganze Zahl 2 ist, ist ihr additives Inverses $-a$ die negative ganze Zahl -2. Wenn a die negative ganze Zahl -3 ist, ist ihr additives Inverses $-a$ die positive ganze Zahl 3. Es gilt also $-(-3) = 3$. Unter Verwendung dieser Schreibweise und unter Berücksichtigung von Gleichung (7) können wir sagen, daß es zu einer beliebigen ganzen Zahl a eine andere ganze Zahl $-a$ gibt mit der Eigenschaft

$$a + (-a) = (-a) + a = 0. \tag{8}$$

Also hat die Menge aller ganzen Zahlen bezüglich der Addition die gleichen vier Eigenschaften *Abgeschlossenheit, Assoziativgesetz, Neutrales Element* und *Inverses,* die die Menge aller Maßzahlen bezüglich der Multiplikation besitzt.

Übungen:

26. Was ist das additive Inverse von *6?* von *−8?*
27. Man bestimme *3 + ((−2) + 6)* in zwei Schritten, indem man zuerst *(−2) + 6* bestimmt.
28. Man bestimme *(3 + (−2)) + 6* in zwei Schritten, indem man zuerst *3 + (−2)* bestimmt.
29. Man benutze die Ergebnisse der Übungen 27 und 28 zum Nachweis von
 3 + ((−2) + 6) = (3 + (−2)) + 6.
30. Für welche ganze Zahl steht *−(−5)?*

Null als Exponent

Auf Seite 9 sagten wir, daß für eine beliebige Maßzahl a das Symbol a^n zu verstehen ist als das Produkt $a \times a \times \ldots \times a$ mit n Faktoren, die alle gleich a sind. Diese Definition weist dem Ausdruck a^n nur dann eine Bedeutung zu, wenn der Exponent n eine natürliche bzw. eine positive ganze Zahl ist. Wir werden diese Definition nun erweitern, indem wir dem Ausdruck a^n auch dann eine Bedeutung zuweisen, wenn n gleich 0 ist. Wir werden also jetzt dem Ausdruck a^0 eine Bedeutung zuweisen.

Auf Seite 10 erhielten wir folgende Regel zur Multiplikation von Potenzen gleicher Basis: Um zwei Potenzen gleicher Basis zu multiplizieren, behalte man die Basis bei und addiere die Exponenten. Diese Regel ist bequem zu handhaben. Wir werden daher a^0 für eine Maßzahl stehen lassen, die so gewählt ist, daß diese Regel weiterhin gültig bleibt.

Nehmen wir an, wir multiplizieren a^0 mit a^n. Wenn die Regel zur Multiplikation von Potenzen gleicher Basis befolgt wird, erhalten wir

$$a^n \times a^0 = a^{n+0}.$$

Da *0* das neutrale Element für die Addition ganzer Zahlen ist, gilt $n + 0 = n$ und daher

$$a^n \times a^0 = a^n.$$

Wenn wir beide Seiten dieser Gleichung mit $\frac{1}{a^n}$, dem multiplikativen Inversen von a^n, multiplizieren, erhalten wir

$$\frac{1}{a^n} \times a^n \times a^0 = \frac{1}{a^n} \times a^n.$$

Es gilt aber $\frac{1}{a^n} \times a^n = 1$. Damit haben wir

$$1 \times a^0 = 1.$$

Da *1* das neutrale Element für die Multiplikation von Maßzahlen ist, gilt $1 \times a^0 = a^0$. Damit haben wir $a^0 = 1$. Wenn wir daher die Regel zur Multiplikation von Potenzen gleicher Basis einhalten wollen, müssen wir a^0 folgendermaßen definieren: *Die Potenz einer beliebigen Maßzahl mit dem Exponenten 0 erhält den Wert 1.*

Negative ganze Zahlen als Exponenten

Wir erweitern nun die Definition von a^n von neuem, indem wir dem Ausdruck a^n eine Bedeutung auch für negative ganze Zahlen n zuordnen. Wir tun dies wiederum so, daß die Regel zur Multiplikation von Potenzen gleicher Basis weiterhin gültig bleibt.

Nehmen wir an, n sei die negative ganze Zahl $-m$ und a^{-m} steht für eine Maßzahl. Man multipliziere a^{-m} mit a^m. Wenn die Regel zur Multiplikation von Potenzen gleicher Basis befolgt wird, erhalten wir

$$a^m \times a^{-m} = a^{m+(-m)}.$$

Da $-m$ das additive Inverse von m ist, gilt $m + (-m) = 0$. Damit haben wir

$$a^m \times a^{-m} = a^0 = 1.$$

Entsprechend gilt

$$a^{-m} \times a^m = a^{(-m)+m} = a^0 = 1.$$

Diese Gleichungen gelten nur, wenn a^{-m} das multiplikative Inverse von a^m ist. Wir sind schon übereingekommen, das multiplikative Inverse von a^m durch das Symbol $\frac{1}{a^m}$ darzustellen. Wir setzen also fest, daß a^{-m} dasselbe bedeutet wie $\frac{1}{a^m}$. a^{-1} bedeutet also $\frac{1}{a^1}$ bzw. $\frac{1}{a}$, a^{-2} bedeutet $\frac{1}{a^2}$, a^{-3} bedeutet $\frac{1}{a^3}$; usw.

Übungen:

31. Für welche Zahl steht 5^0?

32. Für welche Zahl steht $\left(\frac{1}{2}\right)^0$?

33. Für welche Zahl steht 3^{-2}?

34. Für welche Zahl steht 2^{-5}?

35. Für eine beliebige Maßzahl a schreibe man die Elemente der Menge der von a erzeugten Zahlen als Potenzen von a.

36. Man multipliziere: $a^{-2} \times a^2$; $a^{-3} \times a^3$.

37. Man multipliziere: $a^{-2} \times a^{-5}$; $a^{-2} \times a^5$; $a^{-2} \times a$.

38. Man multipliziere: $a \times a^2$; $a \times a^3$; $a \times a^4$; $a \times a^{-4}$.

39. Man multipliziere: $a \times a^n$.

4. Der Begriff der Gruppe

In Kapitel 2 stellten wir fest, daß die Menge aller Maßzahlen bezüglich der als Multiplikation bezeichneten Operationen die vier Eigenschaften *Abgeschlossenheit, Assoziativgesetz, Neutrales Element* und *Inverses* hat. In Kapitel 3 stellten wir fest, daß die Menge aller ganzen Zahlen bezüglich der als Addition bezeichneten Operation die gleichen vier Eigenschaften hat. Um diese Ähnlichkeit noch mehr hervorzuheben, führen wir eine leichte Änderung der Schreibweise ein.

Wir haben bisher das Symbol × für die Operation der Multiplikation in der Menge aller Maßzahlen benutzt. Wir wollen vorübergehend dieses Symbol durch das Symbol ∘, den Anfangsbuchstaben des Wortes „Operation", ersetzen. Man lese dieses Symbol „oh". Dann steht das Symbol ∘ für eine binäre Operation in der Menge aller Maßzahlen. Wenn (a, b) ein geordnetes Paar von Maßzahlen ist, steht $a \circ b$ für die Maßzahl, die die Operation ∘ diesem geordneten Paar zuordnet. Wir haben das Symbol *1* für die Maßzahl benutzt, die das neutrale Element für die Multiplikation ist. Wir wollen dieses Symbol vorübergehend ersetzen durch das Symbol i, den Anfangsbuchstaben des Wortes „Identität". Dann können wir unter Verwendung dieser neuen Symbole die vier Eigenschaften, die die Menge aller Maßzahlen bezüglich der Multiplikation besitzt, neu formulieren:

I. Abgeschlossenheit. Die Operation ∘ ist eine binäre Operation in der Menge. Die Menge ist abgeschlossen gegenüber ∘.

II. Assoziativgesetz. Sind a, b und c drei beliebige Elemente der Menge, erfüllen sie Gleichung (1) auf Seite 6. Wenn wir × durch ∘ ersetzen, nimmt Gleichung (1) die Gestalt von Gleichung (9) an:

$$a \circ (b \circ c) = (a \circ b) \circ c. \tag{9}$$

III. Neutrales Element. Ist a ein beliebiges Element der Menge, erfüllt es Gleichung (2) auf Seite 7. Wenn wir × durch ∘ und *1* durch i ersetzen, erhält Gleichung (2) die Gestalt:

$$i \circ a = a \circ i = a. \tag{10}$$

IV. Inverses. Ist a ein beliebiges Element der Menge, gibt es ein anderes Element b in der Menge, das Gleichung (3) auf Seite 8 erfüllt. Wenn wir × durch ∘ und *1* durch i ersetzen, erhält Gleichung (3) die Gestalt:

$$a \circ b = b \circ a = i. \tag{11}$$

Wir wollen nun die gleiche Änderung der Schreibweise für die Operation der Addition in der Menge aller ganzen Zahlen einführen. Wir wollen vorübergehend + durch ∘ und *0* durch i ersetzen. Dann können wir unter Verwendung dieser neuen Symbole die vier Eigenschaften, die die Menge aller ganzen Zahlen bezüglich der Addition besitzt, neu formulieren:

I. Abgeschlossenheit. Die Operation ∘ ist eine binäre Operation in der Menge. Die Menge ist abgeschlossen gegenüber ∘.

II. Assoziativgesetz. Sind a, b und c drei beliebige Elemente der Menge, erfüllen sie Gleichung (5) auf Seite 13. Wenn wir + durch ∘ ersetzen, erhält Gleichung (5) die Gestalt:

$$a \circ (b \circ c) = (a \circ b) \circ c. \tag{9}$$

III. Neutrales Element. Ist a ein beliebiges Element der Menge, erfüllt es Gleichung (6) auf Seite 14. Wenn wir + durch ∘ und 0 durch i ersetzen, erhält Gleichung (6) die Gestalt:

$$i \circ a = a \circ i = a. \tag{10}$$

IV. Inverses. Ist a ein beliebiges Element der Menge, gibt es ein anderes Element b in der Menge, das Gleichung (7) auf Seite 15 erfüllt. Wenn wir + durch ∘ und 0 durch i ersetzen, erhält Gleichung (7) die Gestalt:

$$a \circ b = b \circ a = i. \tag{11}$$

Somit stellen wir fest, daß bei Verwendung dieser neuen Schreibweise die vier Eigenschaften, die die Menge aller Maßzahlen bezüglich der Multiplikation besitzt, und die vier Eigenschaften, die die Menge aller ganzen Zahlen bezüglich der Addition besitzt, in genau der gleichen Sprache ausgedrückt werden können. In beiden Fällen haben wir eine Menge von Elementen, eine binäre Operation ∘ in der Menge und ein Element i in der Menge mit folgenden Eigenschaften:

I. Abgeschlossenheit. Die Menge ist abgeschlossen gegenüber ∘.

II. Assoziativgesetz. Sind a, b und c drei beliebige Elemente der Menge, so erfüllen sie Gleichung (9).

III. Neutrales Element. Ist a ein beliebiges Element der Menge, so erfüllt es Gleichung (10).

IV. Inverses. Ist a ein beliebiges Element der Menge, gibt es ein anderes Element b in der Menge, das Gleichung (11) erfüllt.

Definition einer Gruppe

Jede Menge mit einer bestimmten binären Operation ∘, die diese vier Eigenschaften hat, nennen wir eine *Gruppe* bezüglich dieser Operation. Wir sehen also, daß die Menge aller Maßzahlen eine Gruppe bezüglich der Multiplikation und die Menge aller ganzen Zahlen eine Gruppe bezüglich der Addition ist. Wir werden in den folgenden Kapiteln viele andere Gruppen kennenlernen.

In einer Gruppe wird das Element i, das Gleichung (9) erfüllt, das *neutrale Element* der Gruppe genannt. Es kann gezeigt werden, daß eine Gruppe nur ein neutrales Element besitzt (s. S. 59). Ist a ein Element der Gruppe, so heißt das Element b, das Gleichung (11) erfüllt, das *Inverse von a*. Es kann gezeigt werden, daß ein Element einer Gruppe nur ein Inverses besitzt (s. S. 60).

In der Gruppe der Maßzahlen, in der die Operation der Multiplikation durch das Symbol × dargestellt wird, haben wir das multiplikative Inverse von a durch das Symbol $\frac{1}{a}$ dargestellt. Wenn dieses Symbol verwendet wird, erhält Gleichung (3) die Gestalt von Gleichung (4) auf Seite 11. In der Gruppe der ganzen Zahlen, in der die Operation der Addition durch das Symbol + dargestellt wird, haben wir das additive Inverse von a durch das Symbol $-a$ dargestellt. Wenn dieses Symbol verwendet wird, erhält Gleichung (7) die Gestalt von Gleichung (8) auf Seite 21. Wenn wir das Symbol ∘ für die Gruppenoperation benutzen, führen wir für das Inverse eines Elementes der Gruppe nochmals eine andere Schreibweise ein. Wir beziehen uns dabei auf Seite 23, wo wir sahen, daß das Symbol a^{-1} eine andere Darstellungsweise für $\frac{1}{a}$ ist. Wenn die Operation in einer Gruppe durch das Symbol ∘ dargestellt wird, stellen wir das Inverse von a durch a^{-1} dar. Dann erhalten die Gleichungen (3), (4), (7), (8) und (11) folgende Gestalt:

$$a \circ a^{-1} = a^{-1} \circ a = i. \tag{12}$$

Vereinfachte Schreibweise

In jeder Gruppe entspricht die Operation ∘ der Operation der Multiplikation in der Menge aller Maßzahlen. Aus diesem Grunde wird sie oft als *Multiplikationsoperation* in der Gruppe bezeichnet; $a \circ b$ wird Produkt von a und b genannt, und a und b werden als Faktoren von $a \circ b$ bezeichnet. Um das Schreiben von Produkten zu vereinfachen, ist es üblich, das Symbol ∘ wegzulassen und die Faktoren einfach unmittelbar aneinander zu schreiben. Wir schreiben also ab für das Produkt von a und b und verstehen darunter $a \circ b$. Unter Verwendung dieser vereinfachten Schreibweise können wir die Definition der Gruppe wie folgt neu formulieren:

Eine Gruppe ist eine Menge von Elementen mit einer binären Operation in der Menge mit folgenden vier Eigenschaften:

I. Abgeschlossenheit. Ist (a, b) ein geordnetes Paar von Elementen der Menge, so ordnet die Operation diesem geordneten Paar ein mit ab bezeichnetes Element der Menge zu. Die Menge ist abgeschlossen gegenüber der Operation.

II. Assoziativgesetz. Sind a, b und c drei beliebige Elemente der Menge, so gilt für sie

$$a(bc) = (ab)c. \tag{13}$$

III. Neutrales Element. Die Menge enthält ein Element i, das neutrales Element genannt wird, mit der Eigenschaft, daß für ein beliebiges Element a der Menge gilt

$$ia = ai = a. \tag{14}$$

IV. Inverses. Ist a ein beliebiges Element der Menge, gibt es in der Menge ein Element a^{-1}, das das Inverse von a genannt wird, mit der Eigenschaft

$$aa^{-1} = a^{-1}a = i. \tag{15}$$

Nicht jede Menge mit einer binären Operation ist eine Gruppe. Als Beispiel betrachte man die Menge aller natürlichen Zahlen mit der Operation ×. Die Menge ist abgeschlossen gegenüber der Operation. Für die Operation gilt das Assoziativgesetz, und die Menge enthält ein neutrales Element für die Operation, nämlich die Zahl *1*. Die Menge aller natürlichen Zahlen mit der Operation × hat also die Eigenschaften I, II und III einer Gruppe. Dagegen besitzt die Menge nicht für jedes ihrer Elemente ein multiplikatives Inverses. Es gibt z. B. keine natürliche Zahl, die bei der Multiplikation mit *3* das Produkt *1* hat. Die Menge aller natürlichen Zahlen mit der Operation × besitzt also nicht die Eigenschaft IV einer Gruppe. Sie ist daher keine Gruppe.

Übungen:

1. Welche der vier Eigenschaften einer Gruppe besitzt die Menge aller nichtnegativen ganzen Zahlen mit der Operation +? Ist die Menge aller nichtnegativen ganzen Zahlen eine Gruppe bezüglich der Addition?
2. Man betrachte die Menge aller Maßzahlen mit der Operation :. Ist die Menge abgeschlossen gegenüber dieser Operation? Gilt für die Operation das Assoziativgesetz? Ist die Zahl *1* ein neutrales Element bezüglich der Operation? Ist die Menge aller Maßzahlen mit der Operation : eine Gruppe?
3. Man betrachte die Menge aller geraden ganzen Zahlen, deren Elemente *0, 2, 4, 6, ...* und *−2, −4, −6, ...* sind, und benutze die Operation +. Welche der vier Eigenschaften einer Gruppe hat diese Menge mit dieser Operation? Ist die Menge aller geraden ganzen Zahlen eine Gruppe bezüglich der Addition?

5. Die Drehungen eines Rades

In den vorangehenden Kapiteln wurden zwei Gruppen eingeführt, die Menge aller Maßzahlen mit der Operation der Multiplikation und die Menge aller ganzen Zahlen mit der Operation der Addition. In beiden Gruppen waren die Elemente der Gruppen Zahlen. Es gibt auch Gruppen, deren Elemente keine Zahlen sind. Als Beispiele hierfür werden wir einige Gruppen untersuchen, deren Elemente Drehungen eines Rades sind.

Das Maß einer Drehung

Man stelle sich ein frei um seine Achse drehbares Rad vor. Um besser sehen zu können, was geschieht, wenn sich das Rad dreht, wollen wir uns vorstellen, daß auf dem Rad von der Achse bis zum Rand ein Pfeil gezeichnet ist. Das Rad kann sich frei nach beiden Seiten drehen. Wenn es sich im Uhrzeigersinn dreht, bewegt sich der Pfeil wie der Zeiger einer Uhr. Wenn es sich entgegen dem Uhrzeigersinn dreht, bewegt sich der Pfeil in der anderen Richtung.

Nehmen wir an, wir beginnen mit dem Pfeil in einer beliebigen Position und fangen an, das Rad im Uhrzeigersinn zu drehen, wie es in den Abbildungen unten dargestellt ist. Wenn sich das Rad dreht, nimmt der Pfeil verschiedene Positionen ein und erreicht schließlich wieder seine ursprüngliche Position. Läßt man das Rad sich längere Zeit drehen, durchläuft der Pfeil immer wieder die gleiche Folge von Positionen und kehrt viele Male zu seiner Ausgangsposition zurück. Eine Drehung, die den Pfeil einmal von der Ausgangsposition wieder bis zu dieser zurückbringt, heißt *eine vollständige Drehung*. Drehungen

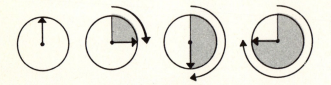

anderen Umfangs kann man messen, indem man eine vollständige Drehung als Einheit verwendet. Die in der zweiten Abbildung oben dargestellte Drehung ist ein Viertel einer vollständigen Drehung. Die in der dritten Abbildung dargestellte Drehung ist die Hälfte einer vollständigen Drehung. Die in der vierten Abbildung dargestellte Drehung ist drei Viertel einer vollständigen Drehung. Eine Drehung, die den Pfeil zum zweiten Mal in die Ausgangsposition zurückbringt, ist das Doppelte einer vollständigen Drehung.

Zum Messen von Drehungen, die kleiner sind als eine vollständige Drehung, empfiehlt es sich, eine kleinere Maßeinheit zu verwenden. Die gebräuchlichste Einheit wird *Grad* genannt und durch das Symbol ° dargestellt. Sie ist das Maß einer Drehung, deren

*360*faches genau eine vollständige Drehung ergibt. Ausgedrückt mit Hilfe dieser Maßeinheit ist eine vollständige Drehung eine Drehung um *360°* (man lese dies „*360* Grad"). Ein Viertel einer vollständigen Drehung hat *90°*, zwei vollständige Drehungen haben *720°*.

Übungen:

1. Wieviel Grad haben die Hälfte einer vollständigen Drehung, drei Viertel einer vollständigen Drehung, ein Drittel einer vollständigen Drehung, drei Drehungen?
2. Welcher Bruchteil einer vollständigen Drehung hat *60°*?
3. Wieviele vollständige Drehungen ergeben *1 440°*?

Drehungen mit der gleichen Wirkung

Jede Drehung eines Rades bewegt den Pfeil auf dem Rad von einer Position in eine andere. Es gibt viele Drehungen verschiedenen Umfangs, die den Pfeil von einer festen Ausgangsposition in eine gegebene Endposition bringen können. Nehmen wir z. B. an, wir beginnen mit einem aufwärts zeigenden Pfeil und stoppen mit einem nach rechts zeigenden Pfeil. Wir können diese Endposition erreichen durch eine Drehung des Rades um *90°* im Uhrzeigersinn. Wir können sie aber ebenso erreichen durch eine Drehung des Rades um *450°* im Uhrzeigersinn, denn es gilt *450° = 90° + 360°*, und die ersten *90°* der Drehung bringen den Pfeil in die Position, in der er nach rechts zeigt, und die nächsten *360°* der Drehung bringen den Pfeil zurück in die gleiche Position. Aus dem gleichen Grund bringt auch eine Drehung um *90° + 360° + 360°* bzw. *810°* den Pfeil in die gleiche Endposition.

Wir werden zwei Drehungen als gleich ansehen, wenn sie beim Bewegen eines vom Mittelpunkt des Rades aus gezeichneten Pfeiles die gleiche Wirkung erzielen. Wir sagen also, daß zwei Drehungen gleich sind, wenn sie den Pfeil von einer festen Ausgangsposition in die gleiche Endposition überführen. Eine Drehung um *810°* im Uhrzeigersinn ist dann gleich einer Drehung um *90°* im Uhrzeigersinn. Eine Drehung um *360°* im Uhrzeigersinn ist gleich einer Drehung um *0°*. Ist die Anzahl der Grade einer Drehung im Uhrzeigersinn *360* oder mehr, können wir eine gleiche Drehung im Uhrzeigersinn um weniger als *360°* finden, indem wir einfach *360* von dieser Zahl so lange abziehen, bis der Rest kleiner ist als *360*. Wenn wir z. B. *360* zweimal von *730* abziehen, ist der Rest *10*. Eine Drehung um *730°* im Uhrzeigersinn ist daher gleich einer Drehung um *10°* im Uhrzeigersinn. Es kann also jede Drehung im Uhrzeigersinn als eine Drehung im Uhrzeigersinn um weniger als *360°* ausgedrückt werden. Entsprechend kann jede Drehung gegen den Uhrzeigersinn als eine Drehung gegen den Uhrzeigersinn um weniger als *360°* ausgedrückt werden.

Nehmen wir an, wir wollen den Pfeil auf dem Rad von einer Ausgangsposition zu einer Endposition bewegen, wie es in der Abbildung auf Seite 30 dargestellt ist. Wir können dies entweder durch eine Drehung des Rades im Uhrzeigersinn oder durch eine Drehung gegen den Uhrzeigersinn erreichen. Wenn die Drehungen im Uhrzeigersinn und gegen den Uhrzeigersinn beide weniger als *360°* haben, so haben sie zusammen *360°*, wie die

Abbildung unten zeigt. Aus diesem Grund kann jede Drehung gegen den Uhrzeigersinn als eine Drehung im Uhrzeigersinn um weniger als *360°* ausgedrückt werden. So ist z. B. eine Drehung um *410°* gegen den Uhrzeigersinn gleich einer Drehung um *50°* gegen den Uhrzeigersinn. Eine Drehung um *50°* gegen den Uhrzeigersinn ist jedoch gleich einer Drehung um *310°* im Uhrzeigersinn. Also ist eine Drehung um *410°* gegen den Uhrzeigersinn gleich einer Drehung um *310°* im Uhrzeigersinn.

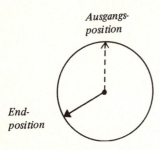

Auf Grund der Feststellungen in den beiden letzten Absätzen kann jede Drehung ausgedrückt werden als eine Drehung im Uhrzeigersinn um weniger als *360°*.

Übung:

4. Man drücke aus als Drehung im Uhrzeigersinn um weniger als *360°*: a) eine Drehung um *380°* im Uhrzeigersinn; b) eine Drehung um *1500°* im Uhrzeigersinn; c) eine Drehung um *80°* gegen den Uhrzeigersinn; d) eine Drehung um *400°* gegen den Uhrzeigersinn; e) eine Drehung um *0°* gegen den Uhrzeigersinn.

Da jede Drehung gegen den Uhrzeigersinn als eine Drehung im Uhrzeigersinn ausgedrückt werden kann, verlieren wir nichts, wenn wir ausschließlich Drehungen im Uhrzeigersinn betrachten. Wir werden also von nun an nur noch über Drehungen im Uhrzeigersinn sprechen. Da alle Drehungen, über die wir sprechen, solche im Uhrzeigersinn sein sollen, ist es nicht nötig, diese Tatsache zu erwähnen. Immer wenn also im Rest des Kapitels von einer Drehung die Rede ist, soll diese als eine Drehung im Uhrzeigersinn verstanden werden.

Kombination von Drehungen

Wir können zwei Drehungen kombinieren, so daß sie eine einzige ergeben, indem wir die Drehungen unmittelbar hintereinander ausführen. Um z. B. eine Drehung um *10°* und eine Drehung um *20°* zu kombinieren, drehe man das Rad zunächst um *10°* und dann um weitere *20°*. Das Ergebnis ist eine Drehung um *30°*. Um eine Drehung um *100°* und eine Drehung um *300°* zu kombinieren, drehe man das Rad zunächst um *100°* und dann um weitere *300°*. Das Ergebnis ist eine Drehung um *400°*, die gleich einer Drehung um *40°* ist.

Die Gruppe aller Drehungen 31

Wir wollen nun die Menge aller Drehungen um weniger als *360°* betrachten. *a* und *b* seien zwei beliebige Drehungen in der Menge. Mit *ab* bezeichnen wir die Drehung, die sich ergibt, wenn wir sie nach der obigen Regel kombinieren. Wir nennen *ab* das Produkt von *a* und *b*. Um die Drehung *ab* zu bestimmen, bilden wir zunächst die Summe der Gradzahl von *a* und der Gradzahl von *b* und suchen dann eine gleiche Drehung mit weniger als *360°*. Dann ist das Produkt *ab* auch ein Element der Menge aller Drehungen um weniger als *360°*. Daher definiert die obige Regel zur Multiplikation von Drehungen eine binäre Operation in dieser Menge.

Übungen:

5. Was ist das Produkt einer Drehung um *40°* und einer Drehung um *50°*?

6. Was ist das Produkt einer Drehung um *200°* und einer Drehung um *300°*?

7. Was ist das Produkt einer Drehung um *0°* und einer Drehung um *40°*? einer Drehung um *0°* und einer Drehung um *50°*? einer Drehung um *60°* und einer Drehung um *0°*?

8. Was ist das Produkt einer Drehung um *20°* und einer Drehung um *340°*? einer Drehung um *12°* und einer Drehung um *348°*? einer Drehung um $5\frac{1}{2}°$ und einer Drehung um $354\frac{1}{2}°$?

9. Welche Drehung ergibt bei Multiplikation mit einer Drehung um *60°* als Produkt eine Drehung um *0°*?

10. Welche Drehung ergibt bei Multiplikation mit einer Drehung um *x°* als Produkt eine Drehung um *0°*, wenn *x* von *0* verschieden ist?

Die Gruppe aller Drehungen

Wir haben in der Menge aller Drehungen um weniger als *360°* eine Operation der Multiplikation eingeführt. Wir wollen nun überprüfen, ob diese Menge mit dieser Operation die vier Eigenschaften besitzt, die eine Gruppe definieren.

I. Abgeschlossenheit. Wir haben schon gesehen, daß das Produkt zweier beliebiger Drehungen um weniger als *360°* gleich einer Drehung um weniger als *360°* ist. Die Menge ist also abgeschlossen gegenüber der Multiplikation von Drehungen.

II. Assoziativgesetz. *a*, *b* und *c* seien drei beliebige Drehungen. Der Ausdruck *a*(*bc*) steht für diejenige Drehung, die alleine die gleiche Wirkung hat wie die Drehung *a*, gefolgt von der Drehung *bc*. Die Drehung *bc* ist diejenige Drehung, die alleine die gleiche Wirkung hat wie die Drehung *b*, gefolgt von der Drehung *c*. Also hat *a*(*bc*) die gleiche Wirkung wie die Drehung *a*, gefolgt von der Drehung *b*, gefolgt von der Drehung *c*. Der Ausdruck (*ab*)*c* steht für diejenige Drehung, die alleine die gleiche Wirkung hat wie die Drehung *ab*, gefolgt von der Drehung *c*. Die Drehung *ab* ist diejenige Drehung, die alleine die gleiche Wirkung hat wie die Drehung *a*, gefolgt von der Drehung *b*. Also hat (*ab*)*c* die gleiche Wirkung wie die Drehung *a*, gefolgt von der Drehung *b*, gefolgt von der Drehung *c*. Da *a*(*bc*) und (*ab*)*c* die gleiche Wirkung haben, sind sie gleich. Es gilt daher $a(bc) = (ab)c$. Also gilt für die Multiplikation von Drehungen das Assoziativgesetz. Man beachte, daß der hier gegebene Beweis dem Beweis auf Seite 21 gleicht, wo wir zeigten, daß für die Addition ganzer Zahlen das Assoziativgesetz gilt.

III. Neutrales Element. i stehe für eine Drehung von $0°$, und a sei eine beliebige Drehung. x sei die Gradzahl der Drehung a. Dann hat die Drehung ia die Gradzahl $0 + x$, also x. Also ist die Drehung ia gleich der Drehung a, da beide die gleiche Gradzahl haben. Auch die Drehung ai hat die Gradzahl $x + 0$ bzw. x. Also ist auch die Drehung ai gleich der Drehung a. Da für jede Drehung a gilt $ia = ai = a$, ist i das neutrale Element für die Menge aller Drehungen.

IV. Inverses. a sei eine beliebige Drehung und x die Gradzahl dieser Drehung. Gilt $a = i$, so folgt $x = 0$. Die Drehung i ist ihr eigenes Inverses. Denn da gilt $0° + 0° = 0°$, gilt $ii = i$. Wenn a nicht gleich i ist, dann ist x nicht 0, und $360 - x$ ist kleiner als 360. Dann gibt es eine Drehung b mit der Gradzahl $360 - x$. Die Summe von x und $360 - x$ ist 360. Daher ist ab eine Drehung um $360°$ bzw. um $0°$, also gilt $ab = i$. Da die Summe von $360 - x$ und x ebenfalls 360 ist, ist ba eine Drehung um $360°$ bzw. $0°$, und es gilt $ba = i$. Da gilt $ab = ba = i$, ist b das Inverse von a.

Die Menge aller Drehungen um weniger als $360°$ mit der Operation der Multiplikation hat alle vier Eigenschaften, die eine Gruppe definieren. Sie ist daher eine Gruppe bezüglich der Multiplikation von Drehungen.

Eine Gruppe mit vier Elementen

Die Gruppe aller Drehungen um weniger als $360°$ umfaßt viele andere Gruppen. Als Beispiel betrachten wir die Menge aller Drehungen, deren Gradzahlen ganzzahlige Vielfache von 90 sind. Diese Menge enthält nur vier Elemente, die Drehung um $0°$, die Drehung um $90°$, die Drehung um $180°$ und die Drehung um $270°$. Als Namen für diese Drehungen wollen wir die Symbole i, a, b und c benutzen. Wir werden zeigen, daß die Menge mit den Elementen i, a, b und c eine Gruppe bezüglich der Multiplikation von Drehungen ist. Um dies zu beweisen, müssen wir zunächst das Produkt jedes Paares von Elementen dieser Menge bestimmen. Wir werden diese Produkte in einer folgendermaßen angeordneten Tafel zusammenstellen. Wir fertigen eine Tafel mit vier Zeilen und vier Spalten an. Wir bezeichnen die vier Zeilen von oben nach unten mit i, a, b und c, indem wir je eines dieser Symbole links von jeder Zeile schreiben. Wir bezeichnen ebenso die vier Spalten von links nach rechts mit i, a, b und c, indem wir je eines dieser Symbole über jede Spalte schreiben. Die Zeilen und Spalten teilen die Tafel in 16 Felder auf. Jedes Feld befindet sich in einer bestimmten Zeile und einer bestimmten Spalte. Wir werden in jedes Feld dasjenige Produkt schreiben, das wir erhalten, wenn wir die Drehung, die seine Zeile bezeichnet, und die Drehung, die seine Spalte bezeichnet, miteinander multiplizieren. Das Produkt ab wird z. B. in das Feld geschrieben, das sich in Zeile a und Spalte b befindet. Das Produkt ba dagegen wird in das Feld geschrieben, das sich in Zeile b und Spalte a befindet. Diese beiden Felder werden durch die Pfeile auf Seite 33 gekennzeichnet.

Eine Gruppe mit vier Elementen

Das Feld in Zeile a und Spalte b   *Das Feld in Zeile b und Spalte a*

Um zwei beliebige Drehungen in der Menge zu multiplizieren, benutzen wir die auf Seite 30 angegebene Regel zur Multiplikation von Drehungen. Da z. B. *a* eine Drehung um *90°* und *b* eine Drehung um *180°* ist, ist *ab* eine Drehung um *90° + 180°* bzw. *270°*. *c* ist jedoch eine Drehung um *270°*. Somit gilt *ab = c,* und wir schreiben *c* in das Feld in Zeile *a* und Spalte *b*. *cc* ist gleich einer Drehung um *270° + 270°* bzw. *540°*. Eine Drehung um *540°* ist jedoch gleich einer Drehung um *180°*. Aus diesem Grund gilt *cc = b*, und wir schreiben *b* in das Feld in Zeile *c* und Spalte *c*. Die vollständige Tafel ist unten abgebildet.

	i	a	b	c
i	i	a	b	c
a	a	b	c	i
b	b	c	i	a
c	c	i	a	b

Wir überprüfen nun die Produkte, um zu sehen, ob die Menge mit den Elementen *i, a, b* und *c* eine Gruppe bezüglich der Multiplikation von Drehungen ist:

I. Abgeschlossenheit. Ein Blick auf die Tafel zeigt, daß das Produkt zweier Elemente der Menge entweder *i* oder *a* oder *b* oder *c* ist. Jedes Produkt von Elementen der Menge ist also wieder ein Element der Menge. Daher ist die Menge abgeschlossen gegenüber der Multiplikation.

II. Assoziativgesetz. *i, a, b* und *c* sind Elemente der Menge aller Drehungen um weniger als *360°*. In dieser Menge aller Drehungen gilt für die Multiplikation das Assoziativgesetz unabhängig davon, welche Drehungen wir multiplizieren. Daher gilt dieses Gesetz sicherlich, wenn wir nur Produkte der Elemente *i, a, b* und *c* bilden.

III. Neutrales Element. Da *i* das neutrale Element für die Menge aller Drehungen ist, bleibt jede beliebige Drehung bei der Multiplikation mit *i* unverändert. Somit läßt die Multiplikation mit *i* auch die Elemente *i, a, b* und *c* unverändert. Daher ist *i* ein neutrales Element für die Multiplikation in der Menge, deren einzige Elemente *i, a, b* und *c* sind.

IV. Inverses. Die Tafel zeigt, daß die Menge mit den Elementen *i, a, b* und *c* ein Inverses für jedes ihrer Elemente enthält. Das Inverse von *i* ist *i*, da gilt *ii = i*. Das Inverse von *a* ist *c*, und das Inverse von *c* ist *a*, da gilt *ac = ca = i*. Das Inverse von *b* ist *b*, da gilt *bb = i*.

Somit sehen wir, daß die Menge der Elemente *i, a, b* und *c* mit der Operation der Multiplikation alle vier Eigenschaften besitzt, die eine Gruppe definieren. Daher ist sie eine Gruppe bezüglich der Multiplikation von Drehungen.

Übungen:

11. *i* stehe für eine Drehung um *0°*, und *b* stehe für eine Drehung um *180°*. Man betrachte die Menge, deren einzige Elemente *i* und *b* sind. a) Man konstruiere eine Multiplikationstafel für diese Menge, indem man zwei mit *i* und *b* bezeichnete Zeilen und zwei mit *i* und *b* bezeichnete Spalten benutzt. b) Ist die Menge mit den Elementen *i* und *b* abgeschlossen gegenüber der Multiplikation von Drehungen? c) Gilt für die Multiplikation in dieser Menge das Assoziativgesetz? Warum? d) Ist *i* ein neutrales Element für die Multiplikation in dieser Menge? Warum? e) Enthält die Menge ein Inverses für jedes ihrer Elemente? f) Ist die Menge mit den Elementen *i* und *b* eine Gruppe bezüglich der Multiplikation von Drehungen?

12. *i* stehe für eine Drehung um *0°*, *b* für eine Drehung um *120°* und *q* für eine Drehung um *240°*. Man betrachte die Menge, deren einzige Elemente *i, p* und *q* sind. a) Man konstruiere eine Multiplikationstafel für diese Menge, indem man drei mit *i, p* und *q* bezeichnete Zeilen und drei mit *i, p* und *q* bezeichnete Spalten benutzt. b) Ist die Menge mit den Elementen *i, p* und *q* abgeschlossen gegenüber der Multiplikation von Drehungen? c) Gilt für die Multiplikation in dieser Menge das Assoziativgesetz? Warum? d) Ist *i* ein neutrales Element für die Multiplikation in dieser Menge? Warum? e) Was sind die Inversen von *i, p* und *q*? Enthält die Menge ein Inverses für jedes ihrer Elemente? f) Ist die Menge mit den Elementen *i, p* und *q* eine Gruppe bezüglich der Multiplikation von Drehungen?

13. *i* stehe für eine Drehung um *0°*. Man betrachte die Menge, deren einziges Element *i* ist. a) Man konstruiere eine Multiplikationstafel für diese Menge, indem man eine mit *i* bezeichnete Zeile und eine mit *i* bezeichnete Spalte benutzt. b) Ist die Menge, deren einziges Element *i* ist, abgeschlossen gegenüber der Multiplikation von Drehungen? c) Gilt für die Multiplikation in dieser Menge das Assoziativgesetz? Gilt also *i(ii) = (ii)i*? d) Ist *i* ein neutrales Element für die Multiplikation in dieser Menge? e) Enthält die Menge ein Inverses für jedes ihrer Elemente? f) Ist die Menge, deren einziges Element *i* ist, eine Gruppe bezüglich der Multiplikation von Drehungen?

Endliche und unendliche Gruppen

Die oben beschriebene Gruppe, deren einzige Elemente *i, a, b* und *c* sind, hat genau vier Elemente. Die Zahl *vier* ist eine natürliche Zahl. Wenn die Zahl der Elemente eine Menge eine natürliche Zahl ist, so sagen wir, daß die Menge *endlich viele* Elemente hat und eine *endliche* Menge ist. Eine Gruppe, deren Elemente eine endliche Menge bilden, heißt eine *endliche Gruppe*. Die Zahl der Elemente einer endlichen Gruppe heißt *Ordnung* der Gruppe.

Endliche und unendliche Gruppen

Die Menge aller ganzen Zahlen ist keine endliche Menge. Wieviele ihrer Elemente wir auch immer zählen, es bleiben immer einige Elemente ungezählt. Von einer Menge wie dieser, die mehr Elemente hat, als man zählen kann, sagt man, sie habe *unendlich viele* Elemente, und nennt sie eine *unendliche* Menge. Eine Gruppe, deren Elemente eine unendliche Menge bilden, heißt eine *unendliche Gruppe*. Die Gruppe aller ganzen Zahlen mit der Operation der Addition ist eine unendliche Gruppe.

Für eine endliche Gruppe kann immer eine Multiplikationstafel konstruiert werden. Dann können alle Eigenschaften der Gruppe durch Untersuchung der in der Tafel aufgeführten Produkte festgestellt werden. Fast alle Gruppen, über die wir im Rest dieses Buches sprechen werden, sind endliche Gruppen. Es wird sich als nützlich erweisen, zu jeder von ihnen eine Multiplikationstafel zu konstruieren.

Übungen:

14. Die Menge aller Maßzahlen mit der Operation der Multiplikation ist eine Gruppe. Ist diese Gruppe endlich oder unendlich?
15. Ist die in Übung 11 auf Seite 34 beschriebene Gruppe endlich oder unendlich?
16. Die Gruppe aller Drehungen um weniger als $360°$ enthält unter ihren Elementen eine Drehung um 1 Grad, eine Drehung um $\frac{1}{2}$ Grad, eine Drehung um $\frac{1}{3}$ Grad, eine Drehung um $\frac{1}{4}$ Grad, eine Drehung um $\frac{1}{5}$ Grad usw. Allgemein enthält die Gruppe unter ihren Elementen für eine beliebige natürliche Zahl n eine Drehung um $\frac{1}{n}$ Grad. Ist die Gruppe aller Drehungen um weniger als $360°$ endlich oder unendlich?
17. Was ist die kleinste Zahl von Elementen, die eine Gruppe haben kann?
18. Was ist die Ordnung der in Übung 12 auf Seite 34 beschriebenen Gruppe?

6. Zifferblattzahlen

Zahlen auf einem Kreis

In Kapitel 2 sahen wir, daß die Menge aller ganzen Zahlen, die eine unendliche Menge ist, als eine Menge gleich weit voneinander entfernter Punkte auf einer Geraden dargestellt werden kann. In diesem Kapitel werden wir einige endliche Mengen kennenlernen, die man als Mengen gleich weit voneinander entfernter Punkte auf einem Kreis darstellen kann.

Wir werden in jeder dieser Mengen eine Operation, die wir *plus* nennen und die durch das Zeichen + dargestellt wird, und eine Operation, die wir *mal* nennen und die durch das Zeichen × dargestellt wird, einführen. Bezüglich dieser Operationen verhält sich jede dieser Mengen in gewisser Weise wie das System der ganzen Zahlen. Wegen dieser Ähnlichkeit nennen wir auch die Elemente dieser Mengen Zahlen. Da sie auf einem Kreis wie die Ziffern auf dem Zifferblatt einer Uhr angeordnet sind, werden sie oft *Zifferblattzahlen* genannt. Wir werden feststellen, daß einige dieser Mengen von Zifferblattzahlen Gruppen bezüglich der Operation *plus* und andere dieser Mengen Gruppen bezüglich der Operation *mal* sind.

Ein Zahlensystem mit fünf Elementen

Als erstes Beispiel für ein System von Zifferblattzahlen konstruieren wir eines, das fünf Elemente hat. Man ziehe einen Kreis und zeichne darauf fünf Punkte so ein, daß sie den Kreis in fünf gleiche Teile einteilen. Wir benutzen einen dieser Punkte als Anfangspunkt und durchlaufen den Kreis im Uhrzeigersinn, wobei wir den Punkten die Namen *Null, Eins, Zwei, Drei* und *Vier* zuordnen und sie durch die Symbole *0, 1, 2, 3*

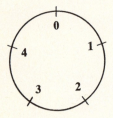

und *4* darstellen. Obwohl die Namen dieser Zahlen dieselben sind wie die Namen der ersten fünf nichtnegativen ganzen Zahlen, dürfen wir sie nicht mit diesen nichtnegativen ganzen Zahlen verwechseln. Wie wir nämlich sehen werden, unterscheiden sich diese Zahlen in vieler Hinsicht von den nichtnegativen ganzen Zahlen.

Addition von Zifferblattzahlen

Um die Addition von Zifferblattzahlen zu definieren, orientieren wir uns an der Addition ganzer Zahlen. In Kapitel 3 sahen wir, daß wir jede ganze Zahl als eine Bewegung auf der Zahlengeraden auffassen können und daß wir zwei ganze Zahlen addieren können, indem wir die Bewegungen, die durch sie dargestellt werden, kombinieren. Ferner sahen wir auf Seite 20, daß die zweite Bewegung an dem Punkt endet, der die Summe darstellt, wenn die erste Bewegung am Nullpunkt beginnt. Dies legt es nahe, die Addition von Zifferblattzahlen in folgender Weise zu definieren: Die Zahlen teilen den Kreis in gleiche Teile ein. Jeden dieser Teile nennen wir eine Einheit. Wir fassen jede Zahl als eine Bewegung um eine nichtnegative ganze Zahl von Einheiten im Uhrzeigersinn um den Kreis auf. Die Zahl *0* steht für eine Bewegung um null Einheiten, die Zahl *1* für eine Bewegung um eine Einheit, die Zahl *2* für eine Bewegung um zwei Einheiten usw. Um zwei Zahlen zu addieren, beginne man bei Null und führe die Bewegungen, die durch die Zahlen dargestellt werden, nacheinander aus. Dann ist der Punkt, an dem die zweite Bewegung endet, die Summe der beiden Zahlen. Um z. B. die Summe *1 + 2* zu bestimmen, beginne man bei Null und bewege sich um eine Einheit im Uhrzeigersinn bis zum Punkt *1*. Von dort aus bewege man sich um zwei Einheiten im Uhrzeigersinn weiter. Die zweite Bewegung endet am Punkt *3*. Also gilt *1 + 2 = 3*. Um die Summe *2 + 3* zu bestimmen, beginne man bei Null und bewege sich um zwei Einheiten im Uhrzeigersinn bis zum Punkt *2*. Von dort aus bewege man sich um drei Einheiten im Uhrzeigersinn weiter. Die zweite Bewegung endet am Punkt *0*. Also gilt *2 + 3 = 0*. Entsprechend erhält man *2 + 4 = 1*.

Um die Summen dieser Zifferblattzahlen zusammenzustellen, fertigen wir eine Additionstafel ähnlich der Multiplikationstafel in Kapitel 5 an. Wir zeichnen eine Tafel mit fünf Zeilen und fünf Spalten. Die Zeilen werden an der linken Seite von oben nach unten mit den Zahlen *0, 1, 2, 3* und *4* bezeichnet. Die Spalten werden an der oberen Seite von links nach rechts mit *0, 1, 2, 3* und *4* bezeichnet. Sind *a* und *b* zwei beliebige Zifferblattzahlen, wird die Summe *a + b* in das Feld geschrieben, das in Zeile *a* und Spalte *b* steht. Die Summen *1 + 2* und *2 + 3* sind in die entsprechenden Felder der Tafel unten eingetragen.

+	*0*	*1*	*2*	*3*	*4*
0					
1			*3*		
2				*0*	
3					
4					

Übungen:

1. Man zeichne die Additionstafel für das Fünf-Punkte-System der Zifferblattzahlen *ab*. Man bestimme die Summen aller geordneten Paare von Zahlen des Systems und trage sie in die entsprechenden Felder ein.

2. Man zeichne einen Kreis und trage darauf vier Punkte so ein, daß sie den Kreis in vier gleiche Teile einteilen. Man bezeichne diese Punkte im Uhrzeigersinn mit *0, 1, 2* und *3*. Sie sind dann die Elemente eines Vier-Punkte-Systems von Zifferblattzahlen, in dem die Addition wie im Fünf-Punkte-System ausgeführt wird, indem man Bewegungen um den Kreis kombiniert. Man fertige eine vollständige Additionstafel für das Vier-Punkte-System der Zifferblattzahlen an.

3. Man zeichne einen Kreis und trage darauf drei Punkte so ein, daß sie den Kreis in drei gleiche Teile einteilen. Man bezeichne diese Punkte im Uhrzeigersinn mit *0, 1* und *2*. Man fertige eine vollständige Additionstafel für das Drei-Punkte-System der Zifferblattzahlen an.

4. Man zeichne einen Kreis und trage darauf zwei Punkte so ein, daß sie den Kreis in zwei gleiche Teile einteilen. Man bezeichne diese Punkte mit *0* und *1*. Man fertige eine vollständige Additionstafel für das Zwei-Punkte-System der Zifferblattzahlen an.

Multiplikation von Zifferblattzahlen

Um die Multiplikation von Zifferblattzahlen zu definieren, orientieren wir uns an der Multiplikation natürlicher Zahlen. *2 × 3* bedeutet im System der natürlichen Zahlen *3 + 3, 3 × 3* bedeutet *3 + 3 + 3, 4 × 3* bedeutet *3 + 3 + 3 + 3;* usw. Sind allgemein *a* und *b* natürliche Zahlen, so steht *a × b* für die Summe von *a* Zahlen, von denen jede gleich *b* ist. Sind *a* und *b* Elemente eines Systems von Zifferblattzahlen; definieren wir *a × b* in derselben Weise, wenn *a* nicht *0* ist. Um z. B. *4 × 3* zu bestimmen, müssen wir *3 + 3 + 3 + 3* addieren. Also beginnen wir bei Null und führen dann nacheinander vier Bewegungen um je drei Einheiten aus. Dann ist der Punkt, an dem die letzte Bewegung endet, der Wert des Produktes. Im Fünf-Punkte-System der Zifferblattzahlen gilt *4 × 3 = 2*.

Gilt *a = 0*, so definieren wir wie im System der nichtnegativen ganzen Zahlen *0 × b = 0* für alle Werte von *b*. Also gilt im Fünf-Punkte-System der Zifferblattzahlen *0 × 0 = 0, 0 × 1 = 0, 0 × 2 = 0, 0 × 3 = 0* und *0 × 4 = 0*. Diese Produkte sind alle in die entsprechenden Felder der Multiplikationstafel unten eingetragen.

×	*0*	*1*	*2*	*3*	*4*
0	*0*	*0*	*0*	*0*	*0*
1					
2					
3					
4			*2*		

Übungen:

5. Man zeichne die Multiplikationstafel für das Fünf-Punkte-Systems der Zifferblattzahlen ab und vervollständige sie.

6. Man fertige eine vollständige Multiplikationstafel für das Vier-Punkte-System der Zifferblattzahlen an.
7. Man fertige eine vollständige Multiplikationstafel für das Drei-Punkte-System der Zifferblattzahlen an.
8. Man fertige eine vollständige Multiplikationstafel für das Zwei-Punkte-System der Zifferblattzahlen an.

Eine Gruppe bezüglich +

Wir untersuchen nun die Menge aller Elemente des Fünf-Punkte-Systems der Zifferblattzahlen mit der Operation +. Wir wollen sehen, ob sie die vier Eigenschaften einer Gruppe besitzt oder nicht. Die vollständige Additionstafel dieser Menge ist unten abgebildet.

+	0	1	2	3	4
0	0	1	2	3	4
1	1	2	3	4	0
2	2	3	4	0	1
3	3	4	0	1	2
4	4	0	1	2	3

Additionstafel für das Fünf-Punkte-System der Zifferblattzahlen

I. Abgeschlossenheit. Die Summe von zwei der Zahlen *0, 1, 2, 3* und *4* ist wieder eine dieser Zahlen. Also ist die Menge abgeschlossen gegenüber der Operation +.

II. Assoziativgesetz. Ein Beweis, wie er für die Addition ganzer Zahlen gegeben wurde, zeigt, daß für die Addition von Zifferblattzahlen das Assoziativgesetz gilt (s. S. 21).

III. Neutrales Element. Die erste Zeile und die erste Spalte der Tafel zeigen, daß gilt $0 + a = a + 0 = a$, wenn a eine der Zahlen *0, 1, 2, 3* und *4* ist. Also ist *0* ein neutrales Element für die Addition.

IV. Inverses. Die Tafel zeigt, daß es für jede der Zahlen *0, 1, 2, 3* und *4* ein additives Inverses gibt. Das Inverse von *0* ist *0*, da gilt $0 + 0 = 0$. Das Inverse von *1* ist *4*, und das Inverse von *4* ist *1*, da gilt $1 + 4 = 4 + 1 = 0$. Das Inverse von *2* ist *3*, und das Inverse von *3* ist *2*, da gilt $2 + 3 = 3 + 2 = 0$.

Wir sehen also, daß die Menge aller Elemente des Fünf-Punkte-Systems der Zifferblattzahlen eine Gruppe bezüglich der Operation + ist. In dieser Hinsicht gleicht das Fünf-Punkte-System der Zifferblattzahlen dem System der ganzen Zahlen.

Für jede beliebige nichtnegative ganze Zahl n, die größer oder gleich *2* ist, gibt es ein System von Zifferblattzahlen mit n Punkten. Es ist leicht zu sehen, daß die Menge aller Elemente eines solchen Systems eine Gruppe bezüglich der Operation + ist. Wir nennen diese Gruppe die *additive Gruppe* des Systems der Zifferblattzahlen.

Übungen:

9. Was sind die Inversen von *0, 1, 2* und *3* in der additiven Gruppe des Vier-Punkte-Systems der Zifferblattzahlen?
10. Was sind die Inversen von *0, 1* und *2* in der additiven Gruppe des Drei-Punkte-Systems der Zifferblattzahlen?
11. Was sind die Inversen von *0* und *1* in der additiven Gruppe des Zwei-Punkte-Systems der Zifferblattzahlen?

Eine Gruppe bezüglich ×

Wir untersuchen nun die Menge aller Elemente des Fünf-Punkte-Systems der Zifferblattzahlen mit der Operation ×. Wir wollen versuchen, in dieser Menge eine Gruppe bezüglich der Operation × zu finden. Die vollständige Multiplikationstafel für diese Menge ist unten abgebildet.

×	*0*	*1*	*2*	*3*	*4*
0	*0*	*0*	*0*	*0*	*0*
1	*0*	*1*	*2*	*3*	*4*
2	*0*	*2*	*4*	*1*	*3*
3	*0*	*3*	*1*	*4*	*2*
4	*0*	*4*	*3*	*2*	*1*

Multiplikationstafel für das Fünf-Punkte-System der Zifferblattzahlen

Die zweite Zeile und die zweite Spalte der Tafel zeigen, daß die Zahl *1* ein neutrales Element für die Operation × ist. Wenn also eine Zahl ein multiplikatives Inverses hat, muß das Produkt dieser Zahl und ihres multiplikativen Inversen *1* sein. Daraus können wir unmittelbar ersehen, daß die Zahl *0* kein multiplikatives Inverses haben kann, da das Produkt von *0* und einer beliebigen Zahl gleich *0* ist, wie die erste Zeile und die erste Spalte der Tafel zeigen. Da *0* kein multiplikatives Inverses haben kann, kann *0* zu keiner Gruppe bezüglich der Operation × gehören. Als erstes schließen wir daher *0* aus und betrachten nur die Menge der von *0* verschiedenen Elemente des Fünf-Punkte-Systems der Zifferblattzahlen. Um die Multiplikationstafel für diese Menge zu erhalten, lassen wir einfach die erste Zeile und die erste Spalte der Multiplikationstafel für das gesamte System weg. Das Ergebnis ist unten abgebildet.

×	*1*	*2*	*3*	*4*
1	*1*	*2*	*3*	*4*
2	*2*	*4*	*1*	*3*
3	*3*	*1*	*4*	*2*
4	*4*	*3*	*2*	*1*

Multiplikationstafel für die Menge aller von 0 verschiedenen Elemente des Fünf-Punkte-Systems der Zifferblattzahlen

Eine Gruppe bezüglich ✕

Nun wollen wir sehen, ob diese kleinere Menge eine Gruppe bezüglich der Operation ✕ ist.

I. Abgeschlossenheit. Das Produkt von zwei der Zahlen *1, 2, 3* und *4* ist wieder eine dieser Zahlen. Also ist die Menge abgeschlossen gegenüber der Operation ✕.

II. Assoziativgesetz. Wir wollen die beiden Produkte *2* ✕ *(4* ✕ *3)* und *(2* ✕ *4)* ✕ *3* vergleichen. Wir entnehmen der Tafel, daß gilt *4* ✕ *3 = 2*. Also ergibt sich *2* ✕ *(4* ✕ *3)* = = *2* ✕ *2*. Wir entnehmen der Tafel, daß gilt *2* ✕ *2 = 4*. Daher ergibt sich *2* ✕ *(4* ✕ *3) = 4*. Wir entnehmen der Tafel, daß gilt *2* ✕ *4 = 3*. Also ergibt sich *(2* ✕ *4)* ✕ *3 = 3* ✕ *3*. Wir entnehmen der Tafel, daß gilt *3* ✕ *3 = 4*. Also ergibt sich *(2* ✕ *4)* ✕ *3 = 4*. Daher gilt *2* ✕ *(4* ✕ *3) = (2* ✕ *4)* ✕ *3*, da beide Produkte gleich *4* sind. Sind nun *a, b* und *c* drei der Zahlen *1, 2, 3* und *4*, können wir auf dieselbe Weise unter Verwendung der Tafel zeigen, daß gilt *a* ✕ *(b* ✕ *c) = (a* ✕ *b)* ✕ *c*. Also gilt für die Multiplikation in dieser Menge das Assoziativgesetz.

III. Neutrales Element. Die erste Zeile und die erste Spalte der Tafel zeigen, daß gilt *1* ✕ *a = a* ✕ *1 = a*, wenn *a* eine der Zahlen *1, 2, 3* und *4* ist. Also ist *a* ein neutrales Element für die Multiplikation.

IV. Inverses. Die Tafel zeigt, daß es ein multiplikatives Inverses für jede der Zahlen *1, 2, 3* und *4* gibt. Das Inverse von *1* ist *1*, da gilt *1* ✕ *1 = 1*. Das Inverse von *2* ist *3*, und das Inverse von *3* ist *2*, da gilt *2* ✕ *3 = 3* ✕ *2 = 1*. Das Inverse von *4* ist *4*, da gilt *4* ✕ *4 = 1*.

Also sehen wir, daß die Menge aller von *0* verschiedenen Elemente des Fünf-Punkte-Systems der Zifferblattzahlen eine Gruppe bezüglich der Operation ✕ ist. In dieser Hinsicht gleicht sie dem System der Maßzahlen.

Übung:

12. Man benutze die Multiplikationstafel für die Menge aller von *0* verschiedenen Elemente des Fünf-Punkte-Systems der Zifferblattzahlen, um die folgenden Paare von Produkten zu bestimmen und zu vergleichen:

a) *1* ✕ *(2* ✕ *4)* und *(1* ✕ *2)* ✕ *4*;
b) *2* ✕ *(2* ✕ *4)* und *(2* ✕ *2)* ✕ *4*;
c) *4* ✕ *(3* ✕ *2)* und *(4* ✕ *3)* ✕ *2*;
d) *3* ✕ *(3* ✕ *2)* und *(3* ✕ *3)* ✕ *2*.

Als nächstes wollen wir die Menge der von *0* verschiedenen Elemente des Vier-Punkte-System der Zifferblattzahlen betrachten. Die Multiplikationstafel für diese Menge ist auf Seite 42 abgebildet.

×	1	2	3
1	1	2	3
2	2	0	2
3	3	2	1

Die Tafel zeigt, daß *1* in dieser Menge ein neutrales Element für die Operation × ist. Wenn also eine Zahl in dieser Menge ein multiplikatives Inverses hat, muß das Produkt dieser Zahl und ihres multiplikativen Inversen *1* sein. Daraus ersehen wir unmittelbar, daß die Zahl *2* im Vier-Punkte-System der Zifferblattzahlen kein multiplikatives Inverses hat, da das Produkt von *2* und einer beliebigen Zahl entweder *2* oder *0* ist, wie die zweite Zeile und die zweite Spalte der obigen Tafel zeigen. Daher bildet die Menge der von *0* verschiedenen Elemente des Vier-Punkte-Systems der Zifferblattzahlen keine Gruppe bezüglich der Operation ×.

Somit sehen wir, daß die Menge der von *0* verschiedenen Elemente eines Systems von Zifferblattzahlen bei einigen Systemen eine Gruppe bezüglich × ist, bei einigen anderen Systemen dagegen keine Gruppe bezüglich × ist. In den Systemen, in denen sie eine Gruppe bildet, wird sie die *multiplikative Gruppe* des Systems genannt.

Übungen:

13. a) Man konstruiere die Multiplikationstafel für die von *0* verschiedenen Elemente des Drei-Punkte-Systems der Zifferblattzahlen. b) Was sind die multiplikativen Inversen von *1* und *2?* c) Ist die Menge aller von *0* verschiedenen Elemente des Drei-Punkte-Systems der Zifferblattzahlen eine Gruppe bezüglich ×?

14. a) Man konstruiere die Multiplikationstafel für die von *0* verschiedenen Elemente des Sechs-Punkte-Systems der Zifferblattzahlen. b) Welche Zahlen in der Tafel haben kein multiplikatives Inverses? c) Ist die Menge aller von *0* verschiedenen Elemente des Sechs-Punkte-Systems der Zifferblattzahlen eine Gruppe bezüglich ×?

15. a) Man konstruiere die Multiplikationstafel für die von *0* verschiedenen Elemente des Sieben-Punkte-Systems der Zifferblattzahlen. b) Was sind die multiplikativen Inversen von *1, 2, 3, 4, 5* und *6?* c) Ist die Menge aller von *0* verschiedenen Elemente des Sieben-Punkte-Systems der Zifferblattzahlen eine Gruppe bezüglich ×?

Nullteiler

Der Multiplikationstafel für die von *0* verschiedenen Elemente des Sechs-Punkte-Systems der Zifferblattzahlen entnehmen wir, daß gilt *2 × 3 = 0* und *3 × 2 = 0*. Die beiden Zahlen *2* und *3* sind von *0* verschieden, jedoch ist ihr Produkt *0*. Wenn das Produkt zweier von *0* verschiedenen Elemente in einem Zahlensystem *0* ist, werden die zwei Zahlen *Nullteiler* in dem System genannt. Also sind die Zahlen *2* und *3* Nullteiler im Sechs-Punkte-System der Zifferblattzahlen.

Nullteiler

Wir werden zeigen, daß *2* kein multiplikatives Inverses im Sechs-Punkte-System der Zifferblattzahlen haben kann, da *2* ein Nullteiler in diesem System ist. Hätte *2* ein multiplikatives Inverses *b*, müßte gelten $2 \times b = 1$. Wenn wir beide Seiten dieser Gleichung mit *3* multiplizieren, erhalten wir $3 \times (2 \times b) = 3 \times 1$. Das ist aber unmöglich, denn es gilt $3 \times (2 \times b) = (3 \times 2) \times b = 0 \times b = 0$, während 3×1 gleich *3* und daher von *0* verschieden ist. Da die Annahme, daß *2* ein multiplikatives Inverses hat, zu einem unmöglichen Ergebnis führt, müssen wir schließen, daß *2* kein multipkikatives Inverses hat.

Übungen:

16. Man zeige mit einem Beweis wie dem obigen, daß *3* im Sechs-Punkte-System der Zifferblattzahlen kein multiplikatives Inverses haben kann, da es ein Nullteiler in diesem System ist.

17. Im Vier-Punkte-System der Zifferblattzahlen ist *2* ein Nullteiler, da *2* von *0* verschieden ist und $2 \times 2 = 0$ gilt. Man zeige mit einem Beweis wie dem obigen, daß *2* im Vier-Punkte-System der Zifferblattzahlen kein multiplikatives Inverses haben kann.

18. a) Man konstruiere die Multiplikationstafel für die von *0* verschiedenen Elemente des Acht-Punkte-Systems der Zifferblattzahlen. b) Man bestimme in diesem System eine Zahl, die ein Nullteiler ist. c) Man zeige mit einem Beweis wie dem obigen, daß diese Zahl im Acht-Punkte-System der Zifferblattzahlen kein multiplikatives Inverses haben kann.

19. Eine natürliche Zahl *n* heißt eine *zusammengesetzte* Zahl, wenn es zwei Zahlen *a* und *b* gibt, die beide kleiner als *n* sind, so daß gilt $a \times b = n$. Ist *n* zusammengesetzt, sind die beiden Zahlen *a* und *b* Nullteiler im *n*-Punkte-System der Zifferblattzahlen, da beide von *0* verschieden sind und gilt $a \times b = b \times a = 0$. Man zeige mit einem Beweis wie dem obigen, daß *b* kein multiplikatives Inverses *c* im *n*-Punkte-System der Zifferblattzahlen haben kann.

20. Welche der natürlichen Zahlen *9, 10, 11, 12* und *13* sind zusammengesetzt?

21. Ist die Menge der von *0* verschiedenen Elemente des *n*-Punkte-Systems der Zifferblattzahlen eine Gruppe bezüglich der Operation $\times$, wenn *n* eine zusammengesetzte Zahl ist? Man gebe eine Erklärung.

7. Symmetrien ebener Figuren

Bewegung ohne Veränderung

Eine ebene Figur ist eine Figur, die auf eine flache Unterlage gezeichnet ist. So sind etwa das Dreieck, das Rechteck und das Quadrat, die weiter unten auf der Seite abgebildet sind, ebene Figuren. Eine *Symmetrie* einer ebenen Figur ist eine Bewegung, die die Figur in eine neue Position bringt, in der sie genau deckungsgleich zu sich selbst ist. So bringt z. B. eine Drehung eines Quadrates um seinen Mittelpunkt um $90°$ im Uhrzeigersinn jede Seite in eine Lage, in der sich schon vorher eine Seite befand. Das hat

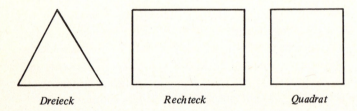

Dreieck   *Rechteck*   *Quadrat*

zur Folge, daß das Quadrat in seiner neuen Position genau auf das Quadrat in seiner alten Position paßt. Obwohl also das Quadrat bewegt worden ist, erscheint es dem Auge unverändert. Somit ist eine Drehung eines Quadrates um seinen Mittelpunkt um $90°$ im Uhrzeigersinn eine Symmetrie des Quadrates.

In diesem Kapitel wollen wir einige Gruppen untersuchen, deren Elemente Symmetrien ebener Figuren sind.

Symmetrien eines gleichseitigen Dreiecks

Ein gleichseitiges Dreieck hat gleiche Seiten und gleiche Winkel. Um die Symmetrien eines gleichseitigen Dreiecks zu bestimmen, schneide man sich zunächst eines aus Papier aus und bezeichne seine Ecken mit *A, B* und *C* wie in der Abbildung unten. Man bringe die Bezeichnungen auch auf der Rückseite des Papieres an, um sie auch dann lesen zu können, wenn das Dreieck umgedreht wird.

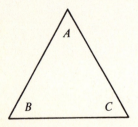

Um eine feste Ausgangsposition für das Dreieck zu erhalten, lege man es auf eine flache Unterlage, so daß sich die Seite *BC* von links nach rechts erstreckt und die gegenüberliegende Ecke *A* über *BC* liegt, wie es in der Abbildung auf Seite 44 unten dargestellt ist. Wir wollen nun Bewegungen suchen, die Symmetrien dieser Figur sind, und allen Symmetrien, die wir finden, einen Namen geben.

Unsere Erfahrung mit den Drehungen eines Rades legt es nahe, daß wir zunächst versuchen, das Dreieck um seinen Mittelpunkt zu drehen. Wenn wir das Dreieck um ein Drittel einer vollständigen Drehung bzw. *120°* im Uhrzeigersinn drehen, bewegt sich *A* an die Stelle von *C, C* an die Stelle von *B* und *B* an die Stelle von *A*. Das Dreieck in seiner neuen Position paßt genau auf das Dreieck in seiner alten Position. Somit ist eine Drehung um *120°* im Uhrzeigersinn eine Symmetrie des Dreiecks. Wir wollen diese Symmetrie *p* nennen. Wenn wir das Dreieck um *240°* im Uhrzeigersinn drehen, bewegt sich *A* nach *B, C* nach *A* und *B* nach *C*. Somit ist auch eine Drehung um *240°* im Uhrzeigersinn eine Symmetrie des Dreiecks. Wir wollen sie *q* nennen. Eine Drehung um *360°* im Uhrzeigersinn ist ebenfalls eine Symmetrie des Dreiecks, da sie jeden der Punkte *A, B* und *C* in seine ursprüngliche Position zurückbringt. Wir wollen diese Symmetrie *i* nennen. Es gibt andere Bewegungen, die die gleiche Wirkung haben wie *p, q* oder *i*. So hat z. B. eine Drehung um *480°* im Uhrzeigersinn die gleiche Wirkung wie eine Drehung um *120°* im Uhrzeigersinn. Eine Drehung um *120°* gegen den Uhrzeigersinn hat die gleiche Wirkung wie eine Drehung um *240°* im Uhrzeigersinn. Eine Drehung um *0°*, die das Dreieck überhaupt nicht bewegt, hat die gleiche Wirkung wie eine Drehung um *360°* im Uhrzeigersinn. Wie in Kapitel 5 werden wir zwei Bewegungen als gleich ansehen, wenn sie die gleiche Wirkung haben. Eine Drehung um *480°* im Uhrzeigersinn ist also gleich *p*. Eine Drehung um *120°* gegen den Uhrzeigersinn ist gleich *q*, und eine Drehung um *0°* ist gleich *i*. Es ist leicht zu sehen, daß eine beliebige Drehung um den Mittelpunkt des Dreiecks, die eine Symmetrie des Dreiecks ist, mit *p, q* oder *i* übereinstimmen muß.

Es gibt jedoch drei weitere Symmetrien des Dreiecks, die keine Drehungen um den Mittelpunkt sind. Jede von ihnen ist eine Bewegung, bei der wir das Dreieck umklappen und die Rückseite nach vorne drehen, während wir eine Ecke festhalten. Wenn wir das Dreieck bei festgehaltener oberer Ecke umklappen, vertauschen die rechte und die linke Ecke ihre Plätze. Wir wollen diese Symmetrie *r* nennen. Wenn wir das Dreieck bei festgehaltener linker Ecke umklappen, vertauschen die obere und die rechte Ecke ihre Plätze. Wir wollen diese Symmetrie *s* nennen. Wenn wir das Dreieck bei festgehaltener rechter Ecke umklappen, vertauschen die obere und die linke Ecke ihre Plätze. Wir wollen diese Symmetrie *t* nennen. Die vollständige Liste der Symmetrien des gleichseitigen Dreiecks ist in der Übersicht auf Seite 46 enthalten. Diese Übersicht zeigt auch die neue Position, in welche jede Symmetrie die Ecken des Dreiecks überführt, wenn wir mit *B* als linker, *C* als rechter und *A* als oberer Ecke beginnen.

Andere Ausgangspositionen

Die auf Seite 46 dargestellte Ausgangsposition ist nicht die einzige Ausgangsposition, die ein Dreieck einnehmen kann. Jede beliebige Position des Dreiecks kann

Bewegung	Symbol	Ausgangsposition	Endposition
Keine Bewegung	i	A / B C	A / B C
Drehung um 120° im Uhrzeigersinn	p	A / B C	B / C A
Drehung um 240° im Uhrzeigersinn	q	A / B C	C / A B
Umklappen bei festgehaltener oberer Ecke	r	A / B C	A / C B
Umklappen bei festgehaltener linker Ecke	s	A / B C	C / B A
Umklappen bei festgehaltener rechter Ecke	t	A / B C	B / A C

Symmetrien eines gleichseitigen Dreiecks

als Ausgangsposition gewählt werden. Natürlich hängt die Endposition des Dreiecks, die es nach der Bewegung einnimmt, von der Ausgangsposition ab. Die Abbildungen auf Seite 47 zeigen zwei verschiedene Ausgangspositionen und die Wirkung, die Bewegung r bei diesen Ausgangspositionen hat.

Übungen:

1. Für eine Ausgangsposition des Dreiecks mit B als oberer, C als linker und A als rechter Ecke gebe man die Endposition an, die sich nach Ausführung jeder der Symmetrien i, p, q, r, s und t ergibt.
2. Für eine Ausgangsposition des Dreiecks mit C als oberer, B als linker und A als rechter Ecke gebe man die Endposition an, die sich nach Ausführung jeder der Symmetrien i, p, q, r, s und t ergibt.

Das Produkt zweier Symmetrien 47

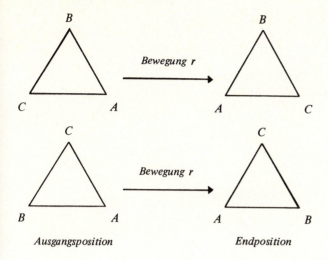

Ausgangsposition   Endposition

Das Produkt zweier Symmetrien

Da eine Symmetrie einer ebenen Figur eine Bewegung ist, können wir zwei Symmetrien kombinieren, indem wir die Bewegungen unmittelbar hintereinander ausführen. Diejenige Bewegung, die alleine die gleiche Wirkung hat, wird das Produkt der beiden Symmetrien genannt. Da jede der Symmetrien das äußere Bild der Figur unverändert läßt, gilt dies auch für das Produkt. Also ist das Produkt zweier Symmetrien ebenfalls eine Symmetrie.

Um das Produkt zweier Symmetrien eines gleichseitigen Dreiecks zu bestimmen, wähle man als Ausgangsposition des Dreiecks die in der Tabelle auf Seite 46 angegebene. Man wende die erste der beiden Symmetrien auf die Ausgangsposition an, um so eine zweite Position zu erhalten. Dann wende man die zweite der beiden Symmetrien auf diese zweite Position an, um so die Endposition zu erhalten. Dann schaue man in der Tabelle nach, welche Symmetrie alleine zur gleichen Endposition führt wie die beiden kombinierten Symmetrien. Diese Symmetrie ist das Produkt der beiden Symmetrien. Wenn wir z. B. mit A als oberer, B als linker und C als rechter Ecke beginnen, läßt die Bewegung r den Punkt A fest und vertauscht B und C. Bewegung b dreht dann das Dreieck um *120°* und führt so zur Endposition, in der C oben, B links und A rechts ist. Diejenige Bewegung, die alleine zur gleichen Endposition führt, ist s. Es gilt also $rp = s$.

Übungen:

3. Man bestimme die Produkte st und ts.
4. Man bestimme die Produkte r^2, s^2 und t^2. (r^2 bedeutet rr wie bei der Multiplikation von Zahlen, s. S. 9.)

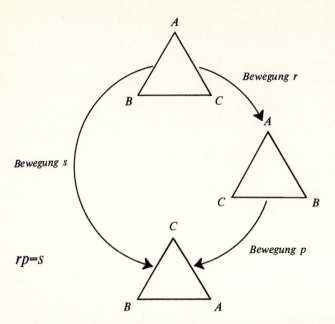

rp=s

5. Man bereite eine Multiplikationstafel vor mit sechs Zeilen für *i, p, q, r, s* und *t* und sechs Spalten für *i, p, q, r, s* und *t*. Man bestimme das Produkt jedes möglichen geordneten Paares von Symmetrien und trage es in das entsprechende Feld ein.
6. Mit Hilfe der Tafel bestimme man *p*(*st*) und (*ps*)*t*.

Gruppeneigenschaften

Die Multiplikationstafel für die Menge aller Symmetrien eines gleichseitigen Dreiecks ist unten abgebildet.

	i	*p*	*q*	*r*	*s*	*t*
i	*i*	*p*	*q*	*r*	*s*	*t*
p	*p*	*q*	*i*	*t*	*r*	*s*
q	*q*	*i*	*p*	*s*	*t*	*r*
r	*r*	*s*	*t*	*i*	*p*	*q*
s	*s*	*t*	*r*	*q*	*i*	*p*
t	*t*	*r*	*s*	*p*	*q*	*i*

Multiplikationstafel für die Symmetrien eines gleichseitigen Dreiecks

Eine Betrachtung der Produkte in der Tafel zeigt, daß die Menge aller Symmetrien eines gleichseitigen Dreiecks mit der Operation der Multiplikation alle vier Eigenschaften einer Gruppe besitzt:

I. Abgeschlossenheit. Jedes Produkt zweier Symmetrien ist wieder eine Symmetrie. Also ist die Menge aller Symmetrien eines gleichseitigen Dreiecks abgeschlossen gegenüber der Multiplikation.

II. Assoziativgesetz. Für die Multiplikation von Bewegungen gilt das Assoziativgesetz (s. S. 21).

III. Neutrales Element. Die Eintragungen in der ersten Zeile und der ersten Spalte der Tafel zeigen, daß i ein neutrales Element für die Multiplikation von Symmetrien ist.

IV. Inverses. Die Tafel zeigt, daß jede Symmetrie eines gleichseitigen Dreiecks ein Inverses besitzt, das ebenfalls eine Symmetrie des Dreiecks ist. So ist z. B. q das Inverse von p, da gilt $pq = qp = i$.

Infolgedessen ist die Menge aller Symmetrien eines gleichseitigen Dreiecks eine Gruppe bezüglich der Multiplikation von Symmetrien.

Übungen:

7. Was sind die Inversen von i, p, q, r, s und t?
8. In der Multiplikationstafel für die Symmetrien eines gleichseitigen Dreiecks lasse man die Zeilen r, s und t und die Spalten r, s und t weg. Was bleibt, ist eine Multiplikationstafel für die Menge, die nur die Elemente i, p und q enthält. a) Ist diese Menge abgeschlossen gegenüber der Multiplikation? b) Enthält sie das Inverse jedes ihrer Elemente? c) Ist diese Menge eine Gruppe bezüglich der Multiplikation?
9. In der Multiplikationstafel für die Symmetrien eines gleichseitigen Dreiecks lasse man die Zeilen i, p und q und die Spalten i, p und q weg. Was bleibt, ist eine Multiplikationstafel für die Menge, die nur die Elemente r, s und t enthält. a) Ist diese Menge abgeschlossen gegenüber der Multiplikation? b) Enthält sie ein neutrales Element für die Multiplikation? c) Enthält sie das Inverse jedes ihrer Elemente? d) Ist diese Menge eine Gruppe bezüglich der Multiplikation?
10. Man konstruiere eine Multiplikationstafel für die Menge, die nur die Elemente i und r enthält. Ist diese Menge eine Gruppe bezüglich der Multiplikation?

Die Bedeutung der Reihenfolge der Faktoren

Wir sehen in der Multiplikationstafel für die Symmetrien eines gleichseitigen Dreiecks, daß gilt $st = p$, aber $ts = q$. Die Produkte st und ts stimmen also nicht überein. Somit hängt der Wert eines Produktes von der Reihenfolge ab, in der die Faktoren im Produkt geschrieben werden. In dieser Hinsicht unterscheidet sich die Multiplikation von Symmetrien von der Multiplikation natürlicher Zahlen. Bei der Multiplikation natürlicher Zahlen haben die Produkte 2×3 und 3×2 beide den Wert 6, so daß gilt $2 \times 3 = 3 \times 2$. Allgemein gilt für zwei beliebige natürliche Zahlen a und b $a \times b = b \times a$. Dies ist bekannt als das *Kommutativgesetz* der Multiplikation natürlicher Zahlen, da die natürlichen Zahlen in einem beliebigen Produkt *kommutieren* bzw. ihre Plätze vertauschen können, ohne daß sich der Wert des Produktes ändert. Auch für die Addition ganzer Zahlen gilt das Kommutativgesetz, da für zwei beliebige Zahlen a und b gilt $a + b = b + a$. Dagegen gilt, wie wir gesehen haben, für die Multiplikation der Symmetrien eines gleichseitigen

Dreiecks nicht das Kommutativgesetz, da es einige Produkte von Symmetrien gibt, bei denen eine Vertauschung der Faktoren den Wert des Produktes ändert. Es gibt also Gruppen, in denen für die Gruppenoperation das Kommutativgesetz gilt, und es gibt Gruppen, in denen dies nicht der Fall ist. Eine Gruppe, für deren Operation das Kommutativgesetz gilt, heißt eine *kommutative Gruppe*. Eine kommutative Gruppe wird nach *Niels Henrik Abel*, einem der Pioniere bei der Erforschung von Gruppen, auch *Abelsche Gruppe* genannt.

Übungen:

11. In welchem der Produkte *pq, ir* und *rs* können die Faktoren ihre Plätze vertauschen, ohne daß sich der Wert des Produktes ändert?
12. Gilt für die Multiplikation von Maßzahlen das Kommutativgesetz?
13. Ist die additive Gruppe des Fünf-Punkte-Systems der Zifferblattzahlen eine kommutative Gruppe?
14. Ist im Fünf-Punkte-System der Zifferblattzahlen die multiplikative Gruppe, deren Elemente *1, 2, 3* und *4* sind, eine kommutative Gruppe?
15. Wir sahen in Übung 8 auf Seite 49, daß die Symmetriengruppe eines gleichseitigen Dreiecks eine kleinere Gruppe enthält, deren Elemente *i, p* und *q* sind. Ist diese kleinere Gruppe eine kommutative Gruppe?

Symmetrien eines Rechtecks

Die viereckige Figur unten ist ein Rechteck, in dem die Länge *RS* und die Breite *RU* verschieden sind. Um die Symmetrien eines solchen Rechtecks zu bestimmen, schneide man sich zunächst eines aus Papier aus und bezeichne seine Ecken wie in der Abbildung.

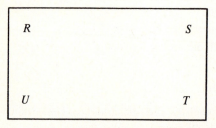

Man bringe die Bezeichnungen auch auf der Rückseite des Papiers an, wie wir es beim gleichseitigen Dreieck gemacht haben. Dann lege man das Rechteck auf eine flache Unterlage, so daß *RS* oben, *UT* unten, *RU* links und *ST* rechts zu liegen kommen.

Eine Drehung um *0°* um den Mittelpunkt des Rechtecks bewegt dieses überhaupt nicht und ist daher eine Symmetrie des Rechtecks. Wir wollen sie *i* nennen. Eine Drehung um *180°* im Uhrzeigersinn bringt *R* nach *T*, *S* nach *U*, *T* nach *R* und *U* nach *S*. Sie ist also ebenfalls eine Symmetrie des Rechtecks. Wir wollen sie *a* nennen.

Eine Gerade in der Mitte zwischen den beiden waagerechten Seiten des Rechtecks wird *waagerechte Mittellinie* des Rechtecks genannt. Eine Gerade in der Mitte zwischen

Symmetrien eines Rechtecks

den beiden senkrechten Seiten des Rechtecks wird *senkrechte Mittellinie* genannt. Eine Bewegung, die das Rechteck um eine Mittellinie umklappt, ist offensichtlich eine Symmetrie des Rechtecks. Wir wollen die Bewegung, die das Rechteck um die waagerechte Mittellinie umklappt, *b* nennen. Wir wollen die Bewegung, die das Rechteck um die senkrechte Mittellinie umklappt, *c* nennen. Die Bewegungen *i, a, b* und *c* sind die einzigen Symmetrien des Rechtecks. Die Tabelle unten zeigt die neue Position, in die jede Symmetrie die Ecken des Rechtecks überführt, wenn wir mit der in der Tabelle angegebenen Ausgangsposition beginnen.

Bewegung	Symbol	Ausgangsposition	Endposition
Keine Bewegung	*i*	R S / U T	R S / U T
Drehung um 180° im Uhrzeigersinn	*a*	R S / U T	T U / S R
Umklappen um die waagerechte Mittellinie	*b*	R S / U T	U T / R S
Umklappen um die senkrechte Mittellinie	*c*	R S / U T	S R / T U

Symmetrien eines Rechtecks

Übungen:

16. Für eine Ausgangsposition des Rechtecks, bei der sich *SR* oben, *TU* unten, *ST* links und *RU* rechts befinden, bestimme man die Endposition, die sich nach Ausführung jeder der Symmetrien *i, a, b* und *c* ergibt.

17. Für eine Ausgangsposition des Rechtecks, bei der sich *TU* oben, *SR* unten, *TS* links und *UR* rechts befinden, bestimme man die Endposition, die sich nach Ausführung jeder der Symmetrien *i, a, b* und *c* ergibt.

18. Man bereite eine Multiplikationstafel vor für die Symmetrien eines Rechtecks mit vier Zeilen für *i, a, b* und *c* und vier Spalten für *i, a, b* und *c*. Man bestimme das Produkt jedes möglichen geordneten Paares von Symmetrien und trage es in das entsprechende Feld ein.
19. Mit Hilfe der Tafel bestimme man *a*(*bc*) und (*ab*)*c*.

Die Symmetriengruppe eines Rechtecks

Die Multiplikationstafel für die Menge aller Symmetrien eines Rechtecks, dessen Länge und Breite verschieden sind, ist unten abgebildet. Eine Betrachtung der Produkte in dieser Tafel zeigt, daß die Menge aller Symmetrien eines Rechtecks bezüglich der Multiplikation von Symmetrien alle vier Eigenschaften einer Gruppe besitzt.

	i	*a*	*b*	*c*
i	*i*	*a*	*b*	*c*
a	*a*	*i*	*c*	*b*
b	*b*	*c*	*i*	*a*
c	*c*	*b*	*a*	*i*

Multiplikationstafel für die Symmetrien eines Rechtecks

Übungen:

20. Man bestimme in der Symmetriengruppe eines Rechtecks a) das neutrale Element, b) die Inversen von *i, a, b* und *c*.
21. a) Man vergleiche die Produkte *ab* und *ba*. b) Man vergleiche die Produkte *ac* und *ca*. c) Man vergleiche die Produkte *bc* und *cb*. d) Ist die Symmetriengruppe eines Rechtecks eine kommutative Gruppe?

Symmetrien eines Quadrates

Ein Quadrat ist ein Rechteck, dessen Länge und Breite gleich sind. Um die Symmetrien eines Quadrates zu bestimmen, schneide man sich eines aus Papier aus und bezeichne

seine Ecken wie in der Abbildung oben. Man bringe die Bezeichnungen auch auf der Rückseite an, so daß der Name jeder Ecke auch beim Umdrehen des Papiers zu sehen ist. Dann lege man das Quadrat auf eine flache Unterlage, so daß *AB* oben, *DC* unten, *AD* links und *BC* rechts zu liegen kommen.

Symmetrien eines Quadrates

Wir können das Quadrat mit sich selbst zur Deckung bringen, wenn wir es um *0°, 90°, 180°* oder *270°* im Uhrzeigersinn um seinen Mittelpunkt drehen. Wir wollen diese vier Drehungen *i, p, q* und *r* nennen. Wir können das Quadrat mit sich selbst auch zur Deckung bringen, indem wir es um die waagerechte oder senkrechte Mittellinie umklappen. Wir wollen diese beiden Bewegungen *s* und *t* nennen. Wir können das Quadrat ebenfalls mit sich selbst zur Deckung bringen, indem wir es um eine diagonale Gerade umklappen,

Bewegung	Symbol	Ausgangsposition	Endposition
Keine Bewegung	*i*	A B / D C	A B / D C
Drehung um 90° im Uhrzeigersinn	*p*	A B / D C	D A / C B
Drehung um 180° im Uhrzeigersinn	*q*	A B / D C	C D / B A
Drehung um 270° im Uhrzeigersinn	*r*	A B / D C	B C / A D
Umklappen um die waagerechte Mittellinie	*s*	A B / D C	D C / A B
Umklappen um die senkrechte Mittellinie	*t*	A B / D C	B A / C D
Umklappen um die Diagonale von links unten nach rechts oben	*u*	A B / D C	C B / D A
Umklappen um die Diagonale von links oben nach rechts unten	*v*	A B / D C	A D / B C

Symmetrien eines Quadrates

die gegenüberliegende Ecken miteinander verbindet. Die Bewegung, die das Quadrat um die von links unten nach rechts oben führende Diagonale umklappt, wollen wir u nennen. Die Bewegung, die das Quadrat um die von links oben nach rechts unten führende Diagonale umklappt, wollen wir v nennen. Die Bewegungen i, p, q, r, s, t, u und v sind die einzigen Symmetrien des Quadrates. Die Tabelle auf Seite 53 zeigt, wie sie die Positionen der Ecken des Quadrates verändern.

Übungen:

22. Man bereite eine Multiplikationstafel vor für die Symmetrien des Quadrates mit acht Zeilen für i, p, q, r, s, t, u und v und acht Spalten für i, p, q, r, s, t, u und v. Man bestimme das Produkt jedes möglichen geordneten Paares von Symmetrien und trage es in das entsprechende Feld ein.
23. Mit Hilfe der Tafel bestimme man $s(tu)$ und $(st)u$.

Die Symmetriengruppe eines Quadrates

Die Multiplikationstafel für die Menge aller Symmetrien eines Quadrates ist unten abgebildet. Eine Betrachtung der Produkte in dieser Tafel zeigt, daß die Menge aller Symmetrien eines Quadrates bezüglich der Multiplikation von Symmetrien alle vier Eigenschaften einer Gruppe besitzt.

	i	p	q	r	s	t	u	v
i	i	p	q	r	s	t	u	v
p	p	q	r	i	u	v	t	s
q	q	r	i	p	t	s	v	u
r	r	i	p	q	v	u	s	t
s	s	v	t	u	i	q	r	p
t	t	u	s	v	q	i	p	r
u	u	s	v	t	p	r	i	q
v	v	t	u	s	r	p	q	i

Multiplikationstafel für die Symmetrien eines Quadrates

Übungen:

24. Man bestimme in der Symmetriengruppe eines Quadrates a) das neutrale Element, b) die Inversen von i, p, q, r, s, t, u und v.
25. Man vergleiche die Produkte pu und up. Ist die Symmetriengruppe eines Quadrates eine kommutative Gruppe?
26. In der Multiplikationstafel für die Symmetrien eines Quadrates lasse man die Zeilen und Spalten s, t, u und v weg. Was bleibt, ist eine Multiplikationstafel für die Menge, die nur die Elemente i, p, q und r enthält. a) Ist diese Menge abgeschlossen gegenüber der Multiplikation? b) Enthält sie das Inverse jedes ihrer Elemente? c) Ist diese Menge eine Gruppe bezüglich der Multiplikation?

Die Buchstaben eines Alphabetes

27. In der Multiplikationstafel für die Symmetrien eines Quadrates lasse man die Zeilen und Spalten *p, r, u* und *v* weg. Was bleibt, ist eine Multiplikationstafel für die Menge, die nur die Elemente *i, q, s* und *t* enthält. a) Ist diese Menge abgeschlossen gegenüber der Multiplikation? b) Enthält sie das Inverse für jedes ihrer Elemente? c) Ist diese Menge eine Gruppe bezüglich der Multiplikation?
28. Man konstruiere eine Multiplikationstafel für die Menge, die nur die Elemente *s, t, u* und *v* enthält. Ist diese Menge abgeschlossen gegenüber der Multiplikation?

Die Buchstaben eines Alphabetes

Einige der Buchstaben des Alphabetes bestehen ausschließlich aus geraden Linien. Jeder von ihnen kann innerhalb eines Quadrates gezeichnet werden, wie es die Abbildung unten zeigt.

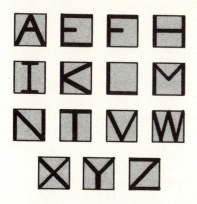

Man betrachte den Buchstaben **A** in einem Quadrat. Jede Bewegung, die den Buchstaben in eine neue Position bringt, in der er genau mit sich selbst zur Deckung kommt, bringt auch das Quadrat genau mit sich selbst zur Deckung. Somit ist jede Symmetrie des Buchstaben **A** auch eine Symmetrie des Quadrates. Um die Symmetrien des Buchstaben **A** zu bestimmen, brauchen wir also nur die auf Seite 53 dargestellten Bewegungen *i, p, q, r, s, t, u* und *v* zu betrachten und festzustellen, welche von ihnen den Buchstaben **A** mit sich selbst zur Deckung bringen. Es ist nicht schwer zu sehen, daß die einzigen Symmetrien des Buchstaben **A** die Bewegungen *i* und *t* sind. Die Multiplikationstafel für die Menge, deren einzige Elemente *i* und *t* sind, zeigt, daß diese Menge eine Gruppe bezüglich der Multiplikation ist.

Entsprechend befinden sich die Symmetrien eines beliebigen Buchstaben in einem Quadrat unter den Symmetrien des Quadrates. Für jeden dieser Buchstaben ist die Menge aller Symmetrien des Buchstaben eine Gruppe bezüglich der Multiplikation.

Übungen:

29. a) Welche anderen gradlinigen Buchstaben in einem Quadrat haben die gleiche Menge von Symmetrien wie der Buchstabe **A**? b) Man konstruiere die Multiplikationstafel für diese Symmetrien.

30. a) Man bestimme die Symmetrien des Buchstaben H in einem Quadrat. b) Man konstruiere die Multiplikationstafel für diese Symmetrien. c) Welche anderen gradlinigen Buchstaben in einem Quadrat haben die gleiche Menge von Symmetrien wie der Buchstabe H?

31. a) Man bestimme die Symmetrien des Buchstaben Z in einem Quadrat. b) Man konstruiere die Multiplikationstafel für diese Symmetrien. c) Welche anderen gradlinigen Buchstaben in einem Quadrat haben die gleiche Menge von Symmetrien wie der Buchstabe Z?

32. a) Man bestimme die Symmetrien des Buchstaben L in einem Quadrat. b) Man konstruiere die Multiplikationstafel für diese Symmetrien. c) Welche anderen gradlinigen Buchstaben in einem Quadrat haben die gleiche Menge von Symmetrien wie der Buchstabe L?

33. a) Man bestimme die Symmetrien des Buchstaben X in einem Quadrat. b) Man konstruiere die Multiplikationstafel für diese Symmetrien. c) Welche anderen gradlinigen Buchstaben in einem Quadrat haben die gleiche Menge von Symmetrien wie der Buchstabe X?

34. a) Man bestimme die Symmetrien des Buchstaben F in einem Quadrat. b) Man konstruiere die Multiplikationstafel für diese Symmetrien. c) Welche anderen gradlinigen Buchstaben in einem Quadrat haben die gleiche Menge von Symmetrien wie der Buchstabe F?

35. In dem Spiel, das man „Simon spricht" nennt, ruft der Spielleiter einen der folgenden Befehle: Augen rechts; Augen kehrt; Augen links; Simon spricht „Augen rechts"; Simon spricht „Augen kehrt"; Simon spricht „Augen links". Die Spieler befolgen den Befehl, wenn er mit „Simon spricht" beginnt. Sie dürfen sich nicht bewegen, wenn der Befehl nicht mit „Simon spricht" beginnt. Wir können zwei Befehle als gleich betrachten, wenn sie die gleiche Wirkung haben. Zwei Befehle können „multipliziert" werden, indem man sie hintereinander erteilt. Das Produkt ist derjenige Befehl, der alleine die gleiche Wirkung hat wie die kombinierten Befehle. Die Befehle, die nicht mit „Simon spricht" beginnen, sind offensichtlich alle gleich. i stehe für irgendeinen von ihnen. r stehe für den Befehl „Simon spricht 'Augen rechts' ". k stehe für den Befehl „Simon spricht 'Augen kehrt' ". l stehe für den Befehl „Simon spricht 'Augen links' ". a) Man konstruiere die Multiplikationstafel für die Menge der Befehle, deren Elemente i, r, k und l sind. b) Man zeige, daß diese Menge eine Gruppe bezüglich der Multiplikation ist.

8. Rechenregeln in einer Gruppe

Besondere und allgemeine Regeln

Jede Gruppe hat ihre eigene Multiplikationstafel. Die Tafel kann man als eine Menge von Regeln auffassen, die uns sagen, wie die Elemente der Gruppe zu multiplizieren sind. Unter diesen Regeln gibt es einige besondere, die auf eine Gruppe zutreffen, auf eine andere aber nicht. So haben z. B. sowohl die Symmetriengruppe eines gleichseitigen Dreiecks als auch die Symmetriengruppe eines Quadrates Elemente, die wir p und q genannt haben. In beiden Gruppen gibt es eine besondere Regel für die Multiplikation dieser Elemente. Diese beiden Regeln, die man aus den Tafeln ablesen kann, sind verschieden. Der Multiplikationstafel für die Symmetrien eines gleichseitigen Dreiecks entnehmen wir, daß pq das neutrale Element i der Gruppe ist. Der Multiplikationstafel für die Symmetrien eines Quadrates entnehmen wir, daß pq gleich r, also nicht das neutrale Element der Gruppe ist.

Unter den Regeln für die Multiplikation in einer Gruppe gibt es auch einige allgemeine Regeln, die in allen Gruppen gelten. Diese allgemeinen Regeln ergeben sich aus den vier Eigenschaften, die alle Gruppen gemeinsam haben.

Die Einsetzungsregel

Jede Gruppe ist abgeschlossen gegenüber der Operation der Multiplikation in der Gruppe. Sind a und b zwei beliebige Elemente der Gruppe, ist auch das Produkt ab ein Element der Gruppe. Die Multiplikationstafel für die Gruppe zeigt uns, welches Element dies ist. *Dieses Element, das gleich ab ist, kann in jedem beliebigen Produkt, in dem ab als Faktor auftritt, für ab eingesetzt werden.*

Als Beispiel wollen wir in der Symmetriengruppe eines Quadrates den Wert des Produktes $(pq)r$ bestimmen. Der Multiplikationstafel auf Seite 54 entnehmen wir, daß gilt $pq = r$, so daß wir r für pq einsetzen können. Somit erhalten wir $(pq)r = rr$. Wir entnehmen der Tafel, daß gilt $rr = q$, so daß wir q für rr einsetzen können. Damit erhalten wir $(pq)r = rr = q$.

In den vorigen Kapiteln haben wir die Einsetzungsregel schon viele Male benutzt, ohne sie zu erwähnen.

Übungen:

1. Unter Verwendung der Einsetzungsregel und der Multiplikationstafel für die Symmetrien eines gleichseitigen Dreiecks bestimme man die Werte der folgenden Produkte:

    a) $r(st)$ b) $(iq)t$ c) $(pq)(rs)$.

2. Unter Verwendung der Einsetzungsregel und der Multiplikationstafel für die Symmetrien eines Rechtecks bestimme man die Werte der folgenden Produkte:

   a) $(ab)c$ b) $(ca)b$ c) $(aa)(bb)$.

3. Unter Verwendung der Einsetzungsregel und der Multiplikationstafel für die Symmetrien eines Quadrates bestimme man die Werte der folgenden Produkte:

   a) $(pu)v$ b) $(pq)(rs)$ c) $(pu)(qt)$.

Der Gebrauch von Klammern

Für die Operation der Multiplikation gilt in jeder Gruppe das Assoziativgesetz. Auf Grund dieser Eigenschaft hat ein in einer bestimmten Reihenfolge geschriebenes Produkt von drei oder mehr Faktoren den gleichen Wert unabhängig davon, in welcher Weise wir Klammern zum Zusammenfassen der Faktoren gebrauchen. Daher gilt die auf Seite 6 für die Gruppe aller Maßzahlen aufgestellte Regel in gleicher Weise für alle anderen Gruppen: *Das Produkt von drei oder mehr Elementen einer Gruppe können wir entweder ohne Klammern oder mit Klammern um zwei oder mehr beliebige im Produkt unmittelbar nebeneinander stehende Faktoren schreiben.*

Gewöhnlich schreiben wir das Produkt von drei oder mehr Elementen einer Gruppe ohne Klammern. Um den Wert eines solchen Produktes zu bestimmen, verwenden wir die oben aufgestellte Regel zusammen mit der Einsetzungsregel. Um z. B. den Wert des Produktes *psqus* in der Symmetriengruppe eines Quadrates zu bestimmen, können wir zunächst Klammern um *ps* und um *qu* setzen und erhalten *psqus* = $(ps)(qu)s$. Der Multiplikationstafel entnehmen wir, daß gilt *ps* = *u* und *qu* = *v*. Wenn wir *u* für *ps* und *v* für *qu* einsetzen, erhalten wir *psqus* = $(ps)(qu)s$ = *uvs*. Wenn wir Klammern um *uv* setzen, erhalten wir *psqus* = $(ps)(qu)s$ = *uvs* = $(uv)s$. Der Multiplikationstafel entnehmen wir, daß gilt *uv* = *q* und *qs* = *t*. Wenn wir die entsprechenden Einsetzungen vornehmen, erhalten wir *psqus* = $(ps)(qu)s$ = *uvs* = $(uv)s$ = *qs* = *t*. Die Klammern hätten auch in anderer Weise gesetzt werden können, aber das Endergebnis wäre in allen Fällen *t* gewesen.

Übungen:

4. Man benutze die Klammerregel, die Einsetzungsregel und die Multiplikationstafel für die Symmetrien eines Quadrates, um den Wert des Produktes *risvut* zu bestimmen.
5. Man benutze die Klammerregel, die Einsetzungsregel und die Multiplikationstafel für die Symmetrien eines gleichseitigen Dreiecks, um den Wert des Produktes *tqrps* zu bestimmen.

Der Gebrauch von *i*

Ist *i* das neutrale Element einer Gruppe und *x* ein beliebiges Element der Gruppe, so gilt *ix* = *xi* = *x*. Das bedeutet, daß in einem beliebigen Produkt, in dem *ix* als Faktor vorkommt, *ix* durch *x* ersetzt werden kann, und in einem beliebigen Produkt, in dem

Die Multiplikationsregel

xi als Faktor vorkommt, xi durch x ersetzt werden kann. So gilt z. B. in der Symmetriengruppe eines Quadrates $ipq = (ip)q = pq = r$.

Übung:

6. Man bestimme in der Symmetriengruppe eines Quadrates die Werte der folgenden Produkte:

    a) qir;   b) tsi;   c) $(uu)p$.

Eindeutigkeit des neutralen Elements

Auf Seite 25 stellten wir die Behauptung auf, daß eine Gruppe nur ein neutrales Element besitzt. Wir wollen diese Behauptung nun beweisen.

i sei ein neutrales Element in einer Gruppe. Für den Fall, daß es in der Gruppe ein Element j gibt, das ebenfalls ein neutrales Element ist, wollen wir zeigen, daß j dasselbe Element wie i sein muß: Ist i ein neutrales Element, bleibt j bei der Multiplikation mit i unverändert. Es gilt daher $ij = ji = j$. Ist j ein neutrales Element, bleibt i bei der Multiplikation mit j unverändert. Es gilt daher $ji = ij = i$. Dann muß j gleich i sein, da sie beide gleich ij und ji sind.

Der Gebrauch von Inversen

Ist x ein beliebiges Element einer Gruppe, so ist x^{-1} das Symbol für sein Inverses. Da xx^{-1} und $x^{-1}x$ beide mit dem neutralen Element i der Gruppe übereinstimmen, können wir i für xx^{-1} oder für $x^{-1}x$ einsetzen. Sind z. B. x und y Elemente einer Gruppe, so gilt $xyy^{-1}x^{-1} = x(yy^{-1})x^{-1} = xix^{-1} = (xi)x^{-1} = xx^{-1} = i$.

Übung:

7. Man bestimme in der Symmetriengruppe eines Quadrates die Werte folgender Produkte:

    a) $pp^{-1}p^{-1}$;   b) stq^{-1};   c) $uv^{-1}v$.

Die Multiplikationsregel

Wenn a und b Elemente einer Gruppe sind und die Aussage $a = b$ eine wahre Aussage ist, dann bedeutet das, daß die Symbole „a" und „b" für ein und dasselbe Element stehen und jedes der Symbole für das andere eingesetzt werden kann. Ist auch c ein Element der Gruppe, dann können wir b in dem Produkt ca für a einsetzen. Dann sehen wir, daß $ca = cb$ eine wahre Aussage ist. Wir können diese Aussage auch aus der Aussage $a = b$ erhalten, indem wir beide Seiten der Gleichung mit c multiplizieren und dabei c jeweils als Faktor von links anwenden. In gleicher Weise können wir b in dem Produkt ac für a einsetzen. Dann sehen wir, daß $ac = bc$ eine wahre Aussage ist. Wir können diese Aussage auch aus der Aussage $a = b$ erhalten, wenn wir beide Seiten der Gleichung mit c multiplizieren und dabei c jeweils als Faktor von rechts anwenden. So erhalten wir eine Regel, die besagt, daß wir aus einer gültigen Gleichung zwischen Elementen einer Gruppe eine weitere gültige Gleichung erhalten, wenn wir beide Seiten der Gleichung mit demselben Element der Gruppe multiplizieren, vorausgesetzt daß die Multiplikation entweder in beiden Fällen von links oder in beiden Fällen von rechts erfolgt. So ist z. B. in der Symmetriengruppe eines Quadrates r das Inverse von p. Also ist die Aussage $p^{-1} = r$ eine wahre Aussage. Wenn wir von links mit p multiplizieren, erhalten wir die wahre Aussage $pp^{-1} = pr$ bzw. $i = pr$.

Übung:

8. Nehmen wir an, in der Symmetriengruppe eines Quadrates sei $px = r$ eine wahre Aussage, wobei x ein unbekanntes Element der Gruppe ist. Man multipliziere beide Seiten dieser Gleichung von links mit r, um herauszufinden, für welches Element der Gruppe x steht.

Eindeutigkeit des Inversen

Wir sagten auf Seite 25, daß jedes Element einer Gruppe nur ein Inverses hat. Wir wollen diese Behauptung nun beweisen.

a sei ein Element einer Gruppe. Nehmen wir an, sowohl b als auch c seien Inverse von a. Wir wollen nun zeigen, daß b dasselbe Element wie c sein muß: Da b ein Inverses von a ist, gilt $ab = ba = i$, wobei i das neutrale Element der Gruppe ist. Da c ein Inverses von a ist, gilt $ac = ca = i$. Nun gehe man von der wahren Aussage $ab = i$ aus und multipliziere beide Seiten dieser Gleichung von links mit c. Dann erhalten wir $c(ab) = ci$. Wenn wir c für ci einsetzen, sehen wir, daß gilt $c(ab) = c$. Nun gilt aber auf Grund des Assoziativgesetzes der Multiplikation in einer Gruppe $c(ab) = (ca)b$. Eine der obigen Gleichungen sagt uns, daß gilt $ca = i$, so daß wir i für ca einsetzen können. Dann erhalten wir $c(ab) = (ca)b = ib = b$. Somit sind b und c gleich, da sie beide gleich $c(ab)$ sind.

Ist a ein beliebiges Element einer Gruppe und finden wir ein anderes Element b, so daß gilt $ab = ba = i$, so wissen wir, daß b ein Inverses von a ist. Da aber a nur ein einziges Inverses haben kann und a^{-1} das Symbol für dieses Inverse ist, können wir sagen, daß gilt $a^{-1} = b$.

Das Inverse eines Produktes

Die Tatsache, daß jedes Element einer Gruppe genau ein Inverses hat, erleichtert es, das Inverse eines Produktes von Elementen der Gruppe zu bestimmen. *Um das Inverse eines Produktes zu erhalten, bilde man die Inversen der Faktoren und multipliziere sie in umgekehrter Reihenfolge.* So ist z. B. das Inverse des Produktes ab das Produkt $b^{-1}a^{-1}$. Um zu zeigen, daß $b^{-1}a^{-1}$ das Inverse von ab ist, brauchen wir nur zu zeigen, daß gilt $(b^{-1}a^{-1})(ab) = i$ und $(ab)(b^{-1}a^{-1}) = i$.

Übungen:

9. Man beweise für Elemente a und b einer Gruppe mit dem neutralen Element i, daß gilt a) $(b^{-1}a^{-1})(ab) = i$; b) $(ab)(b^{-1}a^{-1}) = i$.
10. a, b und c seien Elemente einer Gruppe. Man überzeuge sich, daß $c^{-1}b^{-1}a^{-1}$ das Inverse von abc ist.
11. a sei ein Element einer Gruppe. Man beweise, daß $(a^{-1})^2$ das Inverse von a^2 ist.

Der Gebrauch von Exponenten

Ist a ein Element einer Gruppe, so gibt es einige Produkte wie z. B. aa, aaa usw., die wir durch wiederholte Multiplikation mit a erhalten. Wie in der Gruppe der Maßzahlen nennen wir solche Produkte Potenzen von a und stellen sie durch die Symbole a^2, a^3 usw. dar. Ist allgemein n eine natürliche Zahl, die größer ist als 1, definieren wir a^n als das Produkt $aa \ldots a$ mit n Faktoren, die alle gleich a sind. Wir definieren weiter a^1 als a.

Wie in Kapitel 3 können wir den Begriff einer Potenz von a so erweitern, daß uns die Verwendung beliebiger ganzer Zahlen, auch der Null und negativer ganzer Zahlen, als Exponenten gestattet ist. In der Gruppe der Maßzahlen definierten wir a^0 als das neutrale Element 1 der Gruppe. Entsprechend definieren wir für ein beliebiges Element a in einer beliebigen Gruppe a^0 als das neutrale Element i der Gruppe. Ist a ein beliebiges Element der Gruppe der Maßzahlen und $-n$ eine beliebige negative ganze Zahl, so definieren wir a^{-n} als das multiplikative Inverse $\frac{1}{a^n}$ von a^n. Entsprechend definieren wir für ein Element a einer beliebigen Gruppe a^{-n} als das Inverse von a^n. Da das Inverse von a^n auch durch das Symbol $(a^n)^{-1}$ dargestellt wird, erhalten wir $(a^n)^{-1} = a^{-n}$.

Nach unserer Definition wird das Inverse von a^2 dargestellt durch das Symbol a^{-2}. a^2 ist jedoch das gleiche wie das Produkt aa, und für die Darstellung des Inversen eines Produktes haben wir schon eine Regel, nämlich die Inversen der Faktoren zu bilden und sie in umgekehrter Reihenfolge zu multiplizieren. Nach dieser Regel hat aa das Inverse $a^{-1}a^{-1}$, was auch als $(a^{-1})^2$ geschrieben werden kann. Es gilt also $a^{-2} = (a^{-1})^2$. Ist allgemein $-n$ eine negative ganze Zahl, so steht a^{-n} für das Inverse von a^n. a^n ist jedoch das Produkt $aa \ldots a$ mit n Faktoren, die alle gleich a sind. Das Inverse dieses Produktes ist $a^{-1}a^{-1} \ldots a^{-1}$ mit n Faktoren, die alle gleich a^{-1} sind, und das kurz $(a^{-1})^n$ geschrieben werden kann. Es gilt also $a^{-n} = (a^{-1})^n$. In einigen Büchern wird diese Gleichung als Definition von a^{-n} benutzt.

Es ist nicht schwer zu sehen, daß für zwei beliebige ganze Zahlen m und n gilt $a^m a^n = a^{m+n}$. Einzelne Beispiele dieser Regel werden in den Übungen bewiesen.

Übungen:

12. Man beweise: $aa^2 = a^3$; $aa^3 = a^4$; $aa^4 = a^5$.
13. Man benutze die Definition der Potenzen von a und die Klammerregel zum Nachweis von $a^3 a^2 = a^5$.

14. Man beweise: $a^3 a^{-2} = a$. (Hinweis: Man benutze die Tatsache, daß gilt $a^{-2} = a^{-1} a^{-1}$.)

15. Man beweise: $a^{-3} a^{-2} = a^{-5}$.

16. Man beweise: $(a^3)^2 = a^6$.

17. Man beweise: $(a^{-3})^2 = a^{-6}$.

18. Man beweise: $(a^3)^{-2} = a^{-6}$.

19. Man beweise: $(a^{-3})^{-2} = a^6$.

Die von einem Element erzeugte Untergruppe

Man betrachte die Menge aller Potenzen eines Elementes a einer Gruppe. Unter den Elementen dieser Menge befindet sich a^0, das das neutrale Element i der Gruppe ist. Unter ihnen befinden sich auch die Potenzen a, a^2, a^3 usw. und die Potenzen a^{-1}, a^{-2}, a^{-3} usw. Wie in Kapitel 2 nennen wir diese Menge *die von a erzeugte Menge*. Alle ihre Elemente gehören zur Gruppe, da die Gruppe abgeschlossen ist gegenüber der Multiplikation und die Gruppe das Inverse jedes ihrer Elemente enthält. Ein beliebiges Element dieser Menge hat die Gestalt a^m, wobei m eine ganze Zahl ist. Wir zeigen nun, daß diese Menge alle vier Eigenschaften einer Gruppe besitzt.

I. Abgeschlossenheit. a^m und a^n seien zwei beliebige Elemente der von a erzeugten Gruppe. Ihr Produkt $a^m a^n$ ist gleich a^{m+n}, das ebenfalls ein Element der Menge ist (vgl. z. B. die Übungen 12, 13 und 14). Somit ist die Menge abgeschlossen gegenüber der Multiplikation.

II. Assoziativgesetz. Da für die Multiplikation in der Gruppe das Assoziativgesetz gilt und alle Elemente dieser Menge zur Gruppe gehören, gilt auch für die Multiplikation in dieser Menge das Assoziativgesetz.

III. Neutrales Element. Die Menge enthält $a^0 = i$, das ein neutrales Element der Menge ist.

IV. Inverses. Die Menge enthält ein Inverses für jedes ihrer Elemente. Das Element a^0, das gleich i ist, ist sein eigenes Inverses. Das Inverse von a ist a^{-1}, und das Inverse von a^{-1} ist a; das Inverse von a^2 ist a^{-2}, und das Inverse von a^{-2} ist a^2; das Inverse von a^3 ist a^{-3}, und das Inverse von a^{-3} ist a^3; usw.

Somit ist die Menge der von a erzeugten Elemente eine Gruppe bezüglich der Multiplikation. Eine Gruppe wie diese, deren sämtliche Elemente Potenzen eines einzigen Elementes sind, wird eine *zyklische Gruppe* genannt.

Wir haben nun zwei Gruppen, die ursprüngliche Gruppe, zu der a gehört, und die zyklische Gruppe, die aus der von a erzeugten Menge besteht. Um Mißverständnisse zu vermeiden, wenn wir über sie sprechen, wollen wir jeder von ihnen einen Namen geben. Wir wollen die ursprüngliche Gruppe G nennen. Jede Gruppe, deren Elemente alle zu G gehören, wird eine *Untergruppe* von G genannt. So werden wir die zyklische Gruppe, die aus der von a erzeugten Menge besteht, als die *von a erzeugte Untergruppe von G* bezeichnen.

Bei unserer Beschreibung der von a erzeugten Untergruppe von G haben wir eine unendliche Zahl von Symbolen angegeben, von denen jedes für ein Element der Untergruppe

Die von einem Element erzeugte Untergruppe

steht. Das bedeutet nicht, daß es notwendigerweise unendlich viele Elemente in der Untergruppe gibt. Es kann sein, daß sie nur endlich viele Elemente hat, wobei viele verschiedene Symbole für dasselbe Element stehen. Man betrachte z. B. die Symmetriengruppe eines Quadrates. Wir wollen diese Gruppe S nennen und in ihr die von dem Element mit dem Namen p erzeugte Untergruppe bestimmen. Die Symmetriengruppe eines Quadrates hat genau acht Elemente, nämlich i, p, q, r, s, t, u und v (s. S. 53). Da jede Potenz von p mit einem dieser Elemente übereinstimmen muß, kann die von p erzeugte Untergruppe nicht mehr als acht Elemente haben. Wir wollen prüfen, mit welchem Element die einzelnen Potenzen von p übereinstimmen, und können dann feststellen, wieviele von ihnen verschieden sind. Wir wollen zunächst die nichtnegativen Potenzen nehmen: $p^0 = i$; $p^1 = p$; $p^2 = pp = q$; $p^3 = pp^2 = pq = r$; $p^4 = pp^3 = pr = i$; $p^5 = pp^4 = pi = p$; $p^6 = p^2p^4 = qi = q$; $p^7 = p^3p^4 = ri = r$; $p^8 = p^4p^4 = ii = i$; $p^9 = pp^8 = pi = p$; usw. Offensichtlich wiederholen sich die Werte i, p, q und r immer wieder, wenn wir immer höhere Potenzen von p nehmen, und es treten niemals andere Werte auf.

Wir wollen nun die Werte der negativen Potenzen von p bestimmen: p^{-1}, das Inverse von p, ist gleich r; p^{-2}, das Inverse von p^2 bzw. von q, ist gleich q; p^{-3}, das Inverse von p^3 bzw. von r, ist gleich p; p^{-4}, das Inverse von p^4 bzw. von i, ist gleich i; p^{-5}, das Inverse von p^5 bzw. p, ist gleich r usw. Offensichtlich wiederholen sich bei der Fortsetzung dieser Folge der negativen Potenzen von p die Werte r, q, p und i immer wieder, und es treten niemals andere Werte auf.

Somit sehen wir, daß die von p erzeugte Untergruppe von S genau vier Elemente hat, nämlich i, p, q und r. Die Multiplikationstafel für diese Gruppe ist in der Antwort zu Übung 26 von Kapitel 7 abgebildet (s. S. 167).

In der von p erzeugten Untergruppe von S gibt es nur vier Elemente, aber jedes Element kann durch unendlich viele Potenzen von p dargestellt werden. Das Element i wird dargestellt durch jede der folgenden Potenzen von p: p^0, p^4, p^8, p^{12} usw. sowie p^{-4}, p^{-8}, p^{-12} usw. Das Element p wird dargestellt durch jede der folgenden Potenzen von p: p^1, p^5, p^9, p^{13} usw. sowie p^{-3}, p^{-7}, p^{-11} usw. Das Element q wird dargestellt durch jede der folgenden Potenzen von p: p^2, p^6, p^{10}, p^{14} usw. sowie p^{-2}, p^{-6}, p^{-10} usw. Das Element r wird dargestellt durch jede der folgenden Potenzen von p: p^3, p^7, p^{11} usw. sowie p^{-1}, p^{-5}, p^{-9} usw.

Man beachte, daß jedes Element der von p erzeugten Untergruppe von S durch eine Potenz von p mit einem positiven Exponenten dargestellt werden kann. Es gibt sogar viele solche Potenzen, unter denen wir wählen können. Wenn wir in jedem Fall diejenige Potenz von p wählen, die den kleinsten positiven Exponenten hat, erhalten wir folgende Liste für die Gesamtheit der Elemente der Untergruppe:

$p^1 = p, p^2 = q, p^3 = r, p^4 = i.$

Ist allgemein G eine endliche Gruppe und a ein Element von G, so ist die von a erzeugte Untergruppe von G ebenfalls eine endliche Gruppe. Wenn diese Untergruppe genau m Elemente enthält, so sind dies die Elemente $a^1, a^2, \ldots, a^m$, und es gilt $a^m = i$.

Übungen:

20. S sei die Symmetriengruppe eines Quadrates. Man benutze die Multiplikationstafel auf Seite 54, um die Elemente der von r erzeugten Untergruppe von S zu bestimmen. Welches ist für jedes dieser Elemente die Potenz von r mit dem kleinsten positiven Exponenten, die dieses Element darstellt?
21. Man bestimme die Elemente der von v erzeugten Untergruppe von S.
22. T sei die Symmetriengruppe eines gleichseitigen Dreiecks. Man benutze die Multiplikationstafel auf Seite 48, um die Elemente der von p erzeugten Untergruppe von T zu bestimmen.
23. Man bestimme die Elemente der von s erzeugten Untergruppe von T.
24. A stehe für die multiplikative Gruppe, die aus den von 0 verschiedenen Elementen des Sieben-Punkte-Systems der Zifferblattzahlen besteht. Man benutze die Multiplikationstafel auf Seite 162, um die Elemente der von 2 erzeugten Untergruppe von A zu bestimmen.
25. Man bestimme die Elemente der von 3 erzeugten Untergruppe von A.
26. G sei eine endliche Gruppe mit dem neutralen Element i, und a sei ein von i verschiedenes Element von G. Nehmen wir an, daß in der Folge der Potenzen von a mit positivem Exponenten die Potenzen a^m und a^n sich als gleich erweisen, wobei m kleiner sei als n. Man bestimme eine positive Potenz von a, die mit i übereinstimmt.
27. Wenn eine Gruppe zyklisch ist, ist jedes Element der Gruppe eine Potenz eines bestimmten Elementes der Gruppe. Man beweise, daß eine zyklische Gruppe kommutativ ist.

Die Kürzungsregel

Sind a, b und c Elemente einer Gruppe, ergibt sich nach der Multiplikationsregel aus der Gleichung $a = b$ die Gleichung $ca = cb$. Wir wollen prüfen, ob diese Regel umkehrbar ist. Können wir in der Gleichung $ca = cb$ auf beiden Seiten des Gleichheitszeichens das c streichen oder „kürzen" und schließen, daß gilt $a = b$?

Bevor wir versuchen, diese Frage für Gruppen zu beantworten, wollen wir sehen, wie die Antwort für einige bekannte Systeme lautet, die keine Gruppen sind. Wir wollen als erstes die Menge aller natürlichen Zahlen mit der Operation der Multiplikation betrachten. Wir wissen, daß die Menge der natürlichen Zahlen keine Gruppe bezüglich der Multiplikation ist, da sie nicht für jedes ihrer Elemente ein multiplikatives Inverses enthält. In dieser Menge gilt eine Multiplikationsregel: Gilt $a = b$, so gilt $ca = cb$ und $ac = bc$. Es gilt ebenso eine Kürzungsregel: Gilt $ca = cb$ oder $ac = bc$, so gilt $a = b$. Wenn wir z. B. wissen, daß gilt $2 \times a = 2 \times 3$, dann können wir die beiden Zweien kürzen und schließen, daß gilt $a = 3$. Mit anderen Worten, 3 ist die einzige Zahl, die bei der Multiplikation mit 2 zum Produkt 6 führt.

Die Situation ist völlig anders in der Menge aller von 0 verschiedenen Elemente des Sechs-Punkte-Systems der Zifferblattzahlen mit der Operation der Multiplikation. Diese Menge ist wie die Menge aller natürlichen Zahlen keine Gruppe bezüglich der Multiplikation (s. S. 42). In dieser Menge gilt eine Multiplikationsregel, es gilt aber keine Kürzungsregel. Die Multiplikationstafel für diese Menge ist in der Antwort zu Übung 14 von Kapitel 6 angegeben (s. S. 161). Die Tafel zeigt, daß in diesem System gilt *2 × 1 = 2* und *2 × 4 = 2.* Somit gilt *2 × 1 = 2 × 4,* da beide Produkte *2* ergeben. Trotzdem können wir in dieser Gleichung die beiden Zweien nicht einfach kürzen und auf *1 = 4* schließen, da diese Aussage falsch ist. In diesem System sind *1* und *4* zwei verschiedene Zahlen. Die Schwierigkeit entsteht dadurch, daß weder *1* noch *4* die einzige Zahl ist, die bei Multiplikation mit *2* zum Produkt *2* führt.

Somit sehen wir, daß die Tatsache, daß in einem System eine Multiplikationsregel gilt, alleine noch keine Garantie dafür ist, daß in ihm auch eine Kürzungsregel gilt. Dagegen können wir beweisen, daß in einem System eine Kürzungsregel gilt, wenn es eine Gruppe ist. *a, b* und *c* seien Elemente einer Gruppe, und es gelte *ca = cb*. Da das System eine Gruppe ist, enthält es ein Inverses für jedes seiner Elemente. Insbesondere enthält es ein Element c^{-1}, das das Inverse von *c* ist. Auf Grund der Multiplikationsregel wissen wir, daß wir beide Seiten der Gleichung von links mit c^{-1} multiplizieren können. Wir erhalten dann $c^{-1}(ca) = c^{-1}(cb)$. Da für die Multiplikation in einer Gruppe das Assoziativgesetz gilt, können wir $c^{-1}(ca)$ durch $(c^{-1}c)a$ und $c^{-1}(cb)$ durch $(c^{-1}c)b$ ersetzen. Somit erhalten wir $(c^{-1}c)a = (c^{-1}c)b$. Da $c^{-1}c$ durch *i* ersetzt werden kann, erhalten wir *ia = ib*. Es gilt jedoch *ia = a* und *ib = b,* so daß wir *a = b* erhalten. Durch einen ähnlichen Beweis können wir zeigen, daß aus *ac = bc* die Gleichung *a = b* folgt. In einer Gruppe gilt also eine Kürzungsregel.

Ist *a nicht* gleich *b,* so können wir auf Grund der Kürzungsregel für Gruppen sicher sein, daß dann auch *ca nicht* gleich *cb* ist. Das ist so, weil die Kürzungsregel zeigt, daß *ca = cb* nur gilt, wenn gilt *a = b*. Ist *a* nicht gleich *b,* so ist aus dem gleichen Grund auch *ac* nicht gleich *bc*. Wenn daher drei verschiedene Elemente der Gruppe, z. B. *p, q* und *r,* alle von links mit demselben Element, z. B. *p,* multipliziert werden, dann sind die drei Produkte *pp, pq* und *pr* alle verschieden. Entsprechend sind die drei Produkte *pp, qp* und *rp,* die sich bei Multiplikation mit *p* von rechts ergeben, alle verschieden. Wenn man *alle* verschiedenen Elemente einer Gruppe mit einem beliebigen festen Element multipliziert, entweder alle von links oder alle von rechts, dann sind *alle* Produkte verschieden. Werden z. B. in der Symmetriengruppe eines Rechtecks die Elemente *i, a, b* und *c* alle von links mit *a* multipliziert, so erhält man die Produkte *a, i, c* und *b,* die alle voneinander verschieden sind (vgl. die Tafel auf S. 52).

Übungen:

28. Man bestimme in der Menge der von *0* verschiedenen Elemente des Vier-Punkte-Systems der Zifferblattzahlen zwei verschiedene Zahlen, die bei Multiplikation mit *2* zu demselben Ergebnis führen (vgl. die Tafel auf S. 42). Gilt in diesem System eine Kürzungsregel für die Multiplikation?
29. Man beweise: Gilt in einer Gruppe *ac = bc,* so gilt *a = b*.
30. *b* sei ein Element einer Gruppe. Man beweise: Gilt *bb = b,* dann ist *b* das neutrale Element *i* der Gruppe.

Gleichungen in einer Gruppe

Im System der natürlichen Zahlen hat die Gleichung $2x = 3$ keine Lösung. Es gibt keine natürliche Zahl, die wir mit 2 multiplizieren können, um 3 als Produkt zu erhalten. Im System der Maßzahlen hingegen hat die Gleichung $2x = 3$ eine Lösung. In der Tat ist $x = \frac{3}{2}$ eine Lösung, wie wir durch Einsetzen von $\frac{3}{2}$ für x in der Gleichung nachweisen können. Dann erhalten wir $2\left(\frac{3}{2}\right) = 3$, was eine wahre Aussage ist. Darüberhinaus ist $\frac{3}{2}$ die einzige Lösung der Gleichung. Zum Beweis nehmen wir an, x sei eine Lösung der Gleichung. Dann ist $2x = 3$ eine wahre Aussage. Das System der Maßzahlen enthält das multiplikative Inverse für jedes seiner Elemente. Insbesondere enthält es $\frac{1}{2}$, das das Inverse von 2 ist. Wenn wir beide Seiten der Gleichung mit $\frac{1}{2}$ multiplizieren, erhalten wir $\frac{1}{2}(2x) = \frac{1}{2}(3)$. Da für die Multiplikation von Maßzahlen das Assoziativgesetz gilt, können wir $\frac{1}{2}(2x)$ durch $\left(\frac{1}{2} \times 2\right)x$ ersetzen. Somit erhalten wir $\left(\frac{1}{2} \times 2\right)x = \frac{1}{2}(3)$. Wir können $\frac{1}{2} \times 2$ durch 1 und $\frac{1}{2}(3)$ durch $\frac{3}{2}$ ersetzen. Dann erhalten wir $1x = \frac{3}{2}$. Da aber 1 das multiplikative neutrale Element ist, gilt $1x = x$. Wenn wir $1x$ durch x ersetzen, erhalten wir $x = \frac{3}{2}$. Dies zeigt, daß die Zahl $\frac{3}{2}$ die einzige Lösung der Gleichung $2x = 3$ ist.

Durch einen ähnlichen Beweis können wir zeigen, daß für zwei Elemente a und b eine Gruppe die Gleichung $ax = b$ genau eine Lösung in der Gruppe hat. Wir können beweisen, daß sie eine Lösung hat, indem wir $a^{-1}b$ für x einsetzen. Wir können zeigen, daß sie nur eine Lösung hat, indem wir beide Seiten der Gleichung von links mit a^{-1} multiplizieren.

Beispiel: Man löse in der Symmetriengruppe eines Quadrates die Gleichung $px = u$. Wir entnehmen der Tafel auf Seite 54, daß r das Inverse von p ist. Wenn wir beide Seiten der Gleichung von links mit r multiplizieren, erhalten wir $r(px) = ru$, $(rp)x = ru$, $ix = ru$ und $x = ru = s$. Die Tafel zeigt, daß ps tatsächlich gleich u ist. Da diese Gruppe eine endliche Gruppe ist, deren Multiplikationstafel vollständig aufgeschrieben werden kann, gibt es auch einen kürzeren Weg für die Lösung dieser Gleichung. Man suche einfach u in Zeile p der Tafel auf. Da es in Spalte s vorkommt, wissen wir, daß gilt $ps = u$. Daher ist $x = s$ die Lösung der Gleichung.

Übungen:

31. a und b seien Elemente einer Gruppe. Man überzeuge sich, daß $a^{-1}b$ eine Lösung der Gleichung $ax = b$ ist.
32. Man zeige, daß $a^{-1}b$ die einzige Lösung von $ax = b$ ist.
33. a und b seien Elemente einer Gruppe. Man überzeuge sich, daß ba^{-1} eine Lösung der Gleichung $xa = b$ ist.

34. Man zeige, daß ba^{-1} die einzige Lösung von $xa = b$ ist.
35. In der Symmetriengruppe eines Quadrates löse man die Gleichung $sx = v$.
36. In der Symmetriengruppe eines Quadrates löse man die Gleichung $xs = v$.
37. In der Symmetriengruppe eines gleichseitigen Dreiecks löse man die Gleichung $qx = p$.
38. In der Symmetriengruppe eines gleichseitigen Dreiecks löse man die Gleichung $xr = t$.
39. In der multiplikativen Gruppe der von 0 verschiedenen Elemente des Fünf-Punkte-Systems der Zifferblattzahlen löse man die Gleichungen:

   a) $2x = 3$;   b) $3x = 1$;   c) $4x = 2$.

   (vgl. die Tafel auf S. 40.)

Rechnen in einer kommutativen Gruppe

Für zwei beliebige Elemente a und b einer kommutativen Gruppe gilt $ab = ba$. Dies führt zu der besonderen Regel, daß *in einer kommutativen Gruppe die Faktoren eines Produktes in beliebiger Reihenfolge geschrieben werden können.* Wir können diese Regel beweisen, indem wir wiederholt von der Tatsache Gebrauch machen, daß für die Multiplikation in einer kommutativen Gruppe sowohl das Kommutativgesetz als auch das Assoziativgesetz gilt. Um z. B. zu beweisen, daß in einer kommutativen Gruppe gilt $abab = aabb$, beachten wir, daß gilt $abab = a(ba)b = a(ab)b = aabb$.

Da die Faktoren eines Produktes in einer kommutativen Gruppe in beliebiger Reihenfolge angeordnet werden können, gilt für den Gebrauch von Exponenten in einer kommutativen Gruppe eine besondere Regel: *In einer kommutativen Gruppe gilt $(ab)^n = a^n b^n$.* Wir beweisen diese Regel hier für den Spezialfall $n = 2$: $(ab)^2 = (ab)(ab) = abab = aabb = (aa)(bb) = a^2 b^2$.

Übungen:

40. Man beweise, daß in einer kommutativen Gruppe gilt $abc = bca$.
41. Man beweise, daß in einer kommutativen Gruppe gilt $(ab)^3 = a^3 b^3$.
42. Man beweise, daß in einer kommutativen Gruppe gilt $(ab)^{-1} = a^{-1} b^{-1}$.
43. a) Nehmen wir an, das Quadrat jedes Elementes einer Gruppe stimme mit dem neutralen Element überein. Man beweise, daß die Gruppe kommutativ ist. (Hinweis: Man bestimme zunächst das Inverse jedes Elementes.) b) Man such in Kapitel 7 ein Beispiel für eine Gruppe mit mehr als zwei Elementen, in der das Quadrat jedes Elementes mit dem neutralen Element übereinstimmt.

Der Gebrauch des Zeichens +

Manchmal wird das Zeichen + für die Gruppenoperation in einer kommutativen Gruppe benutzt. Wir haben als Beispiele dafür schon die Gruppe der ganzen Zahlen mit der Operation der Addition und die additiven Gruppen von Zifferblattzahlen kennengelernt. *Das Zeichen + wird niemals für die Gruppenoperation in einer Gruppe benutzt, die nicht kommutativ ist.* Wenn wir daher sehen, daß das Zeichen + für die Operation in einer Gruppe benutzt wird, so wissen wir, daß davon ausgegangen wird, daß für die Operation das Kommutativgesetz gilt.

Wenn das Zeichen + für die Operation in einer Gruppe benutzt wird, werden auch folgende andere Änderungen in der Schreibweise vorgenommen: Das neutrale Element der Gruppe wird *Null* genannt und durch das Symbol *0* dargestellt; für das Inverse von a wird $-a$ statt a^{-1} geschrieben; für die n-te Potenz von a wird na statt a^n geschrieben.

Übung:

44. Unten werden einige Ausdrücke oder Aussagen angeführt, die in einer kommutativen Gruppe auftreten können, in der die Gruppenoperation als Multiplikation geschrieben wird. Welche Ausdrücke oder Aussagen treten an ihre Stelle, wenn die Gruppenoperation durch das Zeichen + dargestellt wird? a) $pq;$ b) $pp^{-1}=i;$ c) $ip=p;$ d) $pp=p^2;$ e) $p(qr)=(pq)r;$ f) $pq=pq;$ g) $(pq)^2=p^2q^2$.

9. Gruppen und ihre Tafeln

Muster in der Tafel

Wenn eine Gruppe endlich ist, kann ihre Multiplikationstafel vollständig aufgeschrieben werden. Jedes Element der Gruppe kommt einmal als Name einer Zeile und einmal als Name einer Spalte vor. Die Zeilennamen haben von oben nach unten die gleiche Reihenfolge wie die Spaltennamen von links nach rechts. Das Produkt jedes geordneten Paares von Elementen der Gruppe kommt als eine Eintragung in der Tafel vor. Sind a und b Elemente der Gruppe, so kommt das Produkt ab in Zeile a und Spalte b vor. Das Produkt ba kommt in Zeile b und Spalte a vor.

Jede Gruppe besitzt die vier Gruppeneigenschaften *Abgeschlossenheit*, *Assoziativgesetz*, *Neutrales Element* und *Inverses*. Jede dieser Eigenschaften spiegelt sich in einem bestimmten Muster der Anordnung der Produkte in der Multiplikationstafel wider. Wir werden diese Muster nun einzeln untersuchen.

Das Abgeschlossenheitsmuster

Eine Gruppe besteht aus einer Menge von Elementen und einer Multiplikationsoperation mit den vier oben genannten Eigenschaften.

Die Eigenschaft der *Abgeschlossenheit* der Gruppe bedeutet, daß jedes Produkt von zwei Elementen der Menge wieder ein Element der Menge ist. Jede Eintragung in der Multiplikationstafel einer Gruppe ist ein Produkt von zwei Elementen der Menge. Dann spiegelt sich die Eigenschaft der Abgeschlossenheit einer Gruppe in folgendem Muster in der Multiplikationstafel wider: *Jede Eintragung in der Tafel ist ein Element der Menge, deren Elemente multipliziert werden.*

Es ist offensichtlich, daß eine Menge, deren Multiplikationstafel dieses Muster hat, die Eigenschaft der Abgeschlossenheit besitzt. Aus diesem Grund wollen wir dieses Muster das *Abgeschlossenheitsmuster* nennen. Wir können dann sagen: Wenn die Multiplikation in einer Menge die Eigenschaft der Abgeschlossenheit besitzt, dann hat ihre Multiplikationstafel das Abgeschlossenheitsmuster und umgekehrt.

Die Symmetriengruppe eines gleichseitigen Dreiecks z. B. besteht aus den Elementen i, p, q, r, s und t, die auf Seite 45 definiert wurden. In der Multiplikationstafel dieser Gruppe auf Seite 48 sehen wir, daß jede Eintragung ein Element dieser Menge ist, so daß die Tafel das Abgeschlossenheitsmuster hat.

Übungen:

1. Die Symmetriengruppe eines Rechtecks besteht aus den auf Seite 51 definierten Elementen i, a, b und c. Man überzeuge sich, daß jede Eintragung in der Multiplikationstafel dieser Gruppe ein Element der Menge ist (s. S. 52).

2. Die Symmetriengruppe eines Quadrates besteht aus den auf Seite 53 definierten Elementen *i, p, q, r, s, t, u* und *v*. Man überzeuge sich, daß jede Eintragung in der Multiplikationstafel dieser Gruppe ein Element dieser Menge ist (s. S. 54).

Das Neutralitätsmuster

Die Existenz eines *neutralen Elementes* in einer Gruppe bedeutet, daß für jedes Element *a* der Gruppe gilt *ia* = *a* und *ai* = *a*. Die Eintragung in Zeile *i* und Spalte *a* der Multiplikationstafel ist das Produkt *ia*. Da dieses Produkt gleich *a* ist, ist die Eintragung in Zeile *i* und Spalte *a* eine Wiedergabe des Spaltennamens. Aus diesem Grund ist die gesamte Zeile *i* Spalte für Spalte eine Wiedergabe der Spaltennamen. Entsprechend ist die Eintragung in Zeile *a* und Spalte *i* der Multiplikationstafel das Produkt *ai*. Da dieses Produkt gleich *a* ist, ist die Eintragung in Zeile *a* und Spalte *i* eine Wiedergabe des Zeilennamens. Aus diesem Grund ist die gesamte Spalte *i* Zeile für Zeile eine Wiedergabe der Zeilennamen. Somit spiegelt sich die Existenz eines neutralen Elementes in einer Gruppe in folgendem Muster ihrer Multiplikationstafel wider: *Es gibt ein Element, dessen Zeile Spalte für Spalte eine Wiedergabe der Spaltennamen ist und dessen Spalte Zeile für Zeile eine Wiedergabe der Zeilennamen ist.*

So sind z. B. in der Multiplikationstafel der Symmetriengruppe eines gleichseitigen Dreiecks auf Seite 48 die Spaltennamen von links nach rechts und die Zeilennamen von oben nach unten *i, p, q, r, s* und *t*. Die Eintragungen in Zeile *i* und Spalte *i* sind ebenfalls *i, p, q, r, s* und *t* in der gleichen Reihenfolge.

Es ist wiederum offensichtlich, daß eine Menge, deren Multiplikationstafel dieses Muster hat, ein neutrales Element für die Multiplikation enthält. Nehmen wir an, *i* sei der Name des Elementes, dessen Zeile eine Wiedergabe der Spaltennamen und dessen Spalte eine Wiedergabe der Zeilennamen ist. Dann ist die Eintragung in Zeile *i* und Spalte *a* gleich *a*, also der Name der Spalte. Die Eintragung in Zeile *i* und Spalte *a* ist aber das Produkt *ia*. Es gilt also *ia* = *a*. Ebenso ist die Eintragung in Zeile *a* und Spalte *i* gleich *a*, also der Name der Zeile. Die Eintragung in Zeile *a* und Spalte *i* ist aber das Produkt *ai*. Es gilt also *ai* = *a*. Da dies für jedes Element *a* der Menge gilt, erfüllt das Element *i* die Bedingungen für ein neutrales Element. Wegen dieser Tatsache wollen wir dieses Muster das *Neutralitätsmuster* nennen. Wir können dann sagen: Wenn eine Menge ein neutrales Element für die Multiplikation enthält, dann hat ihre Multiplikationstafel das Neutralitätsmuster und umgekehrt.

Übung:

3. In der Multiplikationstafel der Symmetriengruppe eines Rechtecks ist die Reihenfolge der Zeilennamen und der Spaltennamen *i, a, b* und *c*. Man überzeuge sich, daß Zeile *i* und Spalte *i* Wiedergaben dieser Namen in der gleichen Reihenfolge sind.

Das Inversenmuster

Die Existenz der *Inversen* in einer Gruppe bedeutet, daß es für jedes Element *a* in der Gruppe ein anderes Element *b* in der Gruppe gibt, so daß die Produkte *ab* und *ba* beide gleich i sind. Das Produkt ab liegt in Zeile a, und das Produkt ba liegt in Spalte a. Es kommt also ein i in Zeile a vor, und es kommt ebenso ein i in Spalte a vor. Wir können genauer beschreiben, wie diese beiden Eintragungen des Symbols i in der Tafel zueinander liegen. Die Multiplikationstafel ist eine in Felder eingeteilte quadratische Fläche. Man stelle sich eine Gerade von der oberen linken zur unteren rechten Ecke der Tafel vor. Diese Gerade wird die *Hauptdiagonale* der Tafel genannt. Jedes Feld, dessen Zeile und Spalte den gleichen Namen haben, liegt auf der Hauptdiagonalen. Das Feld in Zeile a und Spalte b und das Feld in Zeile b und Spalte a liegen symmetrisch zueinander bezüglich der Hauptdiagonalen. (Das bedeutet, daß diese beiden Felder aufeinander zu liegen kommen, wenn man die Tafel in der Mitte entlang der Hauptdiagonalen faltet.) Da sich ein i in jedem dieser Felder befindet, können wir sagen, daß das i in Zeile a und das i in Spalte a symmetrisch zueinander bezüglich der Hauptdiagonalen liegen, wie es in der Abbildung unten dargestellt ist. Wir sehen dann, daß sich die Existenz der Inversen in

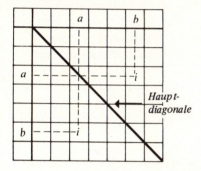

einer Gruppe in folgendem Muster ihrer Multiplikationstafel widerspiegelt: *Ist i das neutrale Element, so kommt ein i in jeder Zeile und in jeder Spalte der Tafel vor, und alle diese Eintragungen des Symbols i liegen paarweise symmetrisch zueinander bezüglich der Hauptdiagonalen.*

Als ein Beispiel für dieses Muster zeigen wir unten die Lage aller Eintragungen von i in der Multiplikationstafel für die Symmetrien eines gleichseitigen Dreiecks. Die Felder auf der Hauptdiagonalen sind dunkel gezeichnet.

	i	p	q	r	s	t
i	i					
p			i			
q	i					
r				i		
s					i	
t						i

Es ist leicht zu sehen, daß eine Menge, deren Multiplikationstafel dieses Muster hat, ein Inverses für jedes ihrer Elemente enthält. *a* sei ein beliebiges Element der Menge. Wenn die Tafel das oben beschriebene Muster hat, dann gibt es ein *i* in Zeile *a* und ein weiteres in Spalte *a,* und die beiden liegen symmetrisch zueinander bezüglich der Hauptdiagonalen. Befindet sich das *i* aus Zeile *a* in Spalte *b,* dann befindet sich das *i* aus Spalte *a* in Zeile *b.* Die Eintragung *i* an diesen beiden Stellen bedeutet, daß gilt *ab* = *i* und *ba* = *i,* so daß *b* das Inverse von *a* und *a* das Inverse von *b* ist.

Auf Grund dieser Tatsache wollen wir das oben beschriebene Muster das *Inversenmuster* nennen. Wir können dann sagen: Wenn eine Menge ein Inverses für jedes ihrer Elemente enthält, dann hat ihre Multiplikationstafel das Inversenmuster und umgekehrt.

Übungen:

4. Man fertige eine Multiplikationstafel für die Symmetriengruppe eines Rechtecks an, die nur die Namen der Zeilen und Spalten und die Lage aller Eintragungen von *i* wiedergibt. Man färbe die Felder auf der Hauptdiagonalen dunkel. Man überzeuge sich, daß ein *i* in jeder Zeile und in jeder Spalte vorkommt und daß die Eintragungen von *i* paarweise symmetrisch zueinander bezüglich der Hauptdiagonalen liegen (s. S. 52).

5. Man führe die Anweisungen aus Übung 4 für die Multiplikationstafel der Symmetriengruppe eines Quadrates aus (s. S. 54).

Das Eindeutigkeitsmuster

Die Existenz der Inversen in einer Gruppe führt zu einem weiteren Muster in der Multiplikationstafel. Wir sahen auf Seite 66, daß es für zwei beliebige Elemente *a* und *b* einer Gruppe genau eine Lösung der Gleichung *ax* = *b* gibt. Das bedeutet, daß das Element *b* in Zeile *a* genau einmal vorkommt. Da dies für zwei beliebige Elemente *a* und *b* der Gruppe gilt, sehen wir, daß jedes Element der Gruppe in jeder Zeile genau einmal vorkommt. Ebenso gibt es für zwei beliebige Elemente *a* und *b* einer Gruppe genau eine Lösung der Gleichung *xa* = *b*. Das bedeutet, daß das Element *b* in Spalte *a* genau einmal vorkommt. Da dies für zwei beliebige Elemente *a* und *b* der Gruppe gilt, sehen wir, daß jedes Element der Gruppe in jeder Spalte genau einmal vorkommt. Somit sehen wir, daß sich die Existenz der Inversen in einer Gruppe in einem zweiten Muster in der Multiplikationstafel der Gruppe widerspiegelt: *Jedes Element der Menge, deren Elemente multipliziert werden, kommt in der Tafel in jeder Zeile und in jeder Spalte genau einmal vor.*

Übungen:

6. Man überzeuge sich, daß in der Multiplikationstafel der Symmetriengruppe eines gleichseitigen Dreiecks jedes der Elemente *i, p, q, r, s* und *t* in jeder Zeile und in jeder Spalte genau einmal vorkommt.

7. Man überzeuge sich, daß in der Multiplikationstafel der Symmetriengruppe eines Rechtecks jedes der Elemente *i, a, b* und *c* in jeder Zeile und in jeder Spalte genau einmal vorkommt.

8. Man überzeuge sich, daß in der Additionstafel der additiven Gruppe des Fünf-Punkte-Systems der Zifferblattzahlen jede der Zahlen *0, 1, 2, 3* und *4* in jeder Zeile und in jeder Spalte genau einmal vorkommt (s. S. 39).
9. Man überzeuge sich, daß in der Multiplikationstafel der multiplikativen Gruppe der von *0* verschiedenen Elemente des Fünf-Punkte-System der Zifferblattzahlen jede der Zahlen *1, 2, 3* und *4* in jeder Zeile und in jeder Spalte genau einmal vorkommt (s. S. 40).

Das Rechtecksmuster

Das Assoziativgesetz einer Gruppe bedeutet, daß für drei beliebige Elemente *a*, *b* und *c* einer Gruppe gilt $a(bc) = (ab)c$. Wir wissen, daß diese Eigenschaft zu der Regel führt, daß wir ein Produkt von drei oder mehr Faktoren einer Gruppe entweder ohne Klammern oder aber mit Klammern um zwei oder mehr im Produkt unmittelbar nebeneinander stehende Faktoren schreiben können. Wir werden sehen, daß diese Regel zu einem bestimmten Muster in der Anordnung der Eintragungen in der Multiplikationstafel der Gruppe führt.

Wegen des Inversenmusters gibt es ein *i* in jeder Zeile und in jeder Spalte der Tafel. Man wähle eine beliebige dieser Eintragungen von *i*. Nehmen wir an, daß sie sich in Zeile *a* und Spalte *b* befindet. Dann wähle man eine beliebige andere Zeile, z. B. Zeile *c*, und eine beliebige andere Spalte, z. B. Spalte *d*. Die Zeilen *a* und *c* kreuzen die Spalten *b* und *d* an vier Stellen in der Tafel. Diese vier Stellen sind die Ecken eines Rechtecks. An der Ecke, wo Zeile *a* Spalte *b* kreuzt, befindet sich die Eintragung *i*. Es gibt ein bestimmtes Muster, daß die Beziehungen zwischen den Eintragungen an den anderen drei Ecken des Rechtecks wiedergibt. Wir finden es wie folgt: Wie auch immer die Eintragung in Zeile *c* und Spalte *d* lautet, sie ist ein Name für das Produkt *cd*. Nehmen wir an, die Eintragung in Zeile *a* und Spalte *d* sei *p*. Dann gilt $ad = p$. Nehmen wir an, die Eintragung in Zeile *c* und Spalte *b* sei *q*. Dann gilt $cb = q$. Da die Eintragung *i* in Zeile *a* und Spalte *b* vorkommt, muß sie wegen des Inversenmusters, das wir

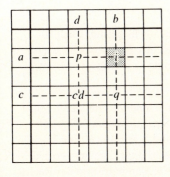

Das Rechtecksmuster:

$qp=cd$

schon beobachtet haben, ebenso in Zeile *b* und Spalte *a* vorkommen. Dann gilt nicht nur $ab = i$, sondern auch $ba = i$. Diese Information wollen wir festhalten und nun zunächst das Produkt von *q* und *p* untersuchen. Da gilt $q = cb$ und $p = ad$, ergibt sich

$qp = (cb)(ad)$. Nach der Klammerregel, die sich aus dem Assoziativgesetz ergibt, können wir Klammern nach Belieben streichen und einfügen. Es folgt daher $qp = (cb)(ad) = cbad = c(ba)d$. Es gilt aber $ba = i$. Wenn wir i für ba einsetzen, können wir die Kette der Gleichungen wie folgt fortsetzen: $qp = (cb)(ad) = cbad = c(ba)d = cid = (ci)d = cd$. So erhalten wir $qp = cd$. Man beachte, daß q, p und cd die Eintragungen an drei Ecken des Rechtecks sind. Die Eintragung cd liegt an der Ecke diagonal gegenüber derjenigen, an der i liegt. Die Eintragung q befindet sich in der gleichen Spalte wie i. Die Eintragung p befindet sich in der gleichen Zeile wie i. Somit sehen wir, daß das Assoziativgesetz sich in der Multiplikationstafel in folgendem Muster widerspiegelt, das die Eintragungen an den Ecken bestimmter Rechtecke in der Tafel verbindet: *In jedem Rechteck in der Tafel, an dessen einer Ecke sich ein i befindet, ist das Produkt der Eintragung an der Ecke, die sich in der gleichen Spalte wie i befindet, und der Eintragung an der Ecke, die sich in der gleichen Zeile wie i befindet, die Eintragung an der i diagonal gegenüberliegenden Ecke.* Wir wollen dieses Muster das *Rechtecksmuster* nennen.

Als ein Beispiel für dieses Muster zeigen wir unten ein Rechteck aus der Multiplikationstafel für die Symmetrien eines Quadrates. Dieses Rechteck wird von den Zeilen p und s

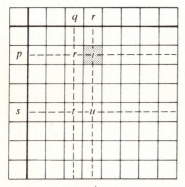

$ur = t$

und den Spalten q und r gebildet. An der einen Ecke des Rechtecks befindet sich ein i. In der gleichen Spalte wie i liegt die Eintragung u. In der gleichen Zeile wie i liegt die Eintragung r. Diagonal gegenüber i befindet sich die Eintragung t. Entsprechend der Tafel auf Seite 54 gilt $ur = t$.

Es ist wiederum leicht zu sehen, daß für die Multiplikation in einer Menge, deren Multiplikationstafel dieses Muster hat und die die Eigenschaften Abgeschlossenheit, Neutrales Element und Inverses besitzt, das Assoziativgesetz gilt. x, y und z seien z. B. drei beliebige Elemente einer Menge. Da die Menge ein Inverses für jedes ihrer Elemente enthält, muß sie ein Element y^{-1} enthalten, für das gilt $yy^{-1} = y^{-1}y = i$. Man betrachte das Rechteck in der Multiplikationstafel, das von den Zeilen x und y^{-1} und den Spalten i und y gebildet wird. Es ist auf Seite 75 abgebildet. Die Eintragung an der Ecke, wo Zeile y^{-1} Spalte y kreuzt, ist i, da gilt $y^{-1}y = i$. Die Eintragung an der Ecke, wo Zeile x Spalte y

Das Rechtecksmuster 75

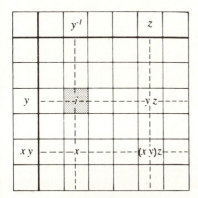

$(xy)y^{-1}=x$

kreuzt, ist xy. Die Eintragung an der Ecke, wo Zeile y^{-1} Spalte i kreuzt, ist y^{-1}, da gilt $y^{-1}i = y^{-1}$. Die Eintragung an der Ecke, wo Zeile x Spalte i kreuzt, ist x, da gilt $xi = x$. Da die Multiplikationstafel, von der wir sprechen, das Rechtecksmuster haben soll, gilt $(xy)y^{-1} = x$.

Wir betrachten nun das Rechteck, das von den Zeilen y und xy und den Spalten y^{-1} und z gebildet wird. Dieses Rechteck ist unten abgebildet. Die Eintragung an der Ecke, wo Zeile xy Spalte y^{-1} kreuzt, ist x, da gilt $(xy)y^{-1} = x$, wie wir gerade gesehen haben.

$x(yz)=(xy)z$

Die Eintragung an der Ecke, wo Zeile y Spalte y^{-1} kreuzt, ist i, da gilt $yy^{-1} = i$. Die Eintragung an der Ecke, wo Zeile y Spalte z kreuzt, ist yz. Die Eintragung an der Ecke, wo Zeile xy Spalte z kreuzt, ist $(xy)z$. Da wir voraussetzen, daß die Tafel das Rechtecksmuster hat, erhalten wir $x(yz) = (xy)z$. Somit sehen wir, daß für die Operation in einer Menge, die die Eigenschaften Abgeschlossenheit, Neutrales Element und Inverses besitzt und deren Tafel darüberhinaus das Rechtecksmuster aufweist, das Assoziativgesetz gilt. Daher können wir sagen: Wenn in einer Menge, die abgeschlossen ist gegenüber der Multiplikation und die ein neutrales Element sowie ein Inverses für jedes ihrer Elemente enthält, auch das Assoziativgesetz gilt, so hat ihre Multiplikationstafel das Rechtecksmuster und umgekehrt.

Übungen:

10. Die Multiplikationstafel der von *0* verschiedenen Elemente des Drei-Punkte-Systems der Zifferblattzahlen ist in der Antwort zu Übung 13 von Kapitel 6 abgebildet (s. S. 161). In dieser Tafel ist *1* das neutrale Element, und jedes Element hat ein Inverses. Es gibt nur ein Rechteck, das eine *1* an einer Ecke hat. Man überzeuge sich, daß dieses Rechteck das Rechtecksmuster aufweist.

11. Die Multiplikationstafel der von *0* verschiedenen Elemente des Fünf-Punkte-Systems der Zifferblattzahlen ist auf Seite 40 abgebildet. In dieser Tafel ist *1* das neutrale Element, und jedes Element hat ein Inverses. Die Zahl *1* kommt in Zeile *2* und Spalte *3* vor. Es gibt neun Rechtecke, die diese *1* an einer Ecke haben. Unter Verwendung einer eigenen Abbildung für jedes dieser Rechtecke stelle man die Lage der vier Ecken des Rechtecks in der Tafel dar. Man überzeuge sich an Hand der Tafel, daß jedes dieser Rechtecke das Rechtecksmuster aufweist.

Fünf Muster

Wir haben fünf Muster beobachtet, die aus der Multiplikationstafel einer Gruppe abgelesen werden können. Der Übersichtlichkeit halber stellen wir alle Muster hier noch einmal zusammen:

Das Abgeschlossenheitsmuster. Jede Eintragung in der Tafel ist ein Element der Menge, deren Elemente multipliziert werden.

Das Neutralitätsmuster. Es gibt ein Element, dessen Zeile Spalte für Spalte eine Wiedergabe der Spaltennamen ist und dessen Spalte Zeile für Zeile eine Wiedergabe der Zeilennamen ist.

Das Inversenmuster. Ist *i* das neutrale Element, so kommt ein *i* in jeder Zeile und in jeder Spalte der Tafel vor, und alle diese Eintragungen des Symbols *i* liegen paarweise symmetrisch zueinander bezüglich der Hauptdiagonalen.

Das Eindeutigkeitsmuster. Jedes Element der Menge, deren Elemente multipliziert werden, kommt in der Tafel in jeder Zeile und in jeder Spalte genau einmal vor.

Das Rechtecksmuster. In jedem Rechteck in der Tafel, an dessen einer Ecke sich ein *i* befindet, ist das Produkt der Eintragung an der Ecke, die sich in derselben Spalte wie *i* befindet, und der Eintragung an der Ecke, die sich in derselben Zeile wie *i* befindet, die Eintragung an der *i* diagonal gegenüberliegenden Ecke.

Wir haben weiter gesehen, daß eine Menge, deren Multiplikationstafel alle diese fünf Muster aufweist, mit der in der Tafel dargestellten Operation der Multiplikation die Eigenschaften *Abgeschlossenheit, Assoziativgesetz, Neutrales Element* und *Inverses* besitzt, so daß sie eine Gruppe sein muß. Damit haben wir einen Weg, das Vorliegen einer Gruppe durch Untersuchung der Muster in ihrer Multiplikationstafel festzustellen. Eine Tafel, die

I

	i	*a*
i	*i*	*a*
a	*a*	*b*

II

	i	*a*	*b*
i	*i*	*b*	*a*
a	*b*	*a*	*b*
b	*a*	*a*	*i*

alle fünf Muster aufweist, ist die Tafel einer Gruppe. Wenn eines dieser fünf Muster fehlt, handelt es sich bei der Tafel nicht um die Tafel einer Gruppe. So kann z. B. Tafel I auf Seite 76 keine Gruppentafel sein, da sie nicht das Abgeschlossenheitsmuster aufweist; denn es gilt *aa = b,* und *b* ist kein Element der Menge, deren Elemente multipliziert werden. Tafel II kann keine Gruppentafel sein, da sie nicht das Neutralitätsmuster aufweist. Dies bedeutet, daß es kein Element gibt, dessen Zeile eine Wiedergabe der Spaltennamen und dessen Spalte eine Wiedergabe der Zeilennamen ist.

Übung:

12. Welche der fünf Muster weist Tafel I auf Seite 76 auf? Welche Muster weist sie nicht auf?

Das Kommutativmuster

In der Multiplikationstafel einer Gruppe tritt das Produkt *ab* in dem Feld auf, das in Zeile *a* und Spalte *b* liegt. Wenn die Tafel in der Mitte entlang der Hauptdiagonalen gefaltet wird, kommt dieses Feld auf dasjenige zu liegen, das sich in Zeile *b* und Spalte *a* befindet. Die Eintragung im letzteren Feld ist das Produkt *ba.* In einer kommutativen Gruppe gilt *ab = ba.* Daher weist die Multiplikationstafel einer kommutativen Gruppe zusätzlich folgendes Muster auf: Zwei Felder, die symmetrisch bezüglich der Hauptdiagonalen liegen, haben dieselbe Eintragung. Es ist auch offensichtlich, daß für die Multiplikation in einer Menge, deren Multiplikationstafel dieses Muster aufweist, das Kommutativgesetz gilt. Aus diesem Grund wollen wir dieses Muster das *Kommutativmuster* nennen. Wir können dann sagen: Wenn eine Gruppe kommutativ ist, hat ihre Tafel das Kommutativmuster und umgekehrt.

So ist z. B. die additive Gruppe des Fünf-Punkte-Systems der Zifferblattzahlen eine kommutative Gruppe. Ihre auf Seite 39 abgebildete Tafel hat das Kommutativmuster. Das bedeutet, daß zwei Felder, die symmetrisch zur Hauptdiagonalen liegen, dieselben Eintragungen haben.

Übung:

13. Die Multiplikationstafel unten gehört zu einer kommutativen Gruppe. Einige der Eintragungen in der Tafel fehlen. Man benutze das Kommutativmuster, um die fehlenden Eintragungen zu ergänzen.

	i	*a*	*b*	*c*
i	*i*	*a*		
a		*b*		*i*
b	*b*	*c*	*i*	
c	*c*		*a*	*b*

10. Transformationen

Weitere Untersuchungen von Bewegungen

In Kapitel 7 sprachen wir über bestimmte Bewegungen, die Symmetrien ebener Figuren genannt werden. Wir sagten dort, daß zwei Bewegungen gleich sind, wenn sie dieselbe Wirkung haben. Wir werden nun diese Bewegungen weiter untersuchen, um besser zu verstehen, was mit der *Wirkung* einer Bewegung gemeint ist. Wir werden feststellen, daß es möglich ist, die Wirkung einer Bewegung zu erzielen, ohne dabei überhaupt Bewegungen auszuführen.

Ein Dreieck als Punktmenge

Um die Symmetrien eines gleichseitigen Dreiecks zu untersuchen, haben wir zunächst eines aus Papier ausgeschnitten und seine Ecken mit *A, B* und *C* bezeichnet. Genaugenommen befindet sich das Dreieck nicht dort, wo sich das Papier befindet. Das Dreieck ist der Rand oder die Abgrenzung des dreieckigen Stück Papiers. Was sich innerhalb der Abgrenzung dort befindet, wo das Papier ist, wird *Dreiecksfläche* genannt. Wir hatten also eine Dreiecksfläche aus Papier auszuschneiden, so daß wir sie in der Hand halten, darauf schreiben und sie umdrehen konnten. Uns interessierte nicht die Dreiecksfläche, sondern nur ihr Rand. Daher werden wir von nun an die Fläche nicht mehr beachten und uns nur noch mit dem Rand befassen.

Das Dreieck, das der Rand der Dreiecksfläche ist, besteht aus einer Menge von Punkten. Drei dieser Punkte sind die Ecken *A, B* und *C* des Dreiecks. Die restlichen Punkte liegen zwischen je zwei Eckpunkten auf der sie verbindenden Geraden. Einige der Punkte, wie der Punkt *D* in der Abbildung, liegen zwischen *A* und *B*. Einige Punkte liegen zwischen *B* und *C,* und einige liegen zwischen *C* und *A*.

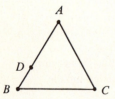

Die Positionen der Punkte

Jede Symmetrie eines Dreiecks führt es von einer „Ausgangsposition" über in eine „Endposition". Wir wollen sehen, was mit dem Begriff „Position", so wie wir in hier verwenden, genau gemeint ist. Bevor wir das Dreieck bewegen, liegt es flach auf dem

Tisch. Dabei liegt jeder Punkt des Dreiecks, d. h. des Randes der Dreiecksfläche aus Papier, unmittelbar auf einem Punkt der Oberfläche des Tisches. Die Menge aller dieser Punkte auf der Oberfläche des Tisches bildet ein Dreieck auf dieser Oberfläche. Um dieses Dreieck „sehen" zu können, wollen wir uns vorstellen, daß es mit einem Bleistift unmittelbar auf die Oberfläche des Tisches gezeichnet ist. Wir wollen seine obere Ecke T, seine linke Ecke L und seine rechte Ecke R nennen. Wenn das Dreieck ABC auf das Dreieck TLR gelegt wird, liegt jeder Punkt des Dreiecks ABC auf einem Punkt des Dreiecks TLR. Der Punkt, auf dem er liegt, ist nun gerade das, was wir unter seiner „Position" verstehen. Wenn wir z. B. das Dreieck ABC so legen, daß A oben, B links und C rechts liegt, dann liegt A auf T, B auf L und C auf R. Der Punkt D zwischen A und B liegt dann auf einem Punkt S zwischen T und L. Dann ist T die Position von A, L die Position von B, R die Position von C und S die Position von D.

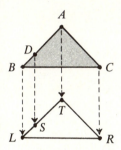

Wir können jeden Punkt des Dreiecks ABC mit seiner Position auf dem Dreieck TLR zu einem geordneten Paar zusammenfassen. So erhalten wir geordnete Paare wie (A, T), (B, L), (C, R), (D, S) usw. Bei jedem dieser geordneten Paare ist das erste Element ein Punkt des Dreiecks ABC und das zweite Element die Position dieses Punktes. Wir nennen die Menge aller dieser geordneten Paare die „Position" des Dreiecks ABC. Sie gibt uns an, wo jeder einzelne Punkt des Dreiecks ABC auf dem Dreieck TLR liegt.

Die Wirkung einer Bewegung

Jede Symmetrie des Dreiecks ABC bewegt dieses von einer Ausgangsposition auf dem Dreieck TLR zu einer Endposition auf dem Dreieck TLR. In beiden Positionen erscheint das Dreieck ABC dem Auge völlig gleich, weil es in beiden Positionen genau auf das feste Dreieck TLR paßt. Die beiden Positionen können jedoch verschieden sein, wobei die einzelnen Punkte des Dreiecks ABC sich in jedem Fall in anderen Positionen befinden. Nehmen wir z. B. an, daß in der ersten Position des Dreiecks ABC der Punkt A auf T, der Punkt B auf L und der Punkt C auf R liegt. Wenn wir nun die Bewegung p ausführen, die das Dreieck um $120°$ im Uhrzeigersinn um seinen Mittelpunkt dreht, dann liegt in der Endposition des Dreiecks ABC der Punkt A auf R, der Punkt B auf T und der Punkt C auf L. Der Punkt D liegt auf einem Punkt U zwischen T und R. Der Positionswechsel der einzelnen Punkte des Dreiecks ABC, den die Bewegung p hervorruft, ist das, was wir unter ihrer „Wirkung" verstehen. So besteht die Wirkung der Bewegung p darin, A von T nach R, B von L nach T, C von R nach L, D von S nach U

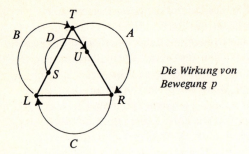

Die Wirkung von Bewegung p

usw. zu bewegen. Wir können nun diese Positionswechsel wie folgt in einer Liste zusammenfassen:

Alte Position   Neue Position

T $\xrightarrow{A}$ R

L $\xrightarrow{B}$ T

R $\xrightarrow{C}$ L

S $\xrightarrow{D}$ U

. . .

Die drei Punkte deuten an, daß es viele weitere Punkte gibt, deren Positionswechsel nicht in die Liste aufgenommen worden sind. Wir können sie nämlich nicht alle aufzählen, da es unendlich viele von ihnen gibt. In dieser Liste zeigt das *A* über dem ersten Pfeil, daß der Punkt *A* von *T* nach *R* bewegt wird. Die Bewegung *p* bewegt *A* jedoch nur dann von *T* nach *R*, wenn *A* am Anfang auf dem Punkt *T* liegt. Wir hätten auch mit einer anderen Position des Dreiecks *ABC* beginnen können, etwa mit dem Punkt *B* auf *T*. Dann hätte die Bewegung *p* den Punkt *B* von *T* nach *R* bewegt. Die Bewegung *p* bewegt also jeden Punkt, der am Anfang auf *T* liegt, nach *R* unabhängig davon, welcher Punkt dies gerade ist. Da dies nicht der Punkt *A* sein muß, ist es besser, die Punkte des Dreiecks *ABC* in der Liste überhaupt nicht zu erwähnen. Wir schreiben diese daher wie folgt:

Alte Position   Neue Position

T $\longrightarrow$ R

L $\longrightarrow$ T

R $\longrightarrow$ L

S $\longrightarrow$ U

. . .

Diese Liste, die jeder alten Position eines Punktes des Dreiecks ABC eine neue zuordnet, ist eine Beschreibung der Wirkung der Bewegung p. Da zwei Bewegungen, die die gleiche Wirkung haben, als gleich angesehen werden, können wir sogar noch weiter gehen. Wir können sagen, daß *diese Liste eine vollständige Beschreibung der Bewegung p* ist, da jede Bewegung, deren Wirkung durch die gleiche Liste beschrieben wird, mit p übereinstimmen muß. Unter diesem Gesichtspunkt betrifft die Bewegung p mehr das Dreieck TLR als das Dreieck ABC, da in der Liste die Punkte des Dreiecks TLR, nicht aber die Punkte des Dreiecks ABC aufgeführt werden.

Springende Flöhe

In der Tat können wir die Liste zur Beschreibung der Bewegung p erhalten, ohne das Dreieck ABC überhaupt zu benutzen. Das Dreieck ABC erfüllte seinen Zweck, indem es uns mit Punkten versorgte, die von einer alten Position auf dem Dreieck TLR in eine neue Position auf dem Dreieck TLR bewegt wurden. Zum gleichen Zweck wollen wir nun eine unendliche Menge von imaginären Flöhen verwenden, wobei jeder Punkt des Dreiecks ABC durch einen Floh ersetzt wird. Wir wollen uns vorstellen, daß zunächst alle Flöhe auf dem Dreieck TLR sitzen, wobei genau ein Floh auf jedem Punkt des Dreiecks sitzt. Wir wollen weiter annehmen, daß jeder Floh in eine neue Position auf dem Dreieck springt, wobei er genau diejenige neue Position wählt, in die die Bewegung p den Punkt des Dreiecks ABC gebracht hätte, der durch den Floh ersetzt wurde. Jeder Floh ordnet durch seinen Sprung einer alten Position eine neue Position auf dem Dreieck TLR zu. Die Liste dieser einander zugeordneten Positionen ist die gleiche wie die durch die Bewegung p erzeugte. So können wir also die springenden Flöhe verwenden, um die gleiche Wirkung zu erzielen, die wir durch Drehen des Dreiecks ABC um *120°* im Uhrzeigersinn erhalten haben.

Die Verwendung springender Flöhe an Stelle des Dreiecks ABC bringt uns Vorteile. Wenn wir das Dreieck ABC bewegen, bewegen sich alle Punkte auf dem Dreieck gleichzeitig derart, daß die Entfernungen der einzelnen Punkte untereinander sich nicht verändern. So sind z. B. zwei Punkte, deren Abstand in ihrer alten Position auf dem Dreieck TLR ein Zentimeter beträgt, auch in ihrer neuen Position auf dem Dreieck TLR ein Zentimeter voneinander entfernt. Die springenden Flöhe dagegen müssen sich nicht in dieser Weise bewegen. Wenn sie sich zusammen bewegen, können sie die gleiche Wirkungen wie die Bewegungen des Dreiecks ABC hervorrufen. Aber sie können auch andere Wirkungen erzielen, indem sie sich so bewegen, daß die Abstände zwischen den neuen Positionen einiger Flöhe verschieden sind von den Abständen zwischen den alten Positionen derselben Flöhe. Indem wir die imaginären springenden Flöhe verwenden, können wir also mehr Wirkungen erzielen als bei der Verwendung des Dreiecks ABC.

Wir werden jedoch nicht zulassen, daß die Flöhe springen, wie es ihnen gefällt. Um sicher zu sein, daß wir die Sprünge der Flöhe umkehren können, machen wir folgende Einschränkungen: Erstens dürfen nicht zwei Flöhe zu der gleichen neuen Position springen, und zweitens muß sich nach jedem Sprung der Flöhe auf jedem Punkt des Dreiecks TLR ein Floh befinden. Wenn dann alle Flöhe ihre Sprünge umkehren, ordnet der Umkehrsprung ebenso wie der ursprüngliche Sprung jedem Punkt des Dreiecks TLR genau einen Punkt zu.

Die Wirkung ohne die Bewegung

Wir haben das Dreieck ABC durch eine Menge springender Flöhe ersetzt, da die springenden Flöhe nicht nur die gleichen Wirkungen erzielen können wie ein sich bewegendes Dreieck, sondern darüberhinaus weitere Wirkungen. Da wir aber nur an den Wirkungen der Sprünge interessiert sind, brauchen wir nicht einmal die Flöhe zu verwenden. Die von den springenden Flöhen hervorgerufene Wirkung besteht darin, daß jedem als alte Position aufgefaßten Punkte des Dreiecks TLR ein als neue Position aufgefaßter Punkt des Dreiecks TLR zugeordnet wird. Wir können solche Zuordnungen herstellen, indem wir einfach eine Liste von geordneten Paaren von Punkten des Dreiecks TLR anfertigen, in der das erste Element jedes geordneten Paares eine alte Position und das zweite Element die ihr zugeordnete neue Position darstellt. Als Hinweis dafür, daß die alten Positionen auf der linken und die neuen Positionen auf der rechten Seite stehen, können wir in jedem geordneten Paar einen Pfeil vom ersten Element nach rechts zum zweiten Element ziehen. In dieser Schreibweise ist $T \to R$ eine andere Form der Darstellung für das geordnete Paar (T, R). Wenn wir die springenden Flöhe verwenden, stellt jeder Punkt des Dreiecks TLR die alte Position von genau einem Floh dar. Daher werden wir fordern, daß jeder Punkt des Dreiecks TLR in genau einem geordneten Paar als erstes Element vorkommt. Wir hatten auch für die Sprünge der Flöhe einige Einschränkungen gemacht. Dieselben Einschränkungen machen wir für die geordneten Paate: Kein Punkt des Dreiecks darf als zweites Element in zwei verschiedenen geordneten Paaren vorkommen. (Dem entspricht es, daß es zwei Flöhen nicht gestattet ist, an die gleiche neue Position zu springen.) Außerdem kommt jeder Punkt als zweites Element in wenigstens einem geordneten Paar vor. (Dem entspricht die Forderung, daß nach jedem Sprung der Flöhe jeder Punkt des Dreiecks mit einem Floh besetzt ist.) Eine Menge geordneter Paare von Punkten des Dreiecks TLR, die diese Forderungen erfüllt, wird *Transformation* der Punkte des Dreiecks genannt. Es gibt viele verschiedene Transformationen der Punkte des Dreiecks TLR. Sechs von ihnen entsprechen den Wirkungen der sechs Bewegungen des Dreiecks ABC, die wir als Symmetrien bezeichnet haben. Diese sechs Transformationen lassen die Abstände zwischen den Punkten unverändert. Es gibt andere Transformationen des Dreiecks TLR, bei denen die Abstände der Punkte nicht gleich bleiben.

Transformationen einer Menge

Eine Transformation kann für eine beliebige Menge definiert werden: Eine Transformation einer Menge ist eine Menge geordneter Paare von Elementen der Menge mit folgenden Eigenschaften: 1. Jedes Element der Menge kommt als erstes Element in genau einem geordneten Paar vor. 2. Jedes Element der Menge kommt als zweites Element in genau einem geordneten Paar vor. Die Menge der geordneten Paare beschreibt die Wirkung einer Bewegung, ohne daß überhaupt eine Bewegung ausgeführt wird. Jedoch ist es oft hilfreich, wenn wir uns Transformationen einer Menge so vorstellen, als seien sie durch springende Flöhe hervorgebracht worden. Wir fassen das erste Element des geordneten Paares als die alte Position des Flohs auf, das zweite Element des geordneten Paares als die neue Position, zu der der Floh gesprungen ist.

Transformationen einer Geraden

Transformationen von Punktmengen spielen eine wichtige Rolle bei Untersuchungen in der Geometrie. Die Wirkungen von Symmetrien ebener Figuren sind Beispiele für solche Transformationen. Als weitere Beispiele werden wir einige Transformationen der Punkte einer Geraden beschreiben.

Auf Seite 16 beschrieben wir das System der ganzen Zahlen, wobei wir jede Zahl einem Punkt der Zahlengeraden zuordneten. Es gibt viele Punkte auf der Zahlengeraden, denen keine Zahlen zugeordnet wurden. Wenn wir jedoch ein größeres Zahlensystem benutzen, das man System der *reellen Zahlen* nennt, ist es möglich, *jedem* Punkt der Zahlengeraden eine Zahl zuzuordnen. Das System der reellen Zahlen umfaßt die Zahl Null, die Maßzahlen (die alle rechts von Null liegen), die Negativen der Maßzahlen (die alle links von Null liegen) und weitere Zahlen, die man *irrationale* Zahlen nennt. Es ist vorteilhaft, diese Zahlen als Namen für die Punkte zu benutzen, denen sie zugeordnet sind.

Wir wollen uns vorstellen, daß sich auf jedem Punkt der Zahlengeraden ein Floh befindet. Wenn jeder Floh 5 Einheiten nach rechts springt, definieren diese Sprünge eine Transformation der Punkte der Geraden. Wir wollen diese Transformation t nennen. Die Transformation t enthält für jeden Floh ein geordnetes Paar. Das erste Element des geordneten Paares ist die alte Position des Flohs. Das zweite Element des geordneten Paares ist die neue Position des Flohs. Der Floh, der vom Punkt 2 abspringt, landet auf dem Punkt 7. Also ist das geordnete Paar $(2, 7)$, das auch $2 \to 7$ geschrieben werden kann, ein Element der Transformation t. Entsprechend sind die geordneten Paare $3 \to 8$, $4 \to 9$, $\frac{1}{2} \to 5\frac{1}{2}$ und $0 \to 5$ ebenfalls Elemente von t. Ist allgemein x eine reelle Zahl, so ist das geordnete Paar $x \to x + 5$ ein Element von t.

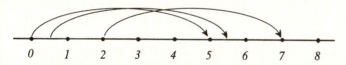

Einige Sprünge in der Transformation $t : x \longrightarrow x+5$

Übungen:

1. Welches geordnete Paar in der oben beschriebenen Transformation t hat als erstes Element -3?

2. s sei eine Transformation von Punkten der Zahlengeraden, bei der jeder Floh 2 Einheiten nach links springt. Welches geordnete Paar von s hat als erstes Element 6? welches als erstes Element 10? welches als erstes Element x?

3. Die Umkehrung der Transformation t ist eine Transformation, in der jeder Floh 5 Einheiten nach links springt. Wir wollen diese Transformation mit t^{-1} bezeichnen. Welches geordnete Paar von t^{-1} hat als erstes Element 7? welches als erstes Element 8? welches als erstes Element 9? welches als erstes Element $x + 5$?

4. Mit *ts* bezeichne man die Transformation, die man erhält, wenn jeder Floh zwei Sprünge nacheinander ausführt, zuerst den Sprung, der zur Transformation *t* gehört, und dann den Sprung, der zur Transformation *s* gehört. Welcher Sprung der Flöhe hat alleine die gleiche Wirkung? Welches geordnete Paar von *ts* hat als erstes Element *12*? welches als erstes Element *x*?

5. *w* sei eine Transformation von Punkten der Zahlengeraden, bei der jeder Floh in eine Position springt, die auf derselben Seite von *0* liegt wie die alte Position, jedoch zweimal so weit von *0* entfernt ist wie die alte Position. Welches geordnete Paar von *w* hat als erstes Element *3*? welches als erstes Element -2? welches als erstes Element *x*?

Transformationen einer endlichen Menge

Transformationen können auch in Mengen definiert werden, die keine Punktmengen sind. Es kann sich dabei um jede beliebige Art von Mengen handeln, und die Mengen können auch entweder endlich oder unendlich sein. Transformationen endlicher Mengen spielen eine bedeutende Rolle bei Untersuchungen in der Algebra.

Wenn eine Menge endlich ist, ist es leicht, alle möglichen Transformationen der Menge zu bestimmen. Wir wollen z. B. alle möglichen Transformationen einer Menge angeben, die genau vier Elemente hat, die durch die vier Zahlen *1, 2, 3* und *4* dargestellt werden. Wieder wird sich die Verwendung imaginärer Flöhe als hilfreich erweisen. Nehmen wir an, daß auf jedem Element der Menge ein Floh sitzt und daß jeder Floh von seiner alten Position zu einer neuen Position in der Menge springt. Wir wollen den Floh mit der alten Position *1* Floh *1* nennen, den Floh mit der alten Position *2* Floh *2* usw. Um alle möglichen Sprünge der Flöhe zu bestimmen, betrachten wir der Reihe nach die einzelnen Flöhe. Die Möglichkeiten, die wir finden, werden wir in einer besonderen Form eines Diagramms darstellen, die *Baumdiagramm* genannt wird.

Um ein solches Baumdiagramm anzufertigen, nehmen wir ein großes leeres Blatt Papier und zeichnen eine senkrechte Linie nahe am linken Rand des Blattes. Diese Linie ist der Stamm des Baumes. Später werden wir einige Zweige am Stamm anbringen, dann einige dünnere Zweige an jedem Zweig, dann noch dünnere Zweige an jedem dünnen Zweig usw. Mit Hilfe gestrichelter Linien teilen wir das Blatt in vier senkrechte Spalten ein. Die erste Spalte erhält die Überschrift „Neue Position von Floh *1*", die zweite Spalte erhält die Überschrift „Neue Position von Floh *2*" usw.

Wir wollen zuerst die möglichen Sprünge von Floh *1* betrachten. Er kann zu einem der vier Elemente *1, 2, 3* oder *4* springen. Somit kann jedes dieser vier Elemente seine neue Position sein. Um diese Tatsache darzustellen, zeichne man vier waagerechte Linien in der ersten Spalte und bezeichne sie wie in der Abbildung auf Seite 85 mit *1, 2, 3* und *4*. Man lasse genügend Platz über und unter diesen Linien und verbinde sie mit der senkrechten Linie auf der linken Seite. Diese vier Linien sind die Zweige des Baumes. Am rechten Ende eines jeden Zweiges zeichne man eine kurze senkrechte Linie.

Die kurzen senkrechten Linien sind die Stellen, an denen wir dünne Zweige an jedem großen Zweig des Baumes anbringen. Diese dünnen Zweige stellen die möglichen Sprünge von Floh *2* dar. Der erste Zweig in der ersten Spalte steht für die Fälle, in denen *1* als

Transformationen einer endlichen Menge   85

Neue Position von Floh 1	Neue Position von Floh 2	Neue Position von Floh 3	Neue Position von Floh 4	
1	2	3	4	i
		4	3	a
	3	2	4	b
		4	2	c
	4	2	3	d
		3	2	e
2	1	3	4	f
		4	3	g
	3	1	4	h
		4	1	j
	4	1	3	k
		3	1	l
3	1	2	4	m
		4	2	n
	2	1	4	o
		4	1	p
	4	1	2	q
		2	1	r
4	1	2	3	s
		3	2	t
	2	1	3	u
		3	1	v
	3	1	2	w
		2	1	x

neue Position von Floh *1* gewählt wurde. Da zwei Flöhe nicht den gleichen Platz einnehmen können und die Position *1* schon von Floh *1* belegt ist, hat Floh *2* nur drei mögliche neue Positionen, nämlich *2, 3* oder *4*. Um diese Möglichkeiten darzustellen, zeichne man drei waagerechte Linien in der zweiten Spalte, die als Zweige an Zweig *1* in der ersten Spalte angebracht sind. Man bezeichne sie mit *2, 3* und *4*.

Der zweite Zweig in der ersten Spalte steht für die Fälle, in denen *2* als neue Position von Floh *1* gewählt wurde. In diesen Fällen bleiben für Floh *2* nur die Möglichkeiten *1, 3* oder *4* als neue Position, da die Position *2* schon von Floh *1* belegt ist. Um diese Möglichkeiten darzustellen, bringe man drei Zweige am Zweig *2* in der ersten Spalte an und bezeichne sie mit *1, 3* und *4*. Entsprechend bringe man drei Zweige mit den Bezeichnungen *1, 2* und *4* am Zweig drei in der ersten Spalte und drei Zweige mit den Bezeichnungen *1, 2* und *3* am Zweig *4* in der ersten Spalte an.

Nun zeichne man eine kurze senkrechte Linie am jeweiligen rechten Ende der Zweige in der zweiten Spalte. Wir werden diese senkrechten Linien dazu benutzen, dünne Zweige an jedem Zweig in der zweiten Spalte anzubringen. Diese dünnen Zweige werden die möglichen Sprünge von Floh *3* darstellen.

Der erste Zweig in der zweiten Spalte steht für die Fälle, in denen *1* die neue Position von Floh *1* und *2* die neue Position von Floh *2* ist. Da die Plätze *1* und *2* schon von Floh *1* und Floh *2* belegt sind, bleiben für Floh *3* als neue Position nur noch die beiden Plätze *3* und *4*. Um dies darzustellen, zeichne man zwei waagerechte Linien in der dritten Spalte, die als Zweige am ersten Zweig in der zweiten Spalte angebracht sind, und bezeichne sie mit *3* und *4*. Entsprechend bringe man zwei Zweige an jedem anderen Zweig der zweiten Spalte an. In jedem Fall stellen die beiden Zweige in der dritten Spalte die beiden Plätze dar, die noch nicht von Floh *1* und Floh *2* belegt sind.

Der erste Zweig in der dritten Spalte steht für den Fall, in dem *1* die neue Position von Floh *1*, *2* die neue Position von Floh *2* und *3* die neue Position von Floh *3* ist. Da also die Positionen *1*, *2* und *3* schon von Floh *1*, Floh *2* und Floh *3* belegt sind, bleibt für Floh *4* nur noch die Position *4*. Um dies darzustellen, zeichne man eine waagerechte Linie in der vierten Spalte, die am ersten Zweig in der dritten Spalte angebracht ist, und bezeichne sie mit *4*. Entsprechend bringe man einen Zweig an jedem anderen Zweig in der dritten Spalte an. In jedem Fall stellt der Zweig in der vierten Spalte den Platz dar, der noch nicht von Floh *1*, Floh *2* oder Floh *3* belegt ist.

Wir können nun aus dem Baumdiagramm alle möglichen Kombinationen neuer Positionen der vier Flöhe ablesen. Um eine Kombination zu erhalten, beginne man mit einem Zweig in der ersten Spalte und gehe dann nach rechts zu einem Zweig, der an diesem angebracht ist, und bewege sich dann weiter nach rechts zu einem Zweig, der wiederum an diesem angebracht ist, usw. Jede Kombination endet mit einem Zweig in der vierten Spalte, und zu jedem Zweig in der vierten Spalte gibt es eine Kombination, die mit ihm endet. Daher gibt es so viele Kombinationen neuer Positionen, wie es Zweige in der vierten Spalte gibt. Jede Kombination von neuen Positionen der vier Flöhe definiert eine Transformation der Menge mit den Elementen *1, 2, 3* und *4*. Es gibt *24* solche Transformationen.

Wir wollen nun die Kombinationen neuer Positionen der Flöhe von oben nach unten in der Reihenfolge untersuchen, in der sie im Baumdiagramm auftreten. Die erste Kombination neuer Positionen erhält man, indem man die ersten Zweige in jeder Spalte nimmt. Bei dieser Kombination ist *1* die neue Position von Floh *1*, *2* die neue Position von Floh *2*, *3* die neue Position von Floh *3* und *4* die neue Position von Floh *4*. Wir wollen die Transformation, die durch diese Kombination neuer Positionen definiert wird, mit dem Buchstaben *i* bezeichnen. Die zweite Kombination neuer Positionen erhält man, indem man den ersten Zweig in der ersten und zweiten Spalte und den zweiten Zweig in der dritten und vierten Spalte nimmt. Bei dieser Kombination ist *1* die neue Position von Floh *1*, *2* die neue Position von Floh *2*, *4* die neue Position von Floh *3* und *3* die neue Position von Floh *4*. Wir wollen die Transformation, die durch diese Kombination neuer Positionen definiert wird, mit *a* bezeichnen. Wir wollen die anderen Transformationen in der Reihenfolge, in der sie im Baumdiagramm auftreten, *b, c, d* usw. nennen,

Transformationen einer endlichen Menge

wobei wir den Buchstaben *i* auslassen, der bereits als Name für die erste Transformation benutzt worden ist. Die geordneten Paare (bzw. die Sprünge der Flöhe), die zu den einzelnen *24* Transformationen gehören, sind unten zusammengestellt.

i	*a*	*b*	*c*
$1 \to 1$	$1 \to 1$	$1 \to 1$	$1 \to 1$
$2 \to 2$	$2 \to 2$	$2 \to 3$	$2 \to 3$
$3 \to 3$	$3 \to 4$	$3 \to 2$	$3 \to 4$
$4 \to 4$	$4 \to 3$	$4 \to 4$	$4 \to 2$

d	*e*	*f*	*g*
$1 \to 1$	$1 \to 1$	$1 \to 2$	$1 \to 2$
$2 \to 4$	$2 \to 4$	$2 \to 1$	$2 \to 1$
$3 \to 2$	$3 \to 3$	$3 \to 3$	$3 \to 4$
$4 \to 3$	$4 \to 2$	$4 \to 4$	$4 \to 3$

h	*j*	*k*	*l*
$1 \to 2$	$1 \to 2$	$1 \to 2$	$1 \to 2$
$2 \to 3$	$2 \to 3$	$2 \to 4$	$2 \to 4$
$3 \to 1$	$3 \to 4$	$3 \to 1$	$3 \to 3$
$4 \to 4$	$4 \to 1$	$4 \to 3$	$4 \to 1$

m	*n*	*o*	*p*
$1 \to 3$	$1 \to 3$	$1 \to 3$	$1 \to 3$
$2 \to 1$	$2 \to 1$	$2 \to 2$	$2 \to 2$
$3 \to 2$	$3 \to 4$	$3 \to 1$	$3 \to 4$
$4 \to 4$	$4 \to 2$	$4 \to 4$	$4 \to 1$

q	*r*	*s*	*t*
$1 \to 3$	$1 \to 3$	$1 \to 4$	$1 \to 4$
$2 \to 4$	$2 \to 4$	$2 \to 1$	$2 \to 1$
$3 \to 1$	$3 \to 2$	$3 \to 2$	$3 \to 3$
$4 \to 2$	$4 \to 1$	$4 \to 3$	$4 \to 2$

u	*v*	*w*	*x*
$1 \to 4$	$1 \to 4$	$1 \to 4$	$1 \to 4$
$2 \to 2$	$2 \to 2$	$2 \to 3$	$2 \to 3$
$3 \to 1$	$3 \to 3$	$3 \to 1$	$3 \to 2$
$4 \to 3$	$4 \to 1$	$4 \to 2$	$4 \to 1$

Wenn eine Menge nur ein Element hat, das durch die Zahl *1* dargestellt wird, ist nur eine Transformation möglich: *1* → *1*. Diese Transformation wird gewöhnlich mit *i* bezeichnet.

Übungen:

6. Man betrachte eine Menge, die genau zwei Elemente hat, die durch die Zahlen *1* und *2* dargestellt werden. Man benutze imaginäre springende Flöhe zur Bestimmung aller möglichen Transformationen dieser Menge. Man konstruiere ein Baumdiagramm, um alle möglichen Kombinationen neuer Positionen der Flöhe darzustellen. Man bezeichne die Transformationen in der Reihenfolge, in der sie im Baumdiagramm auftreten, mit *i* und *a*. Man stelle die geordneten Paare zusammen, die zu den einzelnen Transformationen gehören.

7. Man betrachte eine Menge, die genau drei Elemente hat, die durch die Zahlen *1, 2* und *3* dargestellt werden. Man benutze imaginäre springende Flöhe zur Bestimmung aller möglichen Transformationen dieser Menge. Man konstruiere ein Baumdiagramm, um alle möglichen Kombinationen neuer Positionen der Flöhe darzustellen. Man bezeichne die Transformationen in der Reihenfolge, in der sie im Baumdiagramm auftreten, mit *i, a, b, c, d* und *e*. Man stelle die geordneten Paare zusammen, die zu den einzelnen Transformationen gehören.

8. Man betrachte die Transformationen der Menge mit den vier Elementen *1, 2, 3* und *4*. Man bezeichne mit *ek* das Ergebnis, das man erhält, wenn die Flöhe die Sprünge, die zu den Transformationen *e* und *k* gehören, nacheinander ausführen. Man stelle die Wirkung der beiden Sprünge als eine Menge geordneter Paare dar. Welche Transformation, für die nur ein einziger Sprung jedes Flohs erforderlich ist, hat die gleiche Wirkung?

Die Zahl der Transformationen

Der Gebrauch eines Baumdiagramms für die Darstellung der Transformationen einer endlichen Menge macht es leicht, die Transformationen zu zählen. Ihre Zahl ergibt sich aus folgender einfachen Regel: Wenn die Zweige an einem Baum die gleiche Zahl von Verzweigungen an jedem Zweig haben, dann ist die Gesamtzahl der Verzweigungen gleich dem Produkt der Zahl der Zweige und der Zahl der Verzweigungen am jedem Zweig. Wir wenden diese Regel von links nach rechts Spalte für Spalte auf ein Baumdiagramm an, um die Zahl der Zweige in jeder Spalte zu berechnen. Die Zahl der Zweige in der letzten Spalte ergibt die Zahl der Transformationen, wie wir im vorigen Abschnitt gesehen haben.

Man betrachte z. B. das Baumdiagramm für die Transformationen der Menge mit den Elementen *1, 2, 3* und *4*. Die erste Spalte hat *4* Zweige, einen für jede neue Position, die Floh *1* wählen kann. Jeder Zweig hat *3* Verzweigungen, eine für jede neue Position, die Floh *2* wählen kann, nachdem eine Position schon von Floh *1* belegt ist. Also beträgt die Gesamtzahl der Verzweigungen *4* × *3*. Dies ist die Zahl der Zweige in der zweiten Spalte. Jeder dieser Zweige besitzt zwei Verzweigungen, eine für jede neue Position, die Floh *3* wählen kann, nachdem zwei Positionen schon von Floh *1* und Floh *2* belegt sind.

Also ist die Gesamtzahl der Verzweigungen $(4 \times 3) \times 2$ oder $4 \times 3 \times 2$. Dies ist die Zahl der Zweige in der dritten Spalte. Jeder dieser Zweige hat eine Verzweigung für die neue Position, die Floh *4* wählen kann, nachdem drei Positionen schon von Floh *1,* Floh *2* und Floh *3* belegt sind. Also ist die Gesamtzahl der Verzweigungen $(4 \times 3 \times 2) \times 1$ oder $4 \times 3 \times 2 \times 1$. Dies ist die Zahl der Zweige in der letzten Spalte. Also ist dies die Zahl der möglichen Transformationen einer Menge mit *4* Elementen.

Mit Hilfe eines entsprechenden Beweises sehen wir, daß die Zahl der möglichen Transformationen einer Menge mit *3* Elementen $3 \times 2 \times 1$ ist und die Zahl der möglichen Transformationen einer Menge mit *2* Elementen 2×1 ist.

Übung:

9. Wieviele mögliche Transformationen gibt es in einer Menge mit *5* Elementen? in einer Menge mit *6* Elementen? in einer Menge mit *7* Elementen?

Multiplikation von Transformationen

Wir wollen eine feste Menge von Elementen nehmen und alle möglichen Transformationen dieser Menge betrachten. Wir können auf sehr einfache Weise eine Operation der Multiplikation für diese Transformation einführen: Wie in den Übungen 4 und 8 stelle man sich jede Transformation als die Wirkung vor, die sich ergibt, wenn von jedem Element der Menge ein Floh zu einer neuen Position springt. Um zwei Transformationen s und t zu multiplizieren, lasse man jeden Floh zwei Sprünge unmittelbar hintereinander ausführen, zuerst den Sprung, der zur Transformation s gehört, und dann den Sprung, der zur Transformation t gehört. Das Produkt st ist die Transformation, die die gleiche Wirkung wie diese beiden Sprünge hat.

Wenn die Menge endlich ist, ist es leicht, zwei Transformationen der Menge zu multiplizieren, indem man die Liste der geordneten Paare jeder Transformation verwendet. Wir wollen z. B. das Produkt qu der Transformationen q und u der Menge mit den Elementen *1, 2, 3* und *4* bestimmen. Zuerst schreibe man sich die geordneten Paare der Transformation q auf (s. S. 87). Diese geordneten Paare beschreiben den ersten Sprung jedes Flohs, der zur Transformation q gehört. Um nun den zweiten Sprung jedes Flohs, der zur Transformation u gehört, zu beschreiben, benutze man jede neue Position, die sich nach dem ersten Sprung ergibt, als alte Position, von der aus der zweite Sprung ausgeführt wird. Man schreibe die neuen Positionen, die sich nach dem zweiten Sprung ergeben, rechts in eine dritte Spalte. Im zweiten Sprung springt der Floh, der von *1* startet, nach *4,* der Floh, der von *2* startet, nach *2,* der Floh, der von *3* startet, nach *1,* und der Floh, der von *4* startet, nach *3* (vgl. die geordneten Paare der Transformation u in der Liste auf Seite 87). Dann sehen die drei Spalten zur Beschreibung der beiden Sprünge folgendermaßen aus:

$q \quad\; u$	qu
$1 \to 3 \to 1$	$1 \to 1$
$2 \to 4 \to 3$	$2 \to 3$
$3 \to 1 \to 4$	$3 \to 4$
$4 \to 2 \to 2$	$4 \to 2$

Die Wirkung der Kombination beider Sprünge besteht darin, jeden Floh von der Position in der ersten Spalte in die Position in der dritten Spalte zu bringen:

Wie wir aber auf Seite 87 sehen, hat die Transformation c die gleiche Wirkung. Es gilt also $qu = c$.

Übungen:

10. Man benutze die Anordnung in drei Spalten, um die folgenden Produkte von Transformationen der Menge mit den Elementen *1, 2, 3* und *4* zu bestimmen: *uq, ia, ib, aa, ab*.
11. Man konstruiere die Multiplikationstafel für die Menge aller Transformationen der Menge mit den vier Elementen *1, 2, 3* und *4*.
12. In Übung 7 bestimmten wir alle möglichen Transformationen der Menge mit den drei Elementen *1, 2* und *3*. Man konstruiere die Multiplikationstafel für die Menge aller dieser Transformationen.
13. In Übung 6 bestimmten wir alle möglichen Transformationen der Menge mit den zwei Elementen *1* und *2*. Man konstruiere die Multiplikationstafel für die Menge aller dieser Transformationen.

Transformationsgruppen

Für jede feste Menge von Dingen ist die Menge aller möglichen Transformationen dieser Menge eine Gruppe bezüglich der Multiplikation von Transformationen. Zum Beweis brauchen wir nur zu zeigen, daß diese Menge alle vier Eigenschaften einer Gruppe besitzt:

I. Abgeschlossenheit. Aus unserer Definition der Multiplikation ergibt es sich unmittelbar, daß das Produkt von zwei Transformationen einer festen Menge wieder eine Transformation dieser Menge ist. Also ist die Menge aller Transformationen der festen Menge abgeschlossen gegenüber der Multiplikation.

II. Assoziativgesetz. Da die Multiplikation von Transformationen der Kombination von Bewegungen von Flöhen entspricht, zeigt ein Beweis wie der auf Seite 21, daß für die Multiplikation von Transformationen ebenso wie für die Multiplikation von Bewegungen das Assoziativgesetz gilt.

III. Neutrales Element. Unter den Transformationen gibt es eine, bei der die neue Position jedes Flohs mit seiner alten Position übereinstimmt. Wir wollen diese Transformation i nennen. Wenn ein Floh den Sprung ausführt, der zur Transformation i gehört, ist es so, als wäre er überhaupt nicht gesprungen. Wenn dieser Sprung, der im Grund kein

Sprung ist, mit einem anderen Sprung kombiniert wird, ist es so, als wäre nur der andere Sprung ausgeführt worden. Somit hat die Kombination von i und einer beliebigen Transformation a der festen Menge die gleiche Wirkung wie die Transformation a alleine. Also gilt $ia = ai = a$.

IV. Inverses. a sei eine beliebige Transformation der festen Menge. Wenn wir in jedem geordneten Paar von a das erste und zweite Element vertauschen, erhalten wir eine weitere Transformation. Wir wollen sie b nennen. Der durch b beschriebene Sprung der Flöhe ist die Umkehrung des durch a beschriebenen Sprungs der Flöhe. Also ist das Produkt ab die Transformation, die sich ergibt, wenn jeder Floh den Sprung ausführt, der zu a gehört, und dann sofort wieder zurück in seine Ausgangsposition springt. Das Ergebnis ist, daß seine Ausgangsposition und seine Endposition übereinstimmen. Also gilt $ab = i$. Entsprechend erhält man $ba = i$. Also ist b das Inverse von a.

So besteht z. B. die Transformation r der Menge mit den Elementen $1, 2, 3$ und 4 aus folgenden geordneten Paaren:

$1 \to 3$
$2 \to 4$
$3 \to 2$
$4 \to 1$

Wenn wir das erste und das zweite Element jedes geordneten Paares vertauschen, erhalten wir folgende geordneten Paare:

$3 \to 1$
$4 \to 2$
$2 \to 3$
$1 \to 4$

Dies sind die gleichen geordneten Paare wie die der Transformation w:

$1 \to 4$
$2 \to 3$
$3 \to 1$
$4 \to 2$

Also ist r das Inverse von w und w das Inverse von r.

Die Gruppe aller Tranformationen einer festen Menge wird *symmetrische Gruppe* der Menge genannt. Wenn eine feste Menge endlich ist und genau n Elemente hat, nennen wir ihre symmetrische Gruppe S_n. (Man lese dies „S unten n".) So wird die Gruppe aller Tranformationen der Menge mit den Elementen $1, 2, 3$ und 4 S_4 genannt. Die Gruppe aller Tranformationen der Menge mit den Elementen $1, 2$ und 3 wird S_3 genannt. Die Gruppe aller Tranformationen der Menge mit den Elementen 1 und 2 wird S_2 genannt. Die Gruppe aller Tranformationen der Menge, deren einziges Element 1 ist, wird S_1 genannt. Die Multiplikationstafeln für S_1, S_2, S_3 und S_4 sind S. 92 abgebildet.

	i
i	i

Multiplikationstafel für die symmetrische Gruppe S_1

	i	a	b	c	d	e
i	i	a	b	c	d	e
a	a	i	c	b	e	d
b	b	d	i	e	a	c
c	c	e	a	d	i	b
d	d	b	e	i	c	a
e	e	c	d	a	b	i

Multiplikationstafel für die symmetrische Gruppe S_3

	i	a
i	i	a
a	a	i

Multiplikationstafel für die symmetrische Gruppe S_2

	i	a	b	c	d	e	f	g	h	j	k	l	m	n	o	p	q	r	s	t	u	v	w	x
i	i	a	b	c	d	e	f	g	h	j	k	l	m	n	o	p	q	r	s	t	u	v	w	x
a	a	i	c	b	e	d	g	f	j	h	l	k	n	m	p	o	r	q	t	s	v	u	x	w
b	b	d	i	e	a	c	h	k	f	l	g	j	o	q	m	r	n	p	u	w	s	x	t	v
c	c	e	a	d	b	i	j	l	g	k	f	h	p	r	n	q	m	o	v	x	t	w	s	u
d	d	b	e	i	c	a	k	h	l	f	j	g	q	o	r	m	p	n	w	u	x	s	v	t
e	e	c	d	a	i	b	l	j	k	g	h	f	r	p	q	n	o	m	x	v	w	t	u	s
f	f	g	m	n	s	t	i	a	o	p	u	v	b	c	h	j	w	x	d	e	k	l	q	r
g	g	f	n	m	t	s	a	i	p	o	v	u	c	b	j	h	x	w	e	d	l	k	r	q
h	h	k	o	q	u	w	b	d	m	r	s	x	i	e	f	l	t	v	a	c	g	j	n	p
j	j	l	p	r	v	x	c	e	n	q	t	w	a	d	g	k	s	u	i	b	f	h	m	o
k	k	h	q	o	w	u	d	b	r	m	x	s	e	i	l	f	v	t	c	a	j	g	p	n
l	l	j	r	p	x	v	e	c	q	n	w	t	d	a	k	g	u	s	b	i	h	f	o	m
m	m	s	f	t	g	n	o	u	i	v	a	p	h	w	b	x	c	j	k	q	d	r	e	l
n	n	t	g	s	f	m	p	v	a	u	i	o	j	x	c	w	b	h	l	r	e	q	d	k
o	o	u	h	w	k	q	m	s	b	x	d	r	f	t	i	v	e	l	g	n	a	p	c	j
p	p	v	j	x	l	r	n	t	c	w	e	q	g	s	a	u	d	k	f	m	i	o	b	h
q	q	w	k	u	h	o	r	x	d	s	b	m	l	v	e	t	i	f	j	p	c	n	a	g
r	r	x	l	v	j	p	q	w	e	t	c	n	k	u	d	s	a	g	h	o	b	m	i	f
s	s	m	t	f	n	g	u	o	v	i	p	a	w	h	x	b	j	c	q	k	r	d	l	e
t	t	n	s	g	m	f	v	p	u	a	o	i	x	j	w	c	h	b	r	l	q	e	k	d
u	u	o	w	h	q	k	s	m	x	b	r	d	t	f	v	i	l	e	n	g	p	a	j	c
v	v	p	x	j	r	l	t	n	w	c	q	e	s	g	u	a	k	d	m	f	o	i	h	b
w	w	q	u	k	o	h	x	r	s	d	m	b	v	l	t	e	f	i	p	j	n	c	g	a
x	x	r	v	l	p	j	w	q	t	e	n	c	u	k	s	d	g	a	o	h	m	b	f	i

Multiplikationstafel für die symmetrische Gruppe S_4

Übungen:

14. Welche der Gruppen S_1, S_2, S_3 oder S_4 ist kommutativ?

15. Die Transformation q von S_4 besteht aus folgenden geordneten Paaren:

$1 \to 3$
$2 \to 4$
$3 \to 1$
$4 \to 2$

a) Man bestimme die geordneten Paare, die zum Inversen von q gehören. b) Welche Transformation ist das Inverse von q?

16. Man bestimme die Untergruppe von S_4, die durch a, durch d, durch j erzeugt wird (s. S. 62).

17. Die Multiplikationstafel für S_4 zeigt, daß gilt $k^2 = x$, $k^3 = n$ und $k^4 = i$. Mit Hilfe dieser Information und ohne Benutzung der Multiplikationstafel oder der geordneten Paare der Transformation n bestimme man die Werte von n^2, n^3 und n^4.

11. Gruppen gleicher Struktur

Tafeln gleicher Struktur

In Kapitel 5, in dem die Drehungen eines Rades behandelt wurden, standen *i*, *a*, *b* und *c* für die Drehungen um *0°*, *90°*, *180°* und *270°*. Wir stellen fest, daß die Menge mit den Elementen *i*, *a*, *b* und *c* eine Gruppe bezüglich der Operation der „Multiplikation" von Drehungen ist. Wir wollen diese Gruppe *B* nennen. Die Multiplikationstafel der Gruppe *B* ist auf Seite 33 abgebildet.

In Kapitel 6, in dem Zifferblattzahlen behandelt wurden, standen *0*, *1*, *2* und *3* für die Elemente des Vier-Punkte-Systems der Zifferblattzahlen. Wir stellen fest, daß die Menge, deren Elemente die vier Punkte *0*, *1*, *2* und *3* sind, eine Gruppe bezüglich der Operation der „Addition" von Zifferblattzahlen ist. Diese Gruppe wollen wir *C* nennen. Die Additionstafel der Gruppe *C* ist auf Seite 160 in der Antwort zu Übung 2 abgebildet.

Die Tafeln der Gruppen *B* und *C* sind unten nebeneinander abgebildet, so daß wir sie miteinander vergleichen können. Ein Blick auf die Tafeln zeigt, daß sie die gleiche Struktur haben: Die Anordnung der Symbole *i*, *a*, *b* und *c* in der Tafel der Gruppe *B*

○	*i*	*a*	*b*	*c*
i	*i*	*a*	*b*	*c*
a	*a*	*b*	*c*	*i*
b	*b*	*c*	*i*	*a*
c	*c*	*i*	*a*	*b*

+	*0*	*1*	*2*	*3*
0	*0*	*1*	*2*	*3*
1	*1*	*2*	*3*	*0*
2	*2*	*3*	*0*	*1*
3	*3*	*0*	*1*	*2*

Tafel der Gruppe B   *Tafel der Gruppe C*

ist die gleiche wie die Anordnung der Symbole *0*, *1*, *2* und *3* in der Tafel der Gruppe *C*. Das bedeutet, überall wo *i* in der einen Tafel vorkommt, steht *0* in der anderen Tafel; überall wo *a* in der einen Tafel vorkommt, steht *1* in der anderen Tafel; überall wo *b* in der einen Tafel vorkommt, steht *2* in der anderen Tafel; und überall wo *c* in der einen Tafel vorkommt, steht *3* in der anderen Tafel. Auf Grund dieser Tatsache kann jede dieser Tafeln durch einige Ersetzungen leicht in die andere verwandelt werden. Wenn man mit der Tafel der Gruppe *B* beginnt, ersetze man das Symbol ○ durch + und weiter jedes *i* durch *0*, jedes *a* durch *1*, jedes *b* durch *2* und jedes *c* durch *3*. Dann erhält man die Tafel der Gruppe *C*. Wenn man mit der Tafel der Gruppe *C* beginnt, ersetze man das Symbol + durch ○ und weiter jede *0* durch *i*, jede *1* durch *a*, jede *2* durch *b* und jede *3* durch *c*. Dann erhält man die Tafel der Gruppe *B*.

Die Ersetzungen, durch die die Tafel der Gruppe *B* in die Tafel der Gruppe *C* verwandelt wird, sind auf Seite 95 oben zusammengestellt:

∘ → +
i → 0
a → 1
b → 2
c → 3

Diese Liste hat zwei Spalten. Die linke Spalte enthält alle Symbole, die in der Tafel der Gruppe B auftreten. Die rechte Spalte enthält alle Symbole, die in der Tafel der Gruppe C auftreten. Jedem Symbol links wird ein Symbol rechts zugeordnet und umgekehrt. Um aus der Tafel der Gruppe B die Tafel der Gruppe C zu erhalten, ersetzen wir jedes Symbol in der Tafel der Gruppe B durch das Symbol, das ihm in der Liste zugeordnet ist. Jeder Pfeil in der Liste zeigt von einem Symbol, das ersetzt wird, zu dem Symbol, durch das es ersetzt wird.

Die Ersetzungen, die von der Tafel der Gruppe C zur Tafel der Gruppe B führen, sind die Umkehrungen derjenigen, die oben aufgeführt sind.

Eine Tafel in zwei Sprachen

Die Art, in der die Tafel der Gruppe B in die Tafel der Gruppe C und umgekehrt verwandelt werden kann, läßt vermuten, daß es sich im Grunde nicht um zwei verschiedene Tafeln handelt, sondern nur um eine Tafel, die in zwei verschiedenen Sprachen geschrieben wurde. Wir können die Symbole ∘, i, a, b und c, die in der Tafel der Gruppe B vorkommen, als Wörter einer Sprache auffassen. Wir wollen sie Sprache B nennen. Die Tafel der Gruppe B ist eine abkürzende Schreibweise für sechzehn Aussagen der Sprache B in der Form $x \circ y = z$, wie z. B. $i \circ i = i$, $i \circ a = a$, usw. Entsprechend fassen wir die Symbole +, 0, 1, 2 und 3, die in der Tafel der Gruppe C vorkommen, als Wörter einer Sprache auf. Wir wollen sie Sprache C nennen. Die Tafel der Gruppe C ist eine abkürzende Schreibweise für sechzehn Aussagen der Sprache B in der Form $x + y = z$, wie z. B. $0 + 0 = 0$, $0 + 1 = 1$, usw. Die Liste der Zuordnungen von Symbolen im vorigen Abschnitt entspricht einem Wörterbuch für Übersetzungen aus der Sprache B in die Sprache C, das jedem Wort der Sprache B ein Wort der Sprache C zuordnet. Wenn wir jedes Symbol in der Tafel der Gruppe B durch das Symbol ersetzen, das ihm im Wörterbuch zugeordnet wird, dann übersetzen wir die Tafel aus der Sprache B in die Sprache C. Die Tatsache, daß diese Ersetzung die Tafel der Gruppe B in die Tafel der Gruppe C verwandelt, zeigt, daß die Tafel der Gruppe C in der Sprache C dasselbe aussagt wie die Tafel der Gruppe B in der Sprache B. Somit stellen die beiden Tafeln im Grunde die gleiche Tafel in zwei verschiedenen Sprachen dar.

Wenn zwei Gruppentafeln die gleiche Tafel in zwei verschiedenen Sprachen darstellen, sagen wir, daß die beiden Gruppen *isomorph* sind oder daß sie die gleiche Struktur haben oder daß jede Gruppe zur anderen isomorph ist. Wenn zwei Gruppen isomorph sind, wird das Wörterbuch, das man beim Übersetzen aus der Sprache der einen Gruppe in die Sprache der anderen Gruppe benutzt, ein *Isomorphismus* von der ersten Gruppe auf die zweite Gruppe genannt. Das umgekehrte Wörterbuch, das man beim Übersetzen aus der Sprache der zweiten Gruppe in die Sprache der ersten Gruppe benutzt, ist ein Isomorphismus von der zweiten Gruppe auf die erste Gruppe. In beiden Wörterbüchern wird dem Symbol für die Operation in der einen Gruppe das Symbol für die Operation in der anderen Gruppe zugeordnet. Der Rest des Wörterbuches ordnet jedem Element jeder Gruppe genau ein Element der anderen Gruppe zu. Das ist offensichtlich nur möglich, wenn die beiden Gruppen die gleiche Zahl von Elementen haben.

Wenn zwei Gruppen die gleiche Zahl von Elementen haben, gibt es im allgemeinen viele verschiedene Möglichkeiten, jedem Element der einen Gruppe genau ein Element der anderen Gruppe zuzuordnen. Jede dieser Zuordnungen kann als Teil eines Wörterbuches zur Übersetzung einer der Gruppentafeln in eine andere Sprache benutzt werden. Die übersetzte Tafel muß aber nicht immer mit der Tafel der zweiten Gruppe übereinstimmen. *Das Wörterbuch ist ein Isomorphismus von der einen Gruppe auf die andere genau dann, wenn die übersetzte Tafel mit der Tafel der zweiten Gruppe übereinstimmt.* So ist z. B. das Wörterbuch auf Seite 95 ein Isomorphismus von der Gruppe B auf die Gruppe C. Wir wollen jedoch ein weiteres Wörterbuch betrachten, das dem Symbol ∘ das Symbol + und den Elementen von B Elemente von C zuordnet:

∘ → +
i → *1*
a → *0*
b → *2*
c → *3*

Wenn wir dieses Wörterbuch beim Übersetzen der Tafel der Gruppe B in eine andere Sprache benutzen, erhalten wir folgende Tafel:

+	*1*	*0*	*2*	*3*
1	*1*	*0*	*2*	*3*
0	*0*	*2*	*3*	*1*
2	*2*	*3*	*1*	*0*
3	*3*	*1*	*0*	*2*

Um diese Tafel mit der Tafel der Gruppe C vergleichen zu können, ordnen wir zuerst die Spalten und Zeilen so um, daß die Spaltennamen und die Zeilennamen die Reihenfolge *0, 1, 2, 3* erhalten. Die Umordnung der Zeilen und Spalten der Tafel verändert die Positionen der sechzehn Aussagen, die in der Tafel dargestellt sind, sie verändert aber nicht die Aussagen selbst. So kann man die umgeordnete Tafel und die ursprüngliche Tafel als gleich ansehen, da sie die gleichen sechzehn Aussagen enthalten.

Um die Spaltennamen in die Reihenfolge *0, 1, 2, 3* zu bringen, vertauschen wir Spalte *1* und Spalte *0*. Dann erhält die Tafel folgende Form:

Eine Tafel in zwei Sprachen

+	0	1	2	3
1	0	1	2	3
0	2	0	3	1
2	3	2	1	0
3	1	3	0	2

Um die Zeilennamen in die Reihenfolge *0, 1, 2, 3* zu bringen, vertauschen wir Zeile *1* und Zeile *0*. Dann erhält die Tafel folgende Form:

+	0	1	2	3
0	2	0	3	1
1	0	1	2	3
2	3	2	1	0
3	1	3	0	2

Wenn wir diese Tafel mit der Tafel der Gruppe *C* vergleichen, sehen wir, daß sie nicht übereinstimmen. In dieser Tafel und der Tafel der Gruppe *C* stehen verschiedene Summen. Aus dieser Tafel ergibt sich z. B. *0 + 0 = 2*. Aus der Tafel der Gruppe *C* ergibt sich aber *0 + 0 = 0*. Da diese Übersetzung der Tafel der Gruppe *B* nicht zu der Tafel der Gruppe *C* führt, ist das Wörterbuch, das wir beim Übersetzen benutzten, kein Isomorphismus von *B* auf *C*. Obwohl dieses spezielle Wörterbuch kein Isomorphismus von *B* auf *C* ist, sind die Gruppen *B* und *C* dennoch isomorph, da es ein anderes Wörterbuch gibt (das auf S. 95), das ein solcher Isomorphismus ist.

Um zu zeigen, daß zwei Gruppen isomorph sind, brauchen wir nur *ein* Wörterbuch zu konstruieren, das ein Isomorphismus von einer der Gruppen auf die andere ist, das also eine Gruppentafel in die andere übersetzt. Um zu zeigen, daß zwei Gruppen *nicht* isomorph sind, müssen wir zeigen, daß man *kein* solches Wörterbuch herstellen kann.

Beispiel: Wie oben wollen wir den Namen *C* für die additive Gruppe des Vier-Punkte-Systems der Zifferblattzahlen benutzen. *D* sei der Name für die multiplikative Gruppe der von *0* verschiedenen Elemente des Fünf-Punkte-Systems der Zifferblattzahlen (s. S. 40). Wir werden zeigen, daß die Gruppe *C* und *D* isomorph sind. Die Tafeln der Gruppen *C* und *D* sind unten abgebildet.

+	0	1	2	3
0	0	1	2	3
1	1	2	3	0
2	2	3	0	1
3	3	0	1	2

×	1	2	3	4
1	1	2	3	4
2	2	4	1	3
3	3	1	4	2
4	4	3	2	1

Tafel der Gruppe C   *Tafel der Gruppe D*

Wir wollen die Tafel der Gruppe C mit Hilfe des folgenden Wörterbuches in eine andere Sprache übersetzen:

+ → ×
0 → 1
1 → 2
2 → 4
3 → 3

Die Übersetzung führen wir aus, indem wir + in der Tafel durch × und weiter jede *0* durch *1*, jede *1* durch *2*, jede *2* durch *4* und jede *3* durch *3* ersetzen. Die übersetzte Tafel ist unten abgebildet.

×	1	2	4	3
1	1	2	4	3
2	2	4	3	1
4	4	3	1	2
3	3	1	2	4

Übersetzte Tafel der Gruppe C

Um diese Tafel mit der Tafel der Gruppe *D* vergleichen zu können, ordnen wir zuerst die Spalten und Zeilen so um, daß die Spaltennamen und Zeilennamen die Reihenfolge *1, 2, 3, 4* erhalten. Wenn wir Spalte *3* und Spalte *4* vertauschen, erhält die Tafel folgende Form:

×	1	2	3	4
1	1	2	3	4
2	2	4	1	3
4	4	3	2	1
3	3	1	4	2

Übersetzte Tafel der Gruppe C nach Umordnung der Spalten

Wenn wir dann Zeile *3* und Zeile *4* vertauschen, erhält die Tafel folgende Form:

×	1	2	3	4
1	1	2	3	4
2	2	4	1	3
3	3	1	4	2
4	4	3	2	1

Übersetzte Tafel der Gruppe C nach Umordnung der Spalten und Zeilen

Eine Tafel in zwei Sprachen

Diese Tafel ist aber genau die gleiche wie die Tafel der Gruppe D. Da wir ein Wörterbuch gefunden haben, das die Tafel der Gruppe C in die Tafel der Gruppe D übersetzt, sind die Gruppen C und D isomorph.

Beispiel: S sei die Symmetriegruppe eines Quadrates. Ihre Multiplikationstafel ist auf Seite 54 abgebildet. T sei die Symmetriegruppe eines gleichseitigen Dreiecks. Ihre Multiplikationstafel ist auf Seite 48 abgebildet. Die Gruppe S hat acht Elemente, und die Gruppe T hat sechs Elemente. Da sie nicht die gleiche Zahl von Elementen haben, ist es unmöglich, ein Wörterbuch herzustellen, das jedem Element der einen Gruppe genau ein Element der anderen Gruppe zuordnet. Daher sind die Gruppen S und T nicht isomorph.

Übungen:

1. In Übung 11 von Kapitel 5 auf Seite 34 konstruierten wir die Tafel einer Gruppe, deren Elemente eine Drehung um $0°$ und eine Drehung um $180°$ sind. In Übung 4 von Kapitel 6 auf Seite 38 konstruierten wir die Tafel der additiven Gruppe des Zwei-Punkte-Systems der Zifferblattzahlen. Man zeige, daß diese beiden Gruppen isomorph sind, indem man ein Wörterbuch herstellt, das die Tafel der einen Gruppe in die Tafel der anderen übersetzt.

2. Die Multiplikationstafel der symmetrischen Gruppe S_2 ist auf Seite 92 abgebildet. Man zeige, daß die Gruppe, deren Elemente eine Drehung um $0°$ und eine Drehung um $180°$ sind, isomorph ist zu S_2.

3. In Übung 12 von Kapitel 5 auf Seite 34 konstruierten wir die Tafel einer Gruppe, die als Elemente eine Drehung um $0°$, eine Drehung um $120°$ und eine Drehung um $240°$ enthält. In Übung 3 von Kapitel 6 auf Seite 38 konstruierten wir die Tafel der additiven Gruppe des Drei-Punkte-Systems der Zifferblattzahlen. Man zeige, daß diese beiden Gruppen isomorph sind.

4. Die Multiplikationstafel der Symmetriegruppe T eines gleichseitigen Dreiecks ist auf Seite 48 abgebildet. Die Multiplikationstafel der symmetrischen Gruppe S_3 ist auf Seite 92 abgebildet. Man zeige, daß die Gruppen T und S_3 isomorph sind.

5. In Übung 35 von Kapitel 7 auf Seite 56 konstruierten wir die Tafel einer Gruppe, die als Elemente die Befehle des Spiels „Simon spricht" enthält. In Kapitel 5 auf Seite 33 konstruierten wir die Tafel einer Gruppe, die als Elemente Drehungen um $0°$, $90°$, $180°$ und $270°$ enthält (die Gruppe, die wir auf Seite 94 B nannten). Man zeige, daß diese beiden Gruppen isomorph sind.

6. In Übung 27 von Kapitel 7 auf Seite 55 konstruierten wir eine aus vier Elementen bestehende Untergruppe der Symmetriegruppe eines Quadrates. Man zeige, daß diese Untergruppe isomorph ist zur Symmetriegruppe eines Rechtecks, deren Multiplikationstafel auf Seite 52 abgebildet ist.

7. Die Multiplikationstafel der Gruppen S_3 und S_4 sind auf Seite 92 abgebildet. Man zeige, daß S_3 isomorph ist zu einer Untergruppe von S_4.

8. In Übung 16 von Kapitel 10 auf Seite 93 bestimmten wir die Elemente der von j erzeugten Untergruppe von S_4. Man benutze die Tafel für S_4, um die Multiplikationstafel für diese Untergruppe zu konstruieren. Man zeige, daß diese Untergruppe isomorph ist zur additiven Gruppe des Vier-Punkte-Systems der Zifferblattzahlen.

9. Man benutze die Tafel für S_4, um die Tafel für die von m erzeugte Untergruppe von S_4 zu konstruieren. Man zeige, daß diese Untergruppe isomorph ist zur additiven Gruppe des Drei-Punkte-Systems der Zifferblattzahlen.

Multiplikationssätze

Die Aussage, daß das Produkt zweier Elemente einer Gruppe einem dritten Element der Gruppe gleich ist, ist eine *Multiplikationsaussage.* Einige Multiplikationsaussagen sind wahr und einige sind falsch. So ist z. B. in der Gruppe *B,* deren Tafel auf Seite 94 abgebildet ist, die Aussage $a \circ b = c$ wahr, die Aussage $a \circ b = b$ aber falsch. Wir wollen eine für die Elemente einer Gruppe wahre Multiplikationsaussage einen *Multiplikationssatz* der Gruppe nennen. Dann ist die Aussage $a \circ b = c$ ein Multiplikationssatz der Gruppe *B,* die Aussage $a \circ b = b$ jedoch kein Multiplikationssatz der Gruppe *B.*

Die Multiplikationstafel einer Gruppe ist eine Zusammenstellung aller Multiplikationssätze der Gruppe in einer kurzen und bequemen Schreibweise. Jede Eintragung in der Tafel stellt einen Multiplikationssatz dar. In der Tafel der Gruppe *B* stellt z. B. c in Zeile b und Spalte a den Multiplikationssatz $b \circ a = c$ dar. Wenn wir festhalten, daß eine Multiplikationstafel eine Zusammenstellung aller Multiplikationssätze der Gruppe ist, können wir einen zweiten einfachen und hilfreichen Weg finden, um zu erkennen, wann ein Wörterbuch, das die Elemente zweier Gruppen einander zuordnet, ein Isomorphismus von einer Gruppe auf die andere ist.

In den vorhergehenden Übungen erkannten wir einen Isomorphismus, indem wir folgenden Test anwandten: Ein Wörterbuch ist ein Isomoprhismus von einer Gruppe auf eine andere Gruppe, wenn es drei Eigenschaften hat: 1. Es ordnet der Operation in der einen Gruppe die Operation in der anderen Gruppe zu. 2. Es ordnet jedem Element der einen Gruppe genau ein Element der anderen Gruppe zu. 3. Wenn die Tafel der ersten Gruppe mit Hilfe des Wörterbuches übersetzt wird, wird daraus die Tafel der zweiten Gruppe.

Da die Gruppentafel eine Zusammenstellung aller Multiplikationssätze der Gruppe ist, kann die Eigenschaft 3. folgendermaßen neu formuliert werden: 3'. Jeder Multiplikationssatz der ersten Gruppe geht bei der Übersetzung mit Hilfe des Wörterbuches in einen Multiplikationssatz der zweiten Gruppe über. Somit haben wir eine zweite Möglichkeit, einen Isomorphismus zwischen zwei Gruppen zu erkennen: Ein Wörterbuch ist ein Isomorphismus zwischen zwei Gruppen, wenn es die Eigenschaften 1., 2. und 3'. hat.

Beispiel: Wir wissen aus Kapitel 4, daß die Menge aller ganzen Zahlen eine Gruppe bezüglich der Operation + ist. Wir stellten in Übung 3 von Kapitel 4 auf Seite 27 fest, daß auch die Menge aller geraden ganzen Zahlen eine Gruppe bezüglich der Operation + ist. Wir werden zeigen, daß die Gruppe der ganzen Zahlen und die Gruppe der geraden ganzen Zahlen isomorph sind.

Jede gerade ganze Zahl ist das Zweifache irgendeiner ganzen Zahl. Es gilt z. B. *4 = 2 × 2, 6 = 2 × 3* usw. Somit können wir sagen, daß die Menge aller geraden ganzen Zahlen die Menge aller ganzen Zahlen der Form *2n* ist, wobei *n* eine ganze Zahl ist. Um zu zeigen, daß die Gruppe der ganzen Zahlen und die Gruppe der geraden ganzen Zahlen isomorph

Multiplikationssätze

sind, wollen wir zuerst ein Wörterbuch herstellen, das ihre Operationen und ihre Elemente einander zuordnet. Wir benutzen folgendes Wörterbuch, in dem jeder ganzen Zahl n die gerade ganze Zahl $2n$ zugeordnet wird:

$+ \to +$
$0 \to 2\,(0)$
$1 \to 2\,(1)$
$2 \to 2\,(2)$
$3 \to 2\,(3)$
. . .
$-1 \to 2\,(-1)$
$-2 \to 2\,(-2)$
. . .

Offenbar hat dieses Wörterbuch die Eigenschaft 1.: Es ordnet der Operation der einen Gruppe die Operation der anderen Gruppe zu. Offenbar hat es auch die Eigenschaft 2.: Es ordnet jedem Element der einen Gruppe genau ein Element der anderen Gruppe zu. Um nun zu zeigen, daß das Wörterbuch ein Isomorphismus ist, zeigen wir, daß es auch die Eigenschaft 3'. hat: Jeder Multiplikationssatz der ersten Gruppe geht nach der Übersetzung mit Hilfe des Wörterbuches über in einem Multiplikationssatz der zweiten Gruppe. (Da in diesem Fall die Gruppenoperation mit + bezeichnet wird, handelt es sich bei den „Multiplikationssätzen" um Additionssätze.)

a und b seien zwei beliebige ganze Zahlen und c sei ihre Summe. Dann ist $a + b = c$ ein Additionssatz der Gruppe der ganzen Zahlen. Das obige Wörterbuch ordnet jeder ganzen Zahl das Zweifache dieser Zahl zu. So stellt es etwa Zuordnungen zwischen a und $2a$, b und $2b$ sowie c und $2c$ her. Um die Aussage $a + b = c$ mit Hilfe des Wörterbuches zu übersetzen, ersetzen wir a durch $2a$, b durch $2b$ und c durch $2c$. Dann ist die übersetzte Aussage $2a + 2b = 2c$. Da gilt $a + b = c$, können wir c durch $a + b$ ersetzen. Dann erhält die übersetzte Aussage die Form $2a + 2b = 2(a + b)$. Diese Aussage ist wahr, weil das System der ganzen Zahlen folgende Eigenschaft hat: Sind a, b und c drei beliebige ganze Zahlen, so gilt $c(a + b) = ca + cb$. (Diese Eigenschaft wird gewöhnlich folgendermaßen ausgedrückt: „Die Multiplikation ist distributiv bezüglich der Addition".) Darüberhinaus sind die Zahlen $2a$, $2b$ und $2(a + b)$ gerade ganze Zahlen. Somit ist die Aussage $2a + 2b = 2(a + b)$ ein Additionssatz der Gruppe der geraden ganzen Zahlen. Also geht jeder Additionssatz der Gruppe der ganzen Zahlen nach der Übersetzung mit Hilfe des obigen Wörterbuches über in einen Additionssatz der Gruppe der geraden ganzen Zahlen. Da das Wörterbuch die Eigenschaft 1., 2. und 3'. hat, ist es ein Isomorphismus von der Gruppe der ganzen Zahlen auf die Gruppe der geraden ganzen Zahlen, und die beiden Gruppen sind isomorph.

Übungen:

10. Man betrachte die Menge aller ganzen Zahlen der Form $3n$, wobei n eine ganze Zahl ist. Ihre Elemente sind $0, 3, 6, 9, ...$ und $-3, -6, -9, ...$. Man zeige, daß diese Menge eine Gruppe bezüglich der Addition ist und daß diese Gruppe isomorph zur Gruppe aller ganzen Zahlen ist.

11. Man betrachte die Menge aller ganzen Zahlen der Form *5n*, wobei *n* eine ganze Zahl ist. Ihre Elemente sind *0, 5, 10, 15, ...* und *−5, −10, −15, ...* . Man zeige, daß diese Menge eine Gruppe bezüglich der Addition ist und daß diese Gruppe isomorph zur Gruppe aller ganzen Zahlen ist.

12. Man betrachte die Menge aller ganzen Zahlen der Form *kn*, wobei *k* eine feste und *n* eine beliebige ganze Zahl ist. Ihre Elemente sind *0, k, 2k, 3k, ...* und *−k, −2k, −3k, ...* . Man zeige, daß diese Menge eine Gruppe bezüglich der Addition ist und daß diese Gruppe isomorph zur Gruppe aller ganzen Zahlen ist.

Zyklische Gruppen

In einer zyklischen Gruppe sind alle Elemente Potenzen eines einzigen Elementes (s. S. 62). In jeder Gruppe ist die von einem einzelnen Element erzeugte Untergruppe eine zyklische Gruppe. Wir sahen z. B. in Übung 16 von Kapitel 10 auf Seite 93, daß in S_4 das Element a die zyklische Gruppe mit den beiden Elementen a und $a^2 = i$ erzeugt, das Element d die zyklische Gruppe mit den drei Elementen d, $d^2 = c$ und $d^3 = i$ erzeugt und das Element j die zyklische Gruppe mit den vier Elementen j, $j^2 = q$, $j^3 = s$ und $j^4 = i$ erzeugt.

Die Multiplikationstafel der von j erzeugten Untergruppe von S_4 hat folgende Form:

○	i	j	q	s
i	i	j	q	s
j	j	q	s	i
q	q	s	i	j
s	s	i	j	q

Tafel der von j erzeugten Untergruppe von S_4

Da jedoch jedes Element der Gruppe eine Potenz von j ist, kann es auch als Potenz von j geschrieben werden. Dann kann das Produkt von zwei beliebigen Elementen der Gruppe mit Hilfe der Regeln für den Umgang mit Exponenten (s. S. 61) und der Tatsache, daß $j^4 = i$ das neutrale Element ist, berechnet werden. So gilt z. B. $j^3 j^2 = j^5 = j^4 j = ij = j$. Wenn jedes Element der Gruppe mit Ausnahme von i als Potenz von j geschrieben wird, erhält die Multiplikationstafel der Gruppe folgende Form:

○	i	j	j^2	j^3
i	i	j	j^2	j^3
j	j	j^2	j^3	i
j^2	j^2	j^3	i	j
j^3	j^3	i	j	j^2

Tafel der von j erzeugten zyklischen Gruppe

In S_4 ist auch die von dem Element r erzeugte Untergruppe eine zyklische Gruppe mit vier Elementen. Wenn jedes Element dieser Gruppe mit Ausnahme von i als Potenz von r geschrieben wird, erhält die Multiplikationstafel der Gruppe folgende Form:

○	i	r	r^2	r^3
i	i	r	r^2	r^3
r	r	r^2	r^3	i
r^2	r^2	r^3	i	r
r^3	r^3	i	r	r^2

Tafel der von r erzeugten zyklischen Gruppe

Ein Blick auf die Tafeln der von r erzeugten zyklischen Gruppe und der von j erzeugten zyklischen Gruppe zeigt, daß sie die gleiche Struktur haben. Tatsächlich können wir eine der Tafeln in die andere verwandeln, indem wir sie mit Hilfe des folgenden Wörterbuches übersetzen:

$\circ \to \circ$
$i \to i$
$j \to r$
$j^2 \to r^2$
$j^3 \to r^3$

Dies zeigt, daß die von j erzeugte zyklische Gruppe mit vier Elementen isomorph ist zu der von r erzeugten zyklischen Gruppe mit vier Elementen.

Ein ähnlicher Beweis zeigt, daß zwei endliche zyklische Gruppen mit der gleichen Zahl von Elementen isomorph sind. Daher kann jede beliebige zyklische Gruppe als Modell für die Struktur jeder anderen zyklischen Gruppe mit der gleichen Zahl von Elementen dienen. Eine Menge von Modellen für alle möglichen endlichen zyklischen Gruppen können wir folgendermaßen konstruieren: Für jede positive ganze Zahl n sei C_n die Menge der Elemente $a^0, a^1, a^2, a^3, ..., a^{n-1}$. Man definiere die Multiplikation in C_n mit Hilfe der beiden folgenden Regeln: 1. Für zwei beliebige nichtnegative ganze Zahlen h und k gilt $a^h a^k = a^{h+k}$. 2. Es gilt $a^n = a^0$. Dann ist es leicht zu sehen, daß C_n eine Gruppe bezüglich der Operation der Multiplikation ist. Jede zyklische Gruppe der Ordnung n, die also genau n Elemente hat, ist isomorph zu C_n.

Übungen:

13. Man betrachte C_5 mit den Elementen a^0, a^1, a^2, a^3, a^4. Man zeige mit Hilfe der beiden obigen Regeln, daß a^0 das neutrale Element für die Multiplikation in C_5 ist. Was ist das Inverse von a^2 in dieser Gruppe?
14. Man konstruiere die Multiplikationstafel für die zyklische Modellgruppe C_5.
15. Das Element d von S_4 erzeugt eine zyklische Untergruppe mit drei Elementen. Man konstruiere ein Wörterbuch, das ein Isomorphismus von dieser Gruppe auf C_3 ist.
16. Man beweise, daß die additive Gruppe des Fünf-Punkte-Systems der Zifferblattzahlen isomorph ist zu C_5.
17. Welche Verallgemeinerung wird durch Übung 16 nahegelegt?

Die symmetrische Gruppe einer endlichen Menge

Die symmetrische Gruppe einer endlichen Menge ist die Gruppe aller Transformationen der Menge (s. S. 91). Als wir in Kapitel 10 die symmetrische Gruppe einer Menge von vier Elementen konstruierten, numerierten wir zunächst die Elemente mit *1, 2, 3* und *4* und stellten dann jedes Element durch die entsprechende Zahl dar. Damit war jede Transformation der ursprünglichen Menge auch eine Transformation der Menge, deren Elemente die Zahlen *1, 2, 3* und *4* sind. Aus diesem Grund ist die Gruppe der Transformationen der ursprünglichen Menge die gleiche wie die Gruppe der Transformationen der Menge der Zahlen *1, 2, 3, 4*. Da dies für eine beliebige Menge mit vier Elementen gilt, sehen wir, daß alle Mengen mit vier Elementen dieselbe symmetrische Gruppe S_4 haben. Ist n eine beliebige positive ganze Zahl, haben alle Mengen von n Elementen entsprechend dieselbe symmetrische Gruppe S_n.

Modelle für alle endlichen Gruppen

Die symmetrischen Gruppen S_1, S_2, S_3 usw. sind vor allem deshalb wichtig, weil sie und ihre Untergruppen uns Modelle für alle möglichen endlichen Gruppen liefern. Es kann in der Tat gezeigt werden, daß eine endliche Gruppe mit genau n Elementen isomorph ist zu einer Untergruppe der symmetrischen Gruppe S_n. Diese Tatsache ist nach dem Mathematiker, der sie als erster bewiesen hat, als *Satz von Cayley* bekannt.

Wir haben bereits ein Beispiel für den Satz von *Cayley* in Übung 8 auf Seite 99 gesehen. Dort stellten wir fest, daß die additive Gruppe des Vier-Punkte-Systems der Zifferblattzahlen, die vier Elemente enthält, isomorph ist zu einer Untergruppe von S_4.

Als ein weiteres Beispiel für den Satz von *Cayley* werden wir zeigen, daß die aus drei Elementen bestehende Gruppe, die in Übung 12 von Kapitel 5 auf Seite 34 beschrieben wurde, isomorph ist zu einer Untergruppe von S_3. Die Elemente der Gruppe sind *i, p* und *q*, und die Multiplikationstafel dieser Gruppe ist auf Seite 160 abgebildet. Die Elemente von S_3 sind die Transformationen *i, a, b, c, d* und *e*, wie in der Antwort zu Übung 7 von Kapitel 10 auf Seite 172 gezeigt wird. Die Multiplikationstafel für S_3 ist auf Seite 92 abgebildet.

Wir werden jedem Element der Menge mit den Elementen *i, p* und *q* in folgender Weise eine Transformation der Menge zuordnen: Man ordne *i* die Transformation zu, die jedem Element das Produkt von *i* und diesem Element zuordnet. Man ordne *p* die Transformation zu, die jedem Element das Produkt von *p* und diesem Element zuordnet. Man ordne *q* die Transformation zu, die jedem Element das Produkt von *q* und diesem Element zuordnet.

Dann wird dem Element *i* die folgende Transformation zugeordnet:

$$\begin{cases} i \to ii = i \\ p \to ip = p \\ q \to iq = q, \end{cases} \text{bzw.} \quad \begin{cases} i \to i \\ p \to p \\ q \to q. \end{cases}$$

Wenn die Elemente i, p und q mit $1, 2$ und 3 bezeichnet werden, ist dies die Transformation, die das Element i von S_3 ist:

$1 \to 1$
$2 \to 2$
$3 \to 3.$

Dem Element p wird die folgende Transformation zugeordnet:

$$\begin{cases} i \to pi = p \\ p \to pp = q \\ q \to pq = i, \end{cases} \quad \text{bzw.} \quad \begin{cases} i \to p \\ p \to q \\ q \to i. \end{cases}$$

Mit Hilfe der Zahlen ausgedrückt, die den Elementen entsprechen, ist dies die Transformation, die das Element c von S_3 ist:

$1 \to 2$
$2 \to 3$
$3 \to 1.$

Dem Element q wird die folgende Transformation zugeordnet:

$$\begin{cases} i \to qi = q \\ p \to qp = i \\ q \to qq = p, \end{cases} \quad \text{bzw.} \quad \begin{cases} i \to q \\ p \to i \\ q \to p. \end{cases}$$

Mit Hilfe der Zahlen ausgedrückt, die den Elementen entsprechen, ist dies die Transformation, die das Element d von S_3 ist:

$1 \to 3$
$2 \to 1$
$3 \to 2.$

Die Menge mit den Elementen i, c und d ist eine Untergruppe von S_3 mit der folgenden Multiplikationstafel:

○	i	c	d
i	i	c	d
c	c	d	i
d	d	i	c

Wir haben den Elementen i, p und q in folgender Weise Elemente dieser Untergruppe zugeordnet:

$i \to i$
$p \to c$
$q \to d$.

Wenn wir auch die Gruppenoperationen einander zuordnen, erhalten wir ein Wörterbuch zum Übersetzen aus der Sprache ($\circ, i, p, q$) in die Sprache ($\circ, i, c, d$). Es ist leicht zu sehen, daß dieses Wörterbuch die Multiplikationstafel der Gruppe mit den Elementen i, p und q in die Multiplikationstafel der Gruppe mit den Elementen i, c und d übersetzt. Daher sind diese beiden Gruppen isomorph.

Eine ähnliche Methode kann benutzt werden, um zu zeigen, daß jede Gruppe mit n Elementen isomorph ist zu einer Untergruppe von S_n. Um den Isomorphismus zu konstruieren, ordne man jedem Element x der Gruppe mit n Elementen diejenige Transformation zu, die jedem Element der Gruppe das Produkt von x und diesem Element zuordnet.

Übung:

18. Die Symmetriengruppe eines Rechtecks hat vier Elemente. Gemäß dem Satz von *Cayley* ist sie isomorph zu einer Untergruppe von S_4. Man überzeuge sich auf die oben beschriebene Weise von dieser Tatsache.

Isomorphismus einer Gruppe auf sich selbst

Ein Isomorphismus ist ein Wörterbuch, das der Operation einer Gruppe die Operation einer zweiten Gruppe zuordnet, das jedem Element jeder Gruppe genau ein Element der anderen Gruppe zuordnet und das die Tafel der ersten Gruppe in die Tafel der zweiten Gruppe übersetzt. Bei allen Isomophismen, die wir bisher untersucht haben, hatten wir es mit zwei *verschiedenen* Gruppen derselben Struktur zu tun. Man kann auch Isomorphismen konstruieren, in denen die zweite Gruppe die *gleiche Gruppe* wie die erste ist. Einen solchen Isomorphismus einer Gruppe auf sich selbst nennt man einen *Automorphismus* der Gruppe. Ein Automorphismus einer Gruppe ist ein Wörterbuch, das folgende Eigenschaften hat: 1. Es ordnet die Operation der Gruppe sich selbst zu. 2. Sowohl von links nach rechts als auch von rechts nach links ordnet es jedem Element der Gruppe genau ein Element derselben Gruppe zu. 3. Wenn die Gruppentafel mit Hilfe des Wörterbuches übersetzt wird, stimmt die übersetzte Tafel mit der ursprünglichen Tafel überein.

Beispiel: Man betrachte die Gruppe der Drehungen um *0°, 120°* und *240°*, wobei diese mit i, p und q bezeichnet werden. Wir wollen prüfen, ob folgendes Wörterbuch ein Automorphismus der Gruppe ist:

$\circ \to \circ$
$i \to i$
$p \to q$
$q \to p$

Isomorphismus einer Gruppe auf sich selbst

Dieses Wörterbuch ist ein Automorphismus der Gruppe, wenn es die oben aufgeführten Eigenschaften 1., 2. und 3. hat. Es hat offensichtlich Eigenschaft 1., da es der Operation ∘ die Operation ∘ zuordnet. Es hat offensichtlich Eigenschaft 2., da jedes Element der Gruppe genau einmal in der linken Spalte und genau einmal in der rechten Spalte des Wörterbuches vorkommt. Nun wollen wir sehen, ob es auch Eigenschaft 3. hat.

Die Multiplikationstafel der Gruppe ist unten abgebildet:

∘	i	p	q
i	i	p	q
p	p	q	i
q	q	i	p

Multiplikationstafel der Gruppe

Mit Hilfe des Wörterbuches übersetzen wir die Tafel in eine andere Sprache, indem wir ∘ durch ∘, i durch i, p durch q und q durch p ersetzen. Die übersetzte Tafel hat folgende Form:

∘	i	q	p
i	i	q	p
q	q	p	i
p	p	i	q

Übersetzte Tafel

Um diese Tafel mit der ursprünglichen Tafel vergleichen zu können, müssen wir ihre Zeilen und Spalten umordnen, um die Zeilennamen und Spaltennamen in die Reihenfolge i, p, q zu bringen. Wenn wir Spalte q und Spalte p vertauschen, erhält die Tafel folgende Form:

∘	i	p	q
i	i	p	q
q	q	i	p
p	p	q	i

Übersetzte Tafel nach
Umordnung der Spalten

Wenn wir dann Zeile q und Zeile p vertauschen, erhält die Tafel folgende Form:

∘	i	p	q
i	i	p	q
p	p	q	i
q	q	i	p

Übersetzte Tafel nach Umordnung
der Spalten und Zeilen

Diese letzte Tafel stimmt genau mit der ursprünglichen Tafel überein. Also hat das Wörterbuch die Eigenschaft 3. und ist ein Automorphismus der Gruppe.

Beispiel: Man betrachte wieder die gleiche Gruppe mit den Elementen i, p und q, deren Multiplikationstafel auf Seite 107 abgebildet ist. Wir wollen prüfen, ob folgendes Wörterbuch ein Automorphismus ist:

$\circ \to \circ$
$i \to p$
$p \to q$
$q \to i$

Diese Tafel hat offensichtlich die Eigenschaften 1. und 2. eines Automorphismus. Um festzustellen, ob es Eigenschaft 3. hat, benutzen wir das Wörterbuch zur Übersetzung der Gruppentafel in eine andere Sprache. Wir ersetzen $\circ$ durch $\circ$, i durch p, q durch q und q durch i überall, wo sie in der Tafel vorkommen. Die übersetzte Tafel ist unten abgebildet:

$\circ$	p	q	i
p	p	q	i
q	q	i	p
i	i	p	q

Übersetzte Tafel

Wenn wir die Spalten dieser Tafel umordnen, um die Spaltennamen in die Reihenfolge i, p, q zu bringen, erhält die Tafel folgende Form:

$\circ$	i	p	q
p	i	p	q
q	p	q	i
i	q	i	p

Übersetzte Tafel nach
Umordnung der Spalten

Wenn wir die Zeilen dieser Tafel umordnen, um die Zeilennamen in die Reihenfolge i, p, q zu bringen, erhält die Tafel folgende Form:

$\circ$	i	p	q
i	q	i	p
p	i	p	q
q	p	q	i

Übersetzte Tafel nach Umordnung
der Spalten und Zeilen

Diese letzte Tafel ist nicht die gleiche wie die ursprüngliche Tafel. Also hat das Wörterbuch nicht die Eigenschaft 3. und ist daher kein Automorphismus der Gruppe.

Es gibt einen kürzeren Weg festzustellen, wann ein Wörterbuch mit den Eigenschaften 1. und 2. kein Automorphismus ist. Ein Wörterbuch, das ein Automorphismus der Gruppe ist, muß jeden Multiplikationssatz der Gruppe in einen Multiplikationssatz der Gruppe übersetzen. Also ist ein Wörterbuch kein Automorphismus einer Gruppe, wenn es wenigstens einen Multiplikationssatz in eine Aussage übersetzt, die kein Multiplikationssatz ist. In dem gerade betrachteten Beispiel ist die Aussage $ip = p$ ein Multiplikationssatz der Gruppe. Das im Beispiel benutzte Wörterbuch ersetzt i durch p und p durch q; also übersetzt es diese Aussage in die Aussage $pq = p$, die kein Multiplikationssatz der Gruppe ist. Dies zeigt unmittelbar, daß das Wörterbuch kein Automorphismus der Gruppe ist.

Übungen:

19. Man betrachte die Gruppe B, deren Elemente i, a, b und c die Drehungen um $0°$, $90°$, $180°$ und $270°$ sind. Die Multiplikationstafel der Gruppe ist auf Seite 94 abgebildet. Man betrachte folgendes Wörterbuch:

$\circ \to \circ$
$i \to i$
$a \to c$
$b \to b$
$c \to a$

   a) Unter Benutzung dieses Wörterbuches übersetze man die Gruppentafel in eine neue Sprache.
   b) Man ordne die Spalten der übersetzten Tafel um, um die Spaltennamen in die Reihenfolge i, a, b, c zu bringen.
   c) Unter Benutzung der Antwort zu b) ordne man die Zeilen der Tafel um, um die Zeilennamen in die Reihenfolge i, a, b, c zu bringen.
   d) Ist dieses Wörterbuch ein Automorphismus der Gruppe?

20. Man beginne wieder mit der Multiplikationstafel der Gruppe B und betrachte folgendes Wörterbuch:

$\circ \to \circ$
$i \to i$
$a \to b$
$b \to c$
$c \to a$

   Für dieses Wörterbuch beantworte man die Fragen a), b), c) und d) der obigen Übung 19.

21. Man betrachte die Symmetriengruppe eines Rechtecks, deren Multiplikationstafel auf Seite 52 abgebildet ist. Man betrachte folgendes Wörterbuch:

$\circ \to \circ$
$i \to i$
$a \to a$
$b \to c$
$c \to b$

Für diese Gruppe und dieses Wörterbuch beantworte man die Fragen a), b), c) und d) der obigen Übung 19.

22. Man beginne wieder mit der Multiplikationstafel der Symmetriengruppe eines Rechtecks und betrachte folgendes Wörterbuch:

$\circ \to \circ$
$i \to i$
$a \to b$
$b \to a$
$c \to c$

Für diese Gruppe und dieses Wörterbuch beantworte man die Fragen a), b), c) und d) der obigen Übung 19.

23. Man beginne wieder mit der Multiplikationstafel der Symmetriengruppe eines Rechtecks und betrachte folgendes Wörterbuch:

$\circ \to \circ$
$i \to i$
$a \to b$
$b \to c$
$c \to a$

Für diese Gruppe und dieses Wörterbuch beantworte man die Fragen a), b), c) und d) der obigen Übung 19.

Ein Automorphismus als Transformation

Die erste Zeile eines Wörterbuches, das ein Automorphismus einer Gruppe ist, ordnet die Gruppenoperation sich selbst zu. Das bedeutet, daß beim Übersetzen der Gruppentafel in eine andere Sprache mit Hilfe des Automorphismus die Gruppenoperation durch sich selbst ersetzt wird. Mit anderen Worten, die Gruppenoperation wird überhaupt nicht verändert. Aus diesem Grund ist es nicht notwendig, im Wörterbuch überhaupt etwas über die Operation auszusagen. Es ist daher üblich, bei einem Automorphismus einer Gruppe nur die Zuordnungen zwischen den Elementen der Gruppe aufzuführen. Dies verändert ein wenig die Bedeutung des Wortes *Automorphismus,* so daß er an Stelle der auf Seite 106 angegebenen Eigenschaften 1., 2. und 3. nur die Eigenschaften 2. und 3. hat. Von jetzt an werden wir das Wort Automorphismus in diesem abgeänderten Sinn verwenden.

Ein Automorphismus einer Gruppe ordnet jedem Gruppenelement in der linken Spalte genau ein Element in der rechten Spalte zu. In Kapitel 10 nannten wir eine solche Zuordnung zwischen den Elementen einer Menge eine *Transformation* der Menge. So ist jeder Automorphismus einer Gruppe eine Transformation der Gruppenelemente. Das Beispiel auf Seite 108 zeigt jedoch, daß nicht jede Transformation der Gruppenelemente ein Automorphismus der Gruppe ist. Daraus ergibt sich das Problem herauszufinden, welche Transformationen der Gruppenelemente Automorphismen der Gruppe sind und welche nicht. Um der Lösung des Problems einen Schritt näher zu kommen, werden wir zuerst einige weitere Eigenschaften betrachten, die jeder Automorphismus einer Gruppe besitzt.

Das dem Element i zugeordnete Element

Bei jedem der Automorphismen, die wir auf den vorhergehenden Seiten untersuchten, war das neutrale Element sich selbst zugeordnet. Das ist nicht zufällig so. Wir können in der Tat beweisen, daß bei einem Automorphismus einer Gruppe das neutrale Element i sich selbst zugeordnet werden *muß*. Zum Beweis betrachte man einen beliebigen Automorphismus einer Gruppe, wobei e das Element in der rechten Spalte ist, das dem Element i in der linken Spalte zugeordnet ist. x sei ein beliebiges Element in der rechten Spalte. (Es kann jedes beliebige Element der Gruppe sein, da jedes Element der Gruppe in der rechten Spalte vorkommt.) Ihm ist ein Element y in der linken Spalte zugeordnet. Dann treten folgende beiden Zeilen im Automorphismus auf:

$i \to e$
$y \to x$

Da i das neutrale Element der Gruppe ist, sind die Aussagen $iy = y$ und $yi = y$ Multiplikationssätze der Gruppe. Wenn diese Aussagen mit Hilfe des Automorphismus übersetzt werden, wird jedes i durch e und jedes y durch x ersetzt. Die übersetzten Aussagen sind dann $ex = x$ und $xe = x$. Da ein Automorphismus ein Isomorphismus ist, sind diese Übersetzungen von Multiplikationssätzen wieder Multiplikationssätze und daher wahre Aussagen. Wenn aber für alle Gruppenelemente x gilt $ex = x$ und $xe = x$, muß e das neutrale Element der Gruppe sein. Also gilt $e = i$. Mit anderen Worten, das Element, das i zugeordnet wird, muß i selbst sein.

Das Element i tritt nur einmal in der rechten Spalte eines Automorphismus einer Gruppe auf. Da es bereits einmal an der Stelle auftritt, wo es dem Element i in der linken Spalte zugeordnet wird, kann es nicht noch einmal an anderer Stelle auftreten, um einem von i verschiedenen Element in der linken Spalte zugeordnet zu werden. Also ist jedes Element, das einem von i verschiedenen Element der Gruppe zugeordnet wird, selbst von i verschieden.

Die den Potenzen von a zugeordneten Elemente

Wir werden als nächstes beweisen, daß ein Automorphismus der Gruppe, der einem Gruppenelement a in der linken Spalte ein x in der rechten Spalte zuordnet, auch Zuordnungen herstellt zwischen a^2 und x^2, a^3 und x^3, a^4 und x^4 usw. Wenn also ein Automorphismus einer Gruppe a in x übersetzt, dann übersetzt er auch a^n in x^n für jede positive ganze Zahl n.

Nehmen wir an, daß gilt $a^2 = b$ und daß der Automorphismus b in y übersetzt. Dann treten die beiden folgenden Zeilen im Automorphismus auf:

$a \to x$
$b \to y$

Da gilt $a^2 = b$, ist die Aussage $aa = b$ ein Multiplikationssatz der Gruppe. Um diese Aussage mit Hilfe des Automorphismus zu übersetzen, ersetzen wir a durch x und b durch y. Dann ist die übersetzte Aussage $xx = y$ bzw. $x^2 = y$. Da ein Automorphismus ein Isomorphismus ist, ist die Übersetzung des Multiplikationssatzes wieder ein Multiplikationssatz und daher eine wahre Aussage. Da gilt $a^2 = b$ und $x^2 = y$, kann man b durch a^2 und y durch x^2 in der Zeile $b \to y$ des Automorphismus ersetzen. Nach diesen Ersetzungen geht die Zeile über in $a^2 \to x^2$. Der Automorphismus übersetzt also a^2 in x^2.

Nehmen wir an, daß gilt $a^3 = c$ und daß der Automorphismus c in z übersetzt. Dann tritt die Zeile $c \to z$ im Automorphismus auf. Wir beachten, daß gilt $ab = aa^2 = a^3 = c$. Also ist die Aussage $ab = c$ ein Multiplikationssatz der Gruppe. Um diese Aussage mit Hilfe des Automorphismus zu übersetzen, ersetzen wir a durch x, b durch y und c durch z. Die übersetzte Aussage $xy = z$ ist ein Multiplikationssatz der Gruppe. Da gilt $y = x^2$, kann in diesem Multiplikationssatz y durch x^2 ersetzt werden. Dann wird daraus $xx^2 = z$ bzw. $x^3 = z$. Da gilt $a^3 = c$ und $x^3 = z$, kann man a^3 durch c und x^3 durch z in der Zeile $c \to z$ des Automorphismus ersetzen. Nach diesen Ersetzungen geht die Zeile über in $a^3 \to x^3$. Der Automorphismus übersetzt also a^3 in x^3. Die Beweisführung kann leicht fortgesetzt werden, um zu zeigen, daß der Automorphismus a^4 in x^4 übersetzt usw.

Die Ordnung von einander zugeordneten Elementen

Wir sahen auf Seite 63, daß jedes Element a einer endlichen Gruppe eine zyklische Untergruppe mit den Elementen $a, a^2, a^3, \ldots, a^m$ erzeugt. Dabei ist m die kleinste positive ganze Zahl, für die gilt $a^m = i$, wobei i das neutrale Element der Gruppe ist. Offensichtlich ist die Zahl m die Anzahl der Elemente der von a erzeugten Untergruppe bzw. die Ordnung der von a erzeugten Untergruppe. Sie wird auch die *Ordnung von a* genannt. So ist *2* die Ordnung von a, wenn a eine Untergruppe mit *2* Elementen erzeugt, *3* die Ordnung von a, wenn a eine Untergruppe mit *3* Elementen erzeugt, usw.

Man betrachte eine beliebige endliche Gruppe und ein Element a der Gruppe, dessen Ordnung *4* ist. Nehmen wir an, daß ein Automorphismus der Gruppe a in b übersetzt. Wir werden zeigen, daß die Ordnung von b ebenfalls *4* ist. Die von a erzeugte zyklische Gruppe hat die vier Elemente a, a^2, a^3 und $a^4 = i$. Da der Automorphismus a in b übersetzt, übersetzt er auch a^2 in b^2, a^3 in b^3 und a^4 bzw. i in b^4. Daher gilt $b^4 = i$, da jeder Automorphismus einer Gruppe i in i übersetzt, wie wir auf Seite 111 sahen. Da a^4 die kleinste Potenz von a ist, die mit i übereinstimmt, wissen wir, daß a, a^2 und a^3 nicht gleich i sind. Also sind die ihnen zugeordneten Elemente von i verschieden. Daher sind b, b^2 und b^3 von i verschieden. Also ist b^4 die kleinste Potenz von b, die gleich i ist. Das bedeutet, daß b die Ordnung *4* hat.

Wenn allgemein ein Automorphismus einer endlichen Gruppe ein Element a mit der Ordnung m in b übersetzt, zeigt ein ähnlicher Beweis, daß b ebenfalls die Ordnung m hat. Da i das einzige Element der Ordnung *1* ist, geht diese Regel für den Fall $m = 1$ in die spezielle uns schon bekannte Regel über, daß ein Automorphismus einer Gruppe i in i übersetzt.

Bestimmung aller Automorphismen einer Gruppe

Wir sind nun in der Lage, auf einfache Weise alle Automorphismen einer endlichen Gruppe zu bestimmen. Wir wollen z. B. die Automorphismen der auf Seite 94 mit B bezeichneten Gruppe bestimmen. Die Multiplikationstafel dieser Gruppe ist unten abgebildet.

	i	a	b	c
i	i	a	b	c
a	a	b	c	i
b	b	c	i	a
c	c	i	a	b

Da diese Gruppe *4* Elemente hat, ist die Zahl der möglichen Transformationen der Menge ihrer Elemente *4 × 3 × 2 × 1 = 24*. Einige dieser Transformationen sind Automorphismen der Gruppe, andere nicht. Wir brauchen jedoch nicht alle *24* Transformationen zu untersuchen, um festzustellen, welche von ihnen Automorphismen der Gruppe sind. Wegen des im letzten Abschnitt bewiesenen Ergebnisses haben wir nur die Transformationen zu untersuchen, die jedem Element ein Element gleicher Ordnung zuordnen.

Wir beginnen daher mit der Bestimmung der Ordnung jedes Gruppenelementes. Die Ordnung von i ist *1*. Wir entnehmen aus der Tafel, daß gilt $a^2 = b$, $a^3 = aa^2 = ab = c$ und $a^4 = aa^3 = ac = i$. Also hat a die Ordnung *4*. Wir sehen als nächstes, daß gilt $b^2 = i$. Also hat b die Ordnung *2*. Schließlich gilt $c^2 = b$, $c^3 = cc^2 = cb = a$ und $c^4 = cc^3 = ca = i$. Also hat c die Ordnung *4*.

Da i das einzige Element der Ordnung *1* ist, muß ein Automorphismus der Gruppe i in i übersetzen. Da b das einzige Element der Ordnung *2* ist, muß ein Automorphismus der Gruppe b in b übersetzen. Da a und c die einzigen Elemente der Ordnung *4* sind, übersetzt ein Automorphismus der Gruppe entweder a in a und c in c oder a in c und c in a. Also gibt es nur zwei Transformationen, die möglicherweise Automorphismen dieser Gruppe sind. Sie sind unten dargestellt:

$i \to i$	$i \to i$
$a \to a$	$a \to c$
$b \to b$	$b \to b$
$c \to c$	$c \to a$

Die erste Transformation, die jedes Gruppenelement sich selbst zuordnet, ist die identische Transformation. Sie ist offensichtlich ein Automorphismus der Gruppe, denn wenn wir sie als Wörterbuch zur Übersetzung der Multiplikationstafel der Gruppe benutzen, verändert sich die Tafel überhaupt nicht, und daher ist die übersetzte Tafel die gleiche wie die ursprüngliche Tafel. Die zweite Transformation ist ebenfalls ein Automorphismus der Gruppe, wie wir in Übung 20 sahen. Somit hat die Gruppe genau zwei Automorphismen.

Übungen:

24. Hat jede Gruppe wenigstens einen Automorphismus?
25. Man bestimme alle Automorphismen der Symmetriengruppe eines Rechtecks. (Die Multiplikationstafel der Gruppe ist auf Seite 52 abgebildet.)
26. Man bestimme alle Automorphismen der Gruppe, deren Elemente die Drehungen um *0°, 120°* und *240°* sind. (Die Multiplikationstafel der Gruppe ist auf Seite 107 abgebildet.)
27. Man bestimme alle Automorphismen der Symmetriengruppe eines gleichseitigen Dreiecks. (Die Multiplikationstafel der Gruppe ist auf Seite 48 abgebildet.)

Das Produkt von zwei Automorphismen

In den nächsten Abschnitten werden wir die großen Buchstaben P, Q und I als Bezeichnungen für Transformationen einer Gruppe G benutzen. Zwei beliebige Transformationen P und Q der Gruppe G können wie in Kapitel 10 multipliziert werden, wobei sich als Produkt PQ ergibt. Das Produkt PQ ist diejenige Transformation, die alleine die gleiche Wirkung hat wie die Transformation P, gefolgt von der Transformation Q. Wir werden zeigen, daß das Produkt PQ von zwei Automorphismen P und Q der Gruppe G wieder ein Automorphismus der Gruppe G ist.

Man betrachte einen beliebigen Multiplikationssatz $ab = c$ der Gruppe G. Nehmen wir an, daß die Transformation P a in r, b in s und c in t übersetzt, so daß die folgenden drei geordneten Paare in P vorkommen:

$a \to r$
$b \to s$
$c \to t$

Nehmen wir an, daß die Transformation Q r in x, s in y und t in z übersetzt, so daß die folgenden drei geordneten Paare in Q vorkommen:

$r \to x$
$s \to y$
$t \to z$

Dann übersetzt die Transformation PQ a in x, b in y und c in z, so daß die folgenden drei geordneten Paare in PQ vorkommen:

$a \to x$
$b \to y$
$c \to z$

Wenn wir die Transformation P als Wörterbuch zur Übersetzung der Aussage $ab = c$ in eine andere Sprache benutzen, ist die übersetzte Aussage $rs = t$. Da die Aussage $ab = c$ ein Multiplikationssatz der Gruppe G und die Transformation P ein Automorphismus der Gruppe G ist, ist die übersetzte Aussage $rs = t$ auch ein Multiplikationssatz der Gruppe G. Wenn wir die Transformation Q als Wörterbuch zur Übersetzung der Aussage $rs = t$ in eine andere Sprache benutzen, ist die übersetzte Aussage $xy = z$. Da die Aussage $rs = t$ ein Multiplikationssatz der Gruppe G und die Transformation Q ein Automorphismus der Gruppe G ist, ist die übersetzte Aussage $xy = z$ auch ein Multiplikationssatz der Gruppe G. Wenn wir die Transformation PQ als Wörterbuch zur Übersetzung des Multiplikationssatzes $ab = c$ in eine andere Sprache benutzen, ist die übersetzte Aussage $xy = z$, die, wie wir gerade gesehen haben, auch ein Multiplikationssatz ist. Also übersetzt die Transformation PQ jeden Multiplikationssatz der Gruppe G wieder in einen Multiplikationssatz der Gruppe G. Daher ist PQ ein Automorphismus der Gruppe G.

Der identische Automorphismus

Jede Gruppe G hat eine identische Transformation, die jedes Element von G sich selbst zuordnet. Wir wollen diese identische Transformation I nennen. Der Beweis auf Seite 113 zeigt, daß die identische Transformation I ein Automorphismus der Gruppe G ist.

Das Inverse eines Automorphismus

Zu jeder Transformation P einer Gruppe G gibt es eine inverse Transformation P^{-1} mit der Eigenschaft, daß gilt $PP^{-1} = P^{-1}P = I$. P kann als Wörterbuch mit zwei Spalten geschrieben werden, wobei jedes Element von G genau einmal in jeder Spalte auftritt. Um P^{-1} aus P zu erhalten, brauchen wir nur die beiden Spalten zu vertauschen (s. S. 91). Wir werden zeigen, daß für einen Automorphismus P von G auch P^{-1} ein Automorphismus von G ist.

Als Beispiel wollen wir die Symmetriengruppe eines Rechtecks betrachten, wobei P die unten dargestellte Transformation sei:

P:
$i \to i$
$a \to b$
$b \to c$
$c \to a$

Die Multiplikationstafel der Gruppe bezeichne man als „Tafel I". Wenn wir P als Wörterbuch zur Übersetzung der Tafel in eine andere Sprache benutzen, erhalten wir eine zweite Tafel. Wir wollen sie „Tafel II" nennen. Wenn wir die Zeilen und Spalten von Tafel II umordnen, um die Zeilennamen und die Spaltennamen in die Reihenfolge i, a, b, c zu bringen, erhalten wir eine dritte Tafel. Wir wollen sie „Tafel III" nennen. Die drei Tafeln sind unten abgebildet:

	i	a	b	c
i	i	a	b	c
a	a	i	c	b
b	b	c	i	a
c	c	b	a	i

Tafel I

	i	b	c	a
i	i	b	c	a
b	b	i	a	c
c	c	a	i	b
a	a	c	b	i

Tafel II

	i	a	b	c
i	i	a	b	c
a	a	i	c	b
b	b	c	i	a
c	c	b	a	i

Tafel III

Da Tafel III mit Tafel I übereinstimmt, ist die Transformation P ein Automorphismus der Gruppe. Die Beziehungen zwischen den drei Tafeln sind aus der folgenden Abbildung ersichtlich.

```
              Übersetzung          Umordnung
              mit P als            der Zeilen
              Wörterbuch           und Spalten
Tafel I ─────────────────▶ Tafel II ─────────────▶ Tafel III
                                                   (Tafel I)
```

Um die Transformation P^{-1} zu erhalten, vertauschen wir die beiden Spalten von P. Das Ergebnis ist unten dargestellt:

P^{-1}:
$i \to i$
$b \to a$
$c \to b$
$a \to c$

Um festzustellen, ob P^{-1} ein Automorphismus ist, benutzen wir P^{-1} als Wörterbuch zur Übersetzung der Gruppentafel. Tafel III ist die Tafel der Gruppe, also können wir mit Tafel III beginnen. Vor der Übersetzung ordnen wir jedoch die Zeilen und Spalten der Tafel um, um die Reihenfolge wiederherzustellen, die sie in Tafel II hatten. Dadurch erhält man Tafel II. Da wir Tafel II durch bloßes Umordnen der Zeilen und Spalten der Gruppentafel erhalten haben, stellt sie nur eine andere Schreibweise der Gruppentafel dar. Nun wollen wir die Gruppentafel durch Übersetzung von Tafel II übersetzen, wobei wir P^{-1} als Wörterbuch benutzen. Das Ergebnis ist Tafel I, da P^{-1} nur die Übersetzung rückgängig macht, die von Tafel I zu Tafel II führte. Da die übersetzte Tafel mit der ursprünglichen Gruppentafel übereinstimmt, ist die Transformation P^{-1} ein Automorphismus der Gruppe. Der eben geführte Beweis ist in der Abbildung unten zusammengefaßt:

```
              Übersetzung          Umordnung
              mit P⁻¹ als          der Zeilen
              Wörterbuch           und Spalten
Tafel I ◀───────────────── Tafel II ◀───────────── Tafel III
                                                   (Tafel I)
```

Genau der gleiche Beweis zeigt, daß das Inverse eines gegebenen Automorphismus einer beliebigen Gruppe wieder ein Automorphismus ist.

Die Automorphismengruppe einer Gruppe

Mit Hilfe der Ergebnisse der letzten Abschnitte können wir zeigen, daß die Menge aller Automorphismen einer Gruppe G eine Gruppe bezüglich der Operation der Multiplikation von Transformationen ist:

I. Abgeschlossenheit. Das Produkt von zwei Automorphismen einer Gruppe ist ein Automorphismus der Gruppe. Also ist die Menge aller Automorphismen der Gruppe abgeschlossen gegenüber der Multiplikation.

II. Assoziativgesetz. Wir sahen in Kapitel 10, daß für die Multiplikation von Transformationen einer Menge das Assoziativgesetz gilt.

III. Neutrales Element. Die identische Transformation der Elemente der Gruppe G ist ein Automorphismus der Gruppe G. Sie ist ein neutrales Element für die Menge aller Automorphismen von G, da jeder Automorphismus von G eine Transformation der Elemente von G ist.

IV. Inverses. Das Inverse eines beliebigen Automorphismus von G ist wieder ein Automorphismus von G.

Also hat die Menge aller Automorphismen einer Gruppe G alle Eigenschaften einer Gruppe bezüglich der Operation der Multiplikation von Transformationen.

Ist G eine endliche Gruppe mit n Elementen, ist die Gruppe aller Transformationen der Elemente von G die symmetrische Gruppe S_n. Die Gruppe aller Automorphismen von G ist eine Untergruppe von S_n.

In Kapitel 7 lernten wir die Symmetrien ebener Figuren kennen. Dies sind diejenigen Transformationen der Figur, die ihre geometrische Struktur, die durch die Abstände der Punkte gegeben ist, unverändert lassen. In den obigen Abschnitten lernten wir die Automorphismen einer Gruppe kennen. Dies sind diejenigen Transformationen der Gruppe, die ihre Gruppenstruktur, die durch die Multiplikationssätze gegeben ist, unverändert lassen. Also spielen die Automorphismen einer Gruppe für eine Gruppe die gleiche Rolle, die die Symmetrien einer ebenen Figur für diese Figur spielen. Die Automorphismen einer Gruppe sind die „Symmetrien" der Gruppe, und die Automorphismengruppe einer Gruppe ist die Gruppe der „Symmetrien" der Gruppe.

Übungen:

28. Unter Verwendung der Ergebnisse von Übung 25 (s. S. 178 im Antwortenteil) konstruiere man die Multiplikationstafel für die Automorphismengruppe der Symmetriengruppe eines Rechtecks.
29. Unter Verwendung der Ergebnisse von Übung 26 (s. S. 178 im Antwortenteil) konstruiere man die Multiplikationstafel für die Automorphismengruppe der Gruppe der Drehungen um *0°, 120°* und *240°*.
30. Unter Verwendung der Ergebnisse von Übung 27 (s. S. 178 im Antwortenteil) konstruiere man die Multiplikationstafel für die Automorphismengruppe der Symmetriengruppe eines gleichseitigen Dreiecks.

Abstrakte Gruppen

Die bisher untersuchten Gruppen bestanden aus vielen verschiedenen Arten von Elementen. Wir haben Gruppen gesehen, deren Elemente Zahlen sind, Gruppen, deren Elemente Drehungen eines Rades sind, Gruppen, deren Elemente Symmetrien einer ebenen Figur sind, Gruppen, deren Elemente Transformationen einer Menge sind, und Gruppen, deren Elemente Automorphismen einer Gruppe sind. In allen Fällen stellten wir die Elemente der Gruppe durch einige Symbole dar und ordneten die Symbole bei endlichen Gruppen in einer Multiplikationstafel an. Wenn wir erst einmal die Multiplikationstafel einer Gruppe angefertigt hatten, konnten wir die Eigenschaften der Gruppe untersuchen, indem wir ihre Tafel betrachteten, ohne überhaupt darauf zu achten, wofür die Symbole in der Tafel standen. So stellten wir in der Gruppe der Drehungen um *0°, 90°, 180°* und *270°* diese Drehungen durch die Symbole *i, a, b* und *c* dar. Nachdem wir die Multiplikationstafel der Gruppe angefertigt hatten, konnten wir die Ordnung jedes Gruppenelementes bestimmen, ohne zu berücksichtigen, daß es sich um Drehungen um eine gewisse Zahl von Graden handelte. Dazu brauchten wir nur gewisse Produkte in der Tafel zu betrachten. Auf diese Weise konnten wir allein mit Hilfe der Tafel feststellen, daß *i* die Ordnung *1*, *a* die Ordnung *4*, *b* die Ordnung *2* und *c* die Ordnung *4* hat.

Also ist es möglich, die ursprüngliche Bedeutung der Elemente einer Gruppe unberücksichtigt zu lassen und die Gruppe einfach als eine Menge von Symbolen aufzufassen, die multipliziert werden können und deren Produkte in einer Multiplikationstafel zusammengestellt werden. Die einzige Bedingung ist, daß die Tafel die Eigenschaften einer Gruppentafel hat (s. Kapitel 9). Eine Menge von Symbolen, die durch eine solche Tafel zueinander in Beziehung gesetzt werden, nennt man eine *abstrakte Gruppe*. Eine Menge von speziellen Dingen wie Zahlen, Drehungen oder Transformationen, in der eine Operation der Multiplikation definiert ist und die die gleiche Multiplikationstafel wie die abstrakte Gruppe hat, nennt man ein konkretes Beispiel der abstrakten Gruppe. So ist z. B. die Menge der Drehungen um *90°, 180°* und *270°* ein konkretes Beispiel der abstrakten Gruppe, deren Gruppentafel auf Seite 33 abgebildet ist.

Wir sahen auf Seite 94, daß die additive Gruppe des Vier-Punkte-Systems der Zifferblattzahlen isomorph ist zu der Gruppe der Drehungen um *0°, 90°, 180°* und *270°*. Wenn wir also die Zifferblattzahlen statt durch die Symbole *0, 1, 2* und *3* durch die Symbole *i, a, b* und *c* und die Operation der Addition statt durch das Symbol + durch das Symbol ∘ darstellten, wäre die Tafel der additiven Gruppe des Vier-Punkte-Systems der Zifferblattzahlen die gleiche wie die Tafel auf Seite 33. Also sind die additive Gruppe des Vier-Punkte-Systems der Zifferblattzahlen und die Gruppe der Drehungen um *0°, 90°, 180°* und *270°* beide konkrete Beispiele der gleichen abstrakten Gruppe. Dies zeigt, daß eine abstrakte Gruppe viele verschiedene konkrete Beispiele haben kann. Aus diesem Grund ist es der Mühe wert, abstrakte Gruppen zu untersuchen. Wir wissen dann jedesmal, wenn wir eine Eigenschaft einer abstrakten Gruppe entdecken, daß sie eine Eigenschaft aller konkreten Beispiele dieser abstrakten Gruppe ist.

Alle Gruppenstrukturen der Ordnungen 1 bis 4

Um eine abstrakte Gruppe mit *n* Elementen zu konstruieren, brauchen wir nur *n* verschiedene Symbole zu nehmen und sie in einer Multiplikationstafel mit *n* Zeilen und *n* Spalten anzuordnen, die alle Eigenschaften einer Gruppentafel hat. Wenn wir dies auf jede mögliche Weise tun, können wir herausfinden, wieviele verschiedene Gruppenstrukturen der Ordnung *n* es gibt. Wir werden dies jetzt für die Ordnungen *1, 2, 3* und *4* durchführen.

Alle Gruppenstrukturen der Ordnungen 1 bis 4

Jede Gruppe muß ein neutrales Element enthalten. Wir wollen dafür das Symbol i verwenden. Wenn wir dann weitere Gruppenelemente einführen, werden wir die Symbole a, b, c usw. verwenden.

Wenn eine Gruppe nur das Element i hat, muß sie folgende Multiplikationstafel haben:

	i
i	i

Tafel der abstrakten Gruppe der Ordnung 1

Wenn eine Gruppe nur die beiden Elemente i und a hat, hat ihre Multiplikationstafel zwei Zeilen und zwei Spalten mit den Spaltennamen i und a und den Zeilennamen i und a wie in der Abbildung unten:

	i	a
i		
a		

Aus unseren Untersuchungen der Eigenschaften einer Gruppentafel wissen wir, daß Zeile i eine Wiedergabe der Spaltennamen und Spalte i eine Wiedergabe der Zeilennamen sein muß. Wenn wir Zeile i und Spalte i gemäß dieser Regel ausfüllen, erhält die Tafel folgende Form:

	i	a
i	i	a
a	a	

Um die Tafel zu vervollständigen, müssen wir ein Symbol in das rechte untere Feld schreiben. Da jedes Element einer Gruppe genau einmal in jeder Zeile und in jeder Spalte der Tafel vorkommen muß, muß das Symbol in diesem Feld i sein. Also muß eine Gruppe der Ordnung 2 mit den Elementen i und a die folgende Multiplikationstafel haben:

	i	a
i	i	a
a	a	i

Tafel der abstrakten Gruppe der Ordnung 2

Jede Gruppe der Ordnung 2 muß zu dieser isomorph sein.

Wenn eine Gruppe nur drei Elemente i, a und b hat, hat ihre Multiplikationstafel drei Zeilen und drei Spalten mit den Zeilennamen i, a und b und den Spaltennamen i, a und b. Zeile i muß eine Wiedergabe der Spaltennamen und Spalte i eine Wiedergabe der Zeilennamen sein wie in der Abbildung unten:

	i	a	b
i	i	a	b
a	a		
b	b		

Man betrachte nun das Feld in Zeile a und Spalte b. Das Symbol in diesem Feld kann nicht a sein, da a bereits in der gleichen Zeile vorkommt. Es kann nicht b sein, da b bereits in der gleichen Spalte vorkommt. Also muß es i sein. Wenn wir diese Eintragung vornehmen, erhält die Tafel folgende Form:

	i	a	b
i	i	a	b
a	a		i
b	b		

In Zeile a stehen a und i. Dann muß b, das einzige in Zeile a noch nicht benutzte Symbol, in das leere Feld dieser Zeile eingetragen werden. In Spalte b stehen jetzt b und i. Dann muß a, das einzige in Spalte b noch nicht benutzte Symbol, in das leere Feld dieser Spalte eingetragen werden. Wenn wir diese Eintragungen vornehmen, erhält die Tafel folgende Form:

	i	a	b
i	i	a	b
a	a	b	i
b	b		a

Da Zeile b bereits a und b enthält, müssen wir i in das leere Feld dieser Zeile eintragen. Dann muß eine Gruppe der Ordnung 3 mit den Elementen i, a und b folgende Multiplikationstafel haben:

	i	a	b
i	i	a	b
a	a	b	i
b	b	i	a

Tafel der abstrakten
Gruppe der Ordnung 3

Jede Gruppe der Ordnung 3 muß zu dieser isomorph sein.

Wenn eine Gruppe nur die vier Elemente i, a, b und c hat, hat ihre Multiplikationstafel vier Zeilen und vier Spalten mit den Spaltennamen i, a, b und c und den Zeilennamen i, a, b und c. Zeile i muß eine Wiedergabe der Spaltennamen und Spalte i eine Wiedergabe der Zeilennamen sein wie in der Abbildung unten:

	i	a	b	c
i	i	a	b	c
a	a			
b	b			
c	c			

Alle Gruppenstrukturen der Ordnungen 1 bis 4   121

Man betrachte jetzt das Feld in Zeile a und Spalte b. Es kann nicht a enthalten, da a bereits in dieser Zeile vorkommt. Es kann nicht b enthalten, da b bereits in dieser Spalte vorkommt. Also muß die Eintragung in Zeile a entweder i oder c sein. Diese beiden Möglichkeiten sind unten abgebildet:

	i	a	b	c
i	i	a	b	c
a	a	i		
b	b			
c	c			

Tafel I

	i	a	b	c
i	i	a	b	c
a	a		c	
b	b			
c	c			

Tafel II

Um Zeile a in der obigen Tafel I zu vervollständigen, müssen wir b und c eintragen. c kann nicht in Spalte c eingetragen werden, da dort bereits ein c vorkommt. Also muß es in Spalte a eingetragen werden, und b muß in Spalte c eingetragen werden. Dann erhält Tafel I folgende Form:

	i	a	b	c
i	i	a	b	c
a	a	c	i	b
b	b			
c	c			

Tafel I

Es gibt nur eine Möglichkeit, diese Tafel so zu vervollständigen, daß jedes der Elemente i, a, b und c genau einmal in jeder Zeile und in jeder Spalte vorkommt. Die vollständige Tafel ist unten abgebildet:

	i	a	b	c
i	i	a	b	c
a	a	c	i	b
b	b	i	c	a
c	c	b	a	i

Vollständige Tafel I

Um Zeile a in Tafel II zu vervollständigen, müssen wir b und i eintragen. Dafür gibt es zwei Möglichkeiten, die unten abgebildet sind:

	i	a	b	c
i	i	a	b	c
a	a	b	c	i
b	b			
c	c			

Tafel IIA

	i	a	b	c
i	i	a	b	c
a	a	i	c	b
b	b			
c	c			

Tafel IIB

Es gibt nur eine Möglichkeit, die Tafel IIA so zu vervollständigen, daß jedes der Elemente i, a, b und c genau einmal in jeder Zeile und in jeder Spalte vorkommt. Die vollständige Tafel hat folgende Form:

	i	a	b	c
i	i	a	b	c
a	a	b	c	i
b	b	c	i	a
c	c	i	a	b

Vollständige Tafel IIA

Es gibt nur eine Möglichkeit, Spalte a in Tafel IIB zu vervollständigen, wenn wir die Regel beachten, daß jedes Element nur einmal in einer Zeile oder Spalte vorkommen darf:

	i	a	b	c
i	i	a	b	c
a	a	i	c	b
b	b	c		
c	c	b		

Vollständige Tafel IIB

Es gibt zwei Möglichkeiten, die Tafel IIB so zu vervollständigen, daß jedes Element genau einmal in jeder Zeile und in jeder Spalte vorkommt:

	i	a	b	c
i	i	a	b	c
a	a	i	c	b
b	b	c	a	i
c	c	b	i	a

Tafel IIB1

	i	a	b	c
i	i	a	b	c
a	a	i	c	b
b	b	c	i	a
c	c	b	a	i

Tafel IIB2

Also muß eine Gruppe der Ordnung *4* mit den Elementen i, a, b und c eine der vier Multiplikationstafeln I, IIA, IIB1 und IIB2 haben. Dies muß jedoch nicht bedeuten, daß es vier verschiedene Gruppenstrukturen der Ordnung *4* gibt. Es ist möglich, daß einige dieser Tafeln die gleiche Struktur darstellen. Wir werden jetzt diese Möglichkeit untersuchen.

Wir wollen Tafel I mit Hilfe des folgenden Wörterbuches in eine andere Sprache übersetzen:

$a \to a$
$b \to c$
$c \to b$

Alle Gruppenstrukturen der Ordnungen 1 bis 4

Man ersetze also *a* durch *a*, *b* durch *c* und *c* durch *b*. Dann hat die übersetzte Tafel folgende Form:

	i	*a*	*c*	*b*
i	*i*	*a*	*c*	*b*
a	*a*	*b*	*i*	*c*
c	*c*	*i*	*b*	*a*
b	*b*	*c*	*a*	*i*

Übersetzte Tafel I

Wenn wir die Spalten umordnen, um die Spaltennamen in die Reihenfolge *i*, *a*, *b*, *c* zu bringen, erhält die Tafel folgende Form:

	i	*a*	*b*	*c*
i	*i*	*a*	*b*	*c*
a	*a*	*b*	*c*	*i*
c	*c*	*i*	*a*	*b*
b	*b*	*c*	*i*	*a*

Übersetzte Tafel I
nach Umordnung
der Spalten

Wenn wir die Zeilen umordnen, um die Zeilennamen in die Reihenfolge *i*, *a*, *b*, *c* zu bringen, erhält die Tafel folgende Form:

	i	*a*	*b*	*c*
i	*i*	*a*	*b*	*c*
a	*a*	*b*	*c*	*i*
b	*b*	*c*	*i*	*a*
c	*c*	*i*	*a*	*b*

Übersetzte Tafel I
nach Umordnung
der Zeilen und Spalten

Genau die gleiche Form hat aber Tafel IIA. Also stellt Tafel IIA die gleiche Struktur dar wie Tafel I mit dem Unterschied, daß sie in einer anderen Sprache geschrieben ist.

Entsprechend kann man zeigen, daß Tafel IIB1 die gleiche Struktur wie Tafel I darstellt.

Wir müssen auch prüfen, ob Tafel IIB2 die gleiche Struktur darstellt wie Tafel I. In Tafel IIB2 gilt $a^2 = i$, $b^2 = i$ und $c^2 = i$. Dies bedeutet, daß die Elemente *a*, *b* und *c* alle die Ordnung 2 haben. In Tafel I hat jedoch *a* die Ordnung 4. Da es kein Element der Ordnung 4 in Tafel IIB2 gibt, gibt es keinen Isomorphismus, der Tafel I in Tafel IIB2 überführen kann. Daher stellen die Tafeln I und IIB2 verschiedene Strukturen dar.

Also muß eine Gruppe der Ordnung *4* mit den Elementen *i*, *a*, *b* und *c* die durch Tafel I dargestellte Struktur oder die durch Tafel IIB2 dargestellte Struktur haben. In den folgenden Übungen werden wir sehen, daß diese Tafeln tatsächlich Gruppentafeln sind. Jede Gruppe der Ordnung *4* ist isomorph entweder zu der abstrakten Gruppe mit der Multiplikationstafel I oder zu der abstrakten Gruppe mit der Multiplikationstafel IIB2.

Übungen:

31. In der zyklischen Gruppe C_2 mit den Elementen a^0 und a^1 stehe i für a^0. Man vergleiche die Multiplikationstafel für C_2 mit der Tafel der abstrakten Gruppe der Ordnung *2* (s. S. 119).
32. In der zyklischen Gruppe C_3 mit den Elementen a^0, a^1 und a^2 stehe i für a^0 und b für a^2. Man vergleiche die Multiplikationstafel für C_3 mit der Tafel der abstrakten Gruppe der Ordnung *3* (s. S. 120).
33. Man zeige, daß Tafel IIB1 die gleiche Struktur wie Tafel I darstellt.
34. Die Multiplikationstafel der Symmetrien eines Rechtecks ist auf Seite 52 abgebildet. Man vergleiche diese Tafel mit Tafel IIB2 auf Seite 122.
35. In der zyklischen Gruppe C_4 mit den Elementen a^0, a^1, a^2 und a^3 stehe i für a^0, c für a^2 und b für a^3. Man ordne die Zeilen und Spalten der Tafel von C_4 um, um die Zeilennamen und Spaltennamen in die Reihenfolge i, a, b, c zu bringen. Man vergleiche die Tafel mit Tafel I.

Es ist offensichtlich, daß jede Gruppe der Ordnung *1* isomorph ist zur zyklischen Gruppe C_1.

Übung 31 zeigt, daß jede Gruppe der Ordnung *2* isomorph ist zur zyklischen Gruppe C_2. Übung 32 zeigt, daß jede Gruppe der Ordnung *3* isomorph ist zur zyklischen Gruppe C_3. Die Übungen 34 und 35 zeigen, daß jede Gruppe der Ordnung *4* isomorph ist entweder zur zyklischen Gruppe C_4 oder zur Symmetriengruppe eines Rechtecks.

Übung:

36. Man beweise, daß jede Gruppe der Ordnung *1, 2, 3* oder *4* kommutativ ist.

12. Gruppen innerhalb einer Gruppe

Untergruppen einer Gruppe

Wenn G eine Gruppe ist, wird jede Gruppe, deren Elemente auch Elemente von G sind, eine Untergruppe von G genannt. In diesem Kapitel werden wir lernen, wie man alle Untergruppen einer endlichen Gruppe bestimmen und zählen kann. Wir werden auch einige Eigenschaften der Untergruppen einer Gruppe kennenlernen.

Jede beliebige *Menge,* deren Elemente alle auch Elemente von G sind, nennt man eine *Teilmenge* von G. Eine Teilmenge von G ist nur dann eine Untergruppe von G, wenn sie die vier Gruppeneigenschaften besitzt. Um besser über Teilmengen einer Gruppe sprechen zu können, werden wir ihnen Namen geben. Wenn eine Menge endlich ist, werden wir sie manchmal dadurch darstellen, daß wir eine Liste ihrer Elemente in geschweifte Klammern setzen. So können wir schreiben $A = \{i, p, q\}$. Diese Aussage ist zu lesen: „A ist die Menge, deren Elemente i, p und q sind".

Beispiel: Wenn G eine Gruppe ist, dann ist G selbst eine Untergruppe von G, da alle ihre Elemente in G enthalten sind. G ist die größte Untergruppe, die G haben kann.

Beispiel: Wenn G eine Gruppe ist, enthält G ein neutrales Element i. Die Menge mit dem einzigen Element i ist eine Untergruppe von G. Sie ist die kleinste Untergruppe, die G haben kann.

Die Untergruppe von G, die alle Elemente von G enthält, und die Untergruppe von G, die nur das neutrale Element i enthält, werden die *trivialen* Untergruppen von G genannt. Einige Gruppen haben außer den trivialen noch andere Untergruppen. Diese anderen Untergruppen werden *nichttriviale* Untergruppen genannt. Eine nichttriviale Untergruppe von G enthält außer i noch andere Elemente, aber nicht alle Elemente von G.

Beispiel: T sei die Symmetriengruppe eines gleichseitigen Dreiecks. Dann gilt $T = \{i, p, q, r, s, t\}$. Die Multiplikationstafel ist auf Seite 48 abgebildet. In Übung 8 von Kapitel 7 auf Seite 49 sahen wir, daß $\{i, p, q\}$ eine Untergruppe von T ist.

Beispiel: S sei die Symmetriengruppe eines Quadrates. Dann gilt $S = \{i, p, q, r, s, t, u, v\}$. Die Multiplikationstafel ist auf Seite 54 abgebildet. In Übung 27 von Kapitel 7 auf Seite 55 sahen wir, daß $\{i, q, s, t\}$ eine Untergruppe von S ist.

Beispiel: G sei eine endliche Gruppe und a ein Element von G. m sei die kleinste positive ganze Zahl, für die gilt $a^m = i$. Dann ist $\{i, a, a^2, ..., a^{m-1}\}$ die von a erzeugte Untergruppe von G.

Ein Test für Untergruppen einer endlichen Gruppe

H sei eine Teilmenge der Gruppe G. H ist eine Untergruppe von G, wenn sie die vier Eigenschaften *Abgeschlossenheit, Assoziativgesetz, Neutrales Element* und *Inverses* besitzt. Um zu beweisen, daß H eine Untergruppe von G ist, ist es jedoch nicht notwendig, für H alle vier Eigenschaften nachzuweisen. Es ist nicht notwendig, für H das Assoziativgesetz nachzuweisen. Da nämlich die Multiplikation in ganz G assoziativ ist, ist sie sicher assoziativ in der Teilmenge H von G. Es bleiben also nur drei Eigenschaften, die für H nachgewiesen werden müssen, damit man beweisen kann, daß H eine Untergruppe von G ist.

Wenn G eine endliche Gruppe ist, können wir die Zahl der Eigenschaften, die für H nachgewiesen werden müssen, sogar noch weiter herabsetzen. Es reicht dann aus, für H die Eigenschaft der *Abgeschlossenheit* nachzuweisen. Wenn nämlich H abgeschlossen ist und a ein Element von H ist, dann sind auch a^2, a^3, a^4 usw. Elemente von H. Dann enthält H die von a erzeugte Untergruppe. Die von a erzeugte Untergruppe enthält aber das neutrale Element i und auch das Inverse von a. Also sind auch i und das Inverse von a in H enthalten. Das bedeutet, daß eine Teilmenge einer endlichen Gruppe mit der Eigenschaft der *Abgeschlossenheit* zugleich auch die Eigenschaften *Neutrales Element* und *Inverses* besitzt. Daher ist es nicht notwendig, für die Teilmenge zusätzlich diese beiden Eigenschaften nachzuweisen, wenn für sie schon die Eigenschaft der *Abgeschlossenheit* nachgewiesen worden ist. Damit haben wir ein abgekürztes Verfahren, um Untergruppen einer endlichen Gruppe zu erkennen: *Eine Teilmenge einer endlichen Gruppe ist eine Untergruppe der Gruppe, wenn sie die Eigenschaft der Abgeschlossenheit besitzt.*

Bestimmung aller Untergruppen einer endlichen Gruppe

Es gibt ein einfaches Verfahren zur Bestimmung aller Untergruppen einer endlichen Gruppe G. Man beginne mit der kleinsten Menge, die eine Untergruppe von G ist. Dies ist die Menge $\{i\}$. Dann erweitere man die Menge, indem man ein beliebiges von i verschiedenes Element a aus G hinzunimmt. Die erweiterte Menge ist dann $\{i, a\}$. Wenn diese Menge nicht abgeschlossen ist gegenüber der Multiplikation, erweitere man sie erneut, indem man a^2 hinzunimmt. Die erweiterte Menge ist dann $\{i, a, a^2\}$. Wenn diese Menge nicht abgeschlossen ist gegenüber der Multiplikation, erweitere man sie noch einmal, indem man a^3 hinzunimmt. Man fahre fort, mehr und mehr Potenzen von a hinzuzunehmen, bis die erweiterte Menge abgeschlossen ist gegenüber der Multiplikation. Dann erhält man die von a erzeugte Untergruppe. Man wiederhole dieses Verfahren mit jedem von i verschiedenen Element von G. So erhält man einige Untergruppen, die größer sind als die triviale Untergruppe $\{i\}$.

Nun wende man ein entsprechendes Verfahren zur Bestimmung noch größerer Untergruppen an. Man nehme eine beliebige bereits konstruierte Untergruppe und erweitere die Zahl ihrer Elemente, indem man ein noch nicht darin enthaltenes Element hinzunimmt. Man bilde alle möglichen Produkte der Elemente der Menge. Sind Elemente, die man als Produkte erhält, noch nicht in der Menge enthalten, erweitere man die Menge um diese Elemente. Dann bilde man wieder alle möglichen Produkte der Elemente der Menge und nehme alle Produkte in die Menge auf, die noch nicht in ihr enthalten sind. Dies wiederhole man immer wieder, indem man die Menge Schritt für Schritt erweitert, bis man eine Menge erhält, die bereits alle möglichen Produkte ihrer Elemente enthält. Dann hat diese Menge die Eigenschaft der Abgeschlossenheit und ist eine Untergruppe von G.

Man fahre auf diese Weise fort, alle möglichen größeren Untergruppen zu konstruieren, indem man jede Untergruppe erweitert. Der Prozeß der Erweiterung einer Untergruppe endet, wenn die erweiterte Untergruppe G ist, die die größte aller möglichen Untergruppen von G ist.

Beispiel: A sie die Gruppe der Drehungen, die Vielfache von $120°$ sind. Es gilt $A = \{i, p, q\}$. Die Multiplikationstafel ist auf Seite 160 abgebildet. Die kleinste Untergruppe von A ist $\{i\}$. Wir wollen sie I nennen. Um I zu erweitern, müssen wir p oder q hinzunehmen. Wenn wir p hinzunehmen, müssen wir auch $p^2 = q$ hinzunehmen. Dann erhalten wir die Untergruppe $\{i, p, q\}$, also A. Wenn wir q hinzunehmen, müssen wir auch $q^2 = p$ hinzunehmen. Dann ist die erweiterte Gruppe wieder $\{i, p, q\}$, also A. Da A die größte der möglichen Untergruppen von A ist, gibt es keine anderen Untergruppen von A. Also sehen wir, daß A nur zwei Untergruppen hat, nämlich I und A.

Beispiel: S sei die Symmetriengruppe eines Quadrates. Es gilt $S = \{i, p, q, r, s, t, u, v\}$. Die Multiplikationstafel ist auf Seite 54 abgebildet. Es gelte $I = \{i\}$. I ist die kleinste Untergruppe von S. Um I zu erweitern, müssen wir ein weiteres Element und alle Potenzen dieses Elementes hinzunehmen, bis wir zur ersten Potenz kommen, die gleich i ist. Wenn wir p hinzunehmen, nehmen wir auch $p^2 = q$ und $p^3 = pp^2 = pq = r$ hinzu. Wir brauchen nicht $p^4 = pp^3 = pr = i$ hinzuzunehmen, da i bereits in der Menge enthalten ist. Die erweiterte Menge ist $\{i, p, q, r\}$. Sie ist abgeschlossen gegenüber der Multiplikation und daher eine Untergruppe von S. Wir wollen diese Untergruppe A nennen. Man beginne erneut mit I und nehme q hinzu. Die erweiterte Menge ist $\{i, q\}$. Sie ist abgeschlossen gegenüber der Multiplikation und daher auch eine Untergruppe von S. Wir wollen diese Untergruppe B nennen. Man beginne erneut mit I und nehme r, $r^2 = q$ und $r^3 = p$ hinzu. Die erweiterte Menge ist die Gruppe A, die wir bereits haben. Es gibt vier weitere Untergruppen, die wir durch Erweiterung von I erhalten können. Wir wollen sie wie folgt bezeichnen: $C = \{i, s\}$ ist die von s erzeugte Untergruppe; $D = \{i, t\}$ ist die von t erzeugte Untergruppe; $E = \{i, u\}$ ist die von u erzeugte Untergruppe; $F = \{i, v\}$ ist die von v erzeugte Untergruppe.

Nun fahren wir fort, die Untergruppe A, B, C, D, E und F zu erweitern. Um $A = \{i, p, q, r\}$ zu erweitern, müssen wir zunächst ein noch nicht in A enthaltenes Element hinzunehmen. Wir können s, t, u oder v hinzunehmen. Wenn wir A um s erweitern, müssen wir auch alle neuen Elemente hinzunehmen, die durch Multiplikation von p, q oder r mit s entstehen. Da gilt $ps = u$, $qs = t$ und $rs = v$, müssen wir u, t und v hinzunehmen. Dann ist die erweiterte Menge die Untergruppe $\{i, p, q, r, s, t, u, v\}$, also S. Wenn wir A um t erweitern, müssen wir auch s hinzunehmen, da gilt $qt = s$. Wenn wir aber s hinzunehmen, müssen wir auch u und v hinzunehmen, wie wir bereits gesehen haben. Also ist die erweiterte Menge wieder die Untergruppe S. Wenn wir A um u erweitern, müssen wir auch t hinzunehmen, da gilt $pu = t$. Wenn wir aber t hinzunehmen, ist die Menge, wie wir gesehen haben, nicht abgeschlossen, solange wir nicht auch s und v hinzunehmen. Also ist die erweiterte Menge zum dritten Mal die Untergruppe S. Wenn wir A um v erweitern, müssen wir auch s hinzunehmen, da gilt $pv = s$. Wenn wir aber s hinzunehmen, ist die Menge, wie wir gesehen haben, nicht abgeschlossen, solange wir nicht auch t und u hinzunehmen. Dann ist die erweiterte Menge zum vierten Mal die Untergruppe S.

Um $B = \{i, q\}$ zu erweitern, müssen wir zunächst ein noch nicht in B enthaltenes Element hinzunehmen. Wir können p, r, s, t, u oder v hinzunehmen. Wenn wir B um p erweitern, müssen wir auch r hinzunehmen, da gilt $pq = r$. Die erweiterte Menge ist $\{i, p, q, r\}$. Dies ist die Untergruppe A, die wir schon haben. Wenn wir B um r erweitern, müssen wir auch p hinzunehmen, da gilt $qr = p$. Die erweiterte Menge ist wieder $\{i, p, q, r\}$, also die Untergruppe A. Wenn wir B um s erweitern, müssen wir auch t hinzunehmen, da gilt $qs = t$. Die erweiterte Menge $\{i, q, s, t\}$ ist abgeschlossen gegenüber der Multiplikation und daher eine Untergruppe von S. Wir wollen sie G nennen. Wenn wir B um t erweitern, müssen wir auch s hinzunehmen, da gilt $qt = s$. Somit erhalten wir wieder die Untergruppe G. Wenn wir B um u erweitern, müssen wir auch v hinzunehmen, da gilt $qu = v$. Die erweiterte Menge $\{i, q, u, v\}$ ist abgeschlossen gegenüber der Multiplikation und daher eine Untergruppe von S. Wir wollen sie H nennen. Wenn wir B um v erweitern, müssen wir auch u hinzunehmen, da gilt $qv = u$. Somit erhalten wir wieder die Untergruppe H.

Um $C = \{i, s\}$ zu erweitern, beginnen wir, indem wir p, q, r, t, u oder v hinzunehmen. Wenn wir C um p erweitern, müssen wir auch q hinzunehmen, da gilt $p^2 = q$. Dann enthält die Menge alle Elemente von A sowie s. Wie wir oben gesehen haben, müssen wir, um die Eigenschaft der Abgeschlossenheit zu erhalten, auch r, t, u und v hinzunehmen. Mit allen diesen Elementen ist die erweiterte Menge aber die Untergruppe S. Wenn wir C um q erweitern, müssen wir auch t hinzunehmen, da gilt $qs = t$. Das ergibt wieder die Untergruppe G. Wenn wir C um r erweitern, müssen wir auch q hinzunehmen, da gilt $r^2 = q$. Dann müssen wir auch p hinzunehmen, da gilt $rq = p$. Dann enthält die Menge alle Elemente von A sowie s und ist nicht abgeschlossen, solange wir sie nicht zu S erweitern. Wenn wir C um t erweitern, müssen wir auch q hinzunehmen, da gilt $st = q$. Das ergibt wieder die Untergruppe G. Wenn wir C um u erweitern, müssen wir auch r hinzunehmen, da gilt $su = r$. Wie wir aber oben gesehen haben, ist die Menge, wenn sie r enthält, nicht abgeschlossen, solange sie nicht alle Elemente von S enthält. Wenn wir C um v erweitern, müssen wir auch p hinzunehmen, da gilt $sv = p$. Wie wir aber oben gesehen haben, ist die Menge, wenn sie p enthält, nicht abgeschlossen, solange sie nicht alle Elemente von S enthält. Durch Erweiterung von C erhalten wir also die Untergruppe S oder G.

Entsprechend können wir zeigen: die Erweiterung von D führt zur Untergruppe S oder zur Untergruppe G; die Erweiterung von E führt zur Untergruppe S oder zur Untergruppe H; und die Erweiterung von F führt zur Untergruppe S oder zur Untergruppe H (s. Übung 1 auf Seite 129). Also erhalten wir durch die Erweiterung der Untergruppen A, B, C, D, E und F die Untergruppen G, H und S.

Als nächstes müssen wir die Untergruppen G und H erweitern. Wenn wir dies tun, stellen wir fest, daß sie nicht abgeschlossen sind, solange sie nicht alle Elemente von S enthalten (s. Übung 1). Wir können S nicht erweitern, da S die größte Untergruppe von S ist. Da wir durch Erweiterung keine anderen Untergruppen mehr konstruieren können als die, die wir bereits haben, gibt es keine weiteren Untergruppen von S. Die vollständige Liste der Untergruppen von S ist auf Seite 129 oben abgebildet:

$I = \{i\}$
$A = \{i, p, q, r\}$
$B = \{i, q\}$
$C = \{i, s\}$
$D = \{i, t\}$
$E = \{i, u\}$
$F = \{i, v\}$
$G = \{i, q, s, t\}$
$H = \{i, q, u, v\}$
$S = \{i, p, q, r, s, t, u, v\}$

Übungen:

1. Man überzeuge sich in dem obigen Beispiel, daß a) die Erweiterung der Untergruppe D zur Untergruppe S oder zur Untergruppe G führt, b) die Erweiterung der Untergruppe E zur Untergruppe S oder zur Untergruppe H führt, c) die Erweiterung der Untergruppe F zur Untergruppe S oder zur Untergruppe H führt, d) S die einzige Untergruppe von S ist, die größer als G ist, e) S die einzige Untergruppe von S ist, die größer als H ist.

2. B sei die Gruppe aller Drehungen, die Vielfache von $90°$ sind. Dann gilt $B = \{i, a, b, c\}$. Die Multiplikationstafel ist auf Seite 94 abgebildet. Man bestimme alle Untergruppen von B.

3. R sei die Symmetriengruppe eines Rechtecks. Dann gilt $R = \{i, a, b, c\}$. Die Multiplikationstafel ist auf Seite 52 abgebildet. Man bestimme alle Untergruppen von R.

4. T sei die Symmetriengruppe eines gleichseitigen Dreiecks. Dann gilt $T = \{i, p, q, r, s, t\}$. Die Multiplikationstafel ist auf Seite 48 abgebildet. Man bestimme alle Untergruppen von T.

Konjugierte

Wenn man eine Maßzahl r mit 3 und dann das Produkt mit $\frac{1}{3}$, dem multiplikativen Inversen von 3, multipliziert, ist das Endprodukt die ursprüngliche Zahl r: $\frac{1}{3} \times (3 \times r) =$ $= \left(\frac{1}{3} \times 3\right) \times r = 1 \times r = r$. Wenn man allgemein eine Maßzahl r mit einer Maßzahl t und das Produkt mit t^{-1}, dem multiplikativen Inversen von t, multipliziert, so ist das Endprodukt die ursprüngliche Zahl r: $t^{-1} \times (t \times r) = (t^{-1} \times t) \times r = 1 \times r = r$. Dies gilt auch dann, wenn wir mit t von links und t^{-1} von rechts multiplizieren, so daß das Produkt zunächst die Form $t \times r \times t^{-1}$ hat. Da die Multiplikation von Maßzahlen kommutativ ist, gilt $r \times t^{-1} = t^{-1} \times r$. Daher gilt $t \times r \times t^{-1} = t \times t^{-1} \times r = (t \times t^{-1}) \times r = 1 \times r = r$. Die Situation ist völlig anders in einer Gruppe, die nicht kommutativ ist. Dort braucht ein Produkt trt^{-1} nicht gleich r zu sein. In der Symmetriengruppe eines gleichseitigen

Dreiecks gilt z. B. $t^{-1} = t$, also $trt^{-1} = trt = (tr)t = pt = s$. In diesem Fall ist das Produkt trt^{-1} gleich s, also nicht gleich r. Das Element s, das man auf diese Weise durch Multiplikation mit t von links und t^{-1} von rechts, erhält, wird das *Konjugierte von r bezüglich t* genannt.

Übungen:

5. In der Symmetriengruppe eines gleichseitigen Dreiecks bestimme man das Konjugierte von s bezüglich p.
6. In der Symmetriengruppe eines gleichseitigen Dreiecks bestimme man das Konjugierte von q bezüglich p.
7. In der Symmetriengruppe eines Rechtecks bestimme man das Konjugierte von a bezüglich b.
8. Man beweise, daß für beliebige Elemente a und b einer kommutativen Gruppe gilt $aba^{-1} = b$.

Zuordnung zwischen Elementen und ihren Konjugierten

Wir wollen in der Symmetriengruppe eines gleichseitigen Dreiecks das Konjugierte jedes Elementes bezüglich p bestimmen. Wir stellen zunächst fest, daß gilt $pq = i$ und daher $p^{-1} = q$. Mit Hilfe der Multiplikationstafel auf Seite 48 erhalten wir

$pip^{-1} = (pi)q = pq = i;$
$ppp^{-1} = p(pp^{-1}) = pi = p;$
$pqp^{-1} = (pq)q = iq = q;$
$prp^{-1} = (pr)q = tq = s;$
$psp^{-1} = (ps)q = rq = t;$
$ptp^{-1} = (pt)q = sq = r.$

Wenn wir jedem Element sein Konjugiertes bezüglich p zuordnen, erhalten wir die folgende Menge von geordneten Paaren:

$i \to i$
$p \to p$
$q \to q$
$r \to s$
$s \to t$
$t \to r$

Diese Menge geordneter Paare ist der Automorphismus D, der in der Antwort zu Übung 27 in Kapitel 11 dargestellt ist. Dies ist ein Beispiel für eine allgemeine Regel: Ist a ein Element einer Gruppe G, ist die Menge geordneter Paare, in der jedem Element b von G sein Konjugiertes bezüglich a zugeordnet wird, ein Automorphismus von G. Er wird der durch a bestimmte *innere Automorphismus* von G genannt.

Zuordnung zwischen Elementen und ihren Konjugierten

Zum Beweis dieser Regel werden wir zeigen, daß 1. jedes Element von G genau einmal in der linken Spalte einer solchen Menge geordneter Paare vorkommt, 2. jedes Element von G genau einmal in der rechten Spalte vorkommt, 3. unter Verwendung der Menge geordneter Paare als Wörterbuch jeder Multiplikationssatz von G in einen Multiplikationssatz übersetzt wird.

1. Die Menge geordneter Paare wird konstruiert, indem jedes Element b in die linke Spalte geschrieben und ihm dann sein Konjugiertes aba^{-1} zugeordnet wird. Somit kommt offensichtlich jedes Element b von G genau einmal in der linken Spalte vor.

2. y sei ein beliebiges Element von G. Dann ist auch $a^{-1}ya$ ein Element von G. Das Konjugierte von $a^{-1}ya$ bezüglich a ist $a(a^{-1}ya)a^{-1} = (aa^{-1})y(aa^{-1}) = iyi = y$. Also kommt y in der rechten Spalte der Menge geordneter Paare als das Konjugierte von $a^{-1}ya$ vor. Darüberhinaus ist $a^{-1}ya$ das einzige Element von G, das y als Konjugiertes bezüglich a hat. Wenn nämlich c ein Element ist, das y als Konjugiertes bezüglich a hat, dann gilt $aca^{-1} = y$. Durch Multiplikation der beiden Seiten dieser Gleichung mit a^{-1} von links und a von rechts erhalten wir $a^{-1}(aca^{-1})a = a^{-1}ya$. Da gilt $a^{-1}(aca^{-1})a = (a^{-1}a)c(a^{-1}a) =$ $= ici = c$, haben wir aber $c = a^{-1}ya$. Daher kommt y in der rechten Spalte nur einmal vor.

3. Nehmen wir an, daß $xy = z$ ein Multiplikationssatz der Gruppe G ist. Wenn wir die Menge geordneter Paare als Wörterbuch benutzen, in dem jedes Element in sein Konjugiertes bezüglich a übersetzt wird, dann übersetzen wir diesen Satz, indem wir x durch axa^{-1}, y durch aya^{-1} und z durch aza^{-1} ersetzen. Dann ist die übersetzte Aussage $(axa^{-1})(aya^{-1}) = aza^{-1}$. Um zu zeigen, daß diese Aussage wahr ist, gehen wir von der wahren Aussage $xy = z$ aus und multiplizieren beide Seiten der Gleichung mit a von links und mit a^{-1} von rechts. Dann erhalten wir die wahre Aussage $axya^{-1} = aza^{-1}$. In dieser Aussage ersetze man y durch iy. Dann erhalten wir die wahre Aussage $axiya^{-1} = aza^{-1}$. Nun ersetze man i durch $a^{-1}a$. Dann erhalten wir die wahre Aussage $axa^{-1}aya^{-1} = aza^{-1}$. Also ist die Aussage $(axa^{-1})(aya^{-1}) = aza^{-1}$ wahr und daher ein Multiplikationssatz von G. Somit wird unter Verwendung der Menge geordneter Paare als Wörterbuch jeder Multiplikationssatz von G in einen Multiplikationssatz übersetzt.

Wegen 1. und 2. ist die Menge geordneter Paare eine Transformation von G. Wegen 3. ist sie ein Automorphismus von G. Damit ist der Beweis der Regel vollständig geführt.

Die gerade bewiesene Regel zeigt uns einen schnellen Weg zur Bestimmung einiger Automorphismen einer Gruppe, nämlich der inneren Automorphismen. Einige Gruppen haben auch Automorphismen, die keine inneren Automorphismen sind. Ein Automorphismus, der kein innerer Automorphismus ist, wird *äußerer Automorphismus* genannt.

Beispiel: In einer beliebigen Gruppe G wird jedem Element a von dem durch i bestimmten inneren Automorphismus das Element iai^{-1} zugeordnet. Es gilt aber $i^{-1} = i$ und daher $iai^{-1} = iai = a$. Also ordnet der durch i bestimmte innere Automorphismus jedes Element von G sich selbst zu. Der Automorphismus von G, der jedes Element sich selbst zuordnet, ist das neutrale Element der Gruppe aller Automorphismen von G (s. S. 115). Daher wird er der *identische Automorphismus* genannt.

Übung:

9. Man beweise, daß in einer kommutativen Gruppe G für ein beliebiges Element a von G der durch a bestimmte innere Automorphismus mit dem identischen Automorphismus übereinstimmt.

Beispiel: Die Multiplikationstafel der Symmetriengruppe eines Quadrates ist auf Seite 54 abgebildet. Wir werden alle Automorphismen dieser Gruppe bestimmen und feststellen, welche von ihnen innere Automorphismen sind.

Die Ordnung der Gruppe ist *8,* also ist die Zahl der Transformationen der Gruppe *8 × 7 × 6 × 5 × 4 × 3 × 2 × 1 = 40320*. Unser Problem besteht darin herauszufinden, welche dieser *40320* Transformationen Automorphismen der Gruppe sind, und zwischen inneren und äußeren Automorphismen zu unterscheiden. Zur Lösung dieses Problems brauchen wir jedoch nicht alle diese Tausende von Transformationen aufzuschreiben und sie einzeln zu untersuchen. Unsere Kenntnisse über Gruppen gestatten uns einige Abkürzungen, die uns sehr schnell zu unserem Ziel führen werden.

Wir beginnen mit der Bestimmung der Ordnung aller Gruppenelemente. Die Ordnung von i ist *1*. Wir entnehmen der Tafel, daß gilt $p^2 = q$, $p^3 = pp^2 = pq = r$ und $p^4 = pp^3 = pr = i$. Also hat p die Ordnung *4*. Entsprechend hat r die Ordnung *4,* da gilt $r^2 = q$, $r^3 = rr^2 = rq = p$ und $r^4 = rr^3 = rp = i$. Die Elemente q, s, t, u und v haben alle die Ordnung *2,* da gilt $q^2 = i$, $s^2 = i$, $t^2 = i$, $u^2 = i$ und $v^2 = i$.

Wir wissen, daß ein Automorphismus einer Gruppe jedem Element der Gruppe ein Element derselben Ordnung zuordnen muß. Also sind die einzigen Transformationen, die möglicherweise Automorphismen der Gruppe sind, diejenigen, die i in i übersetzen, p und r in irgendeiner Reihenfolge in p und r übersetzen sowie q, s, t, u und v in irgendeiner Reihenfolge in q, s, t, u und v übersetzen.

Für die Übersetzung von i in i gibt es nur die Möglichkeit, das geordnete Paar $i \to i$ zu verwenden.

Für die Übersetzung von p und r in p und r gibt es zwei Möglichkeiten. Wir können die geordneten Paare $p \to p$ und $r \to r$ oder die geordneten Paare $p \to r$ und $r \to p$ verwenden. In jedem Fall können wir auf Grund der Tatsache, daß ein Automorphismus jeden Multiplikationssatz der Gruppe in einen Multiplikationssatz übersetzt, herausfinden, welches Element q zugeordnet werden muß. Nehmen wir an, daß ein Automorphismus die geordneten Paare $p \to p$, $r \to r$ und $q \to x$ enthält. Der Multiplikationstafel der Gruppe entnehmen wir, daß gilt $pp = q$. Der Automorphismus übersetzt diesen Multiplikationssatz in die Aussage $pp = x$. Dies ist nur dann ein Multiplikationssatz, wenn gilt $x = q$.

Entsprechend wollen wir annehmen, daß ein Automorphismus die geordneten Paare $p \to r$, $r \to p$ und $q \to x$ enthält. Dieser Automorphismus übersetzt den Multiplikationssatz $pp = q$ in die Aussage $rr = x$. Wir entnehmen der Tafel, daß diese Aussage nur dann ein Multiplikationssatz ist, wenn gilt $x = q$. Somit muß jeder Automorphismus der Gruppe q in q übersetzen.

Also sehen wir, daß eine Transformation einer Gruppe nur dann ein Automorphismus ist, wenn sie die Elemente i, p, q und r auf eine der beiden folgenden Weisen einander zuordnet:

Zuordnung zwischen Elementen und ihren Konjugierten

$i \to i$ bzw. $i \to i$
$p \to p$ $p \to r$
$q \to q$ $q \to q$
$r \to r$ $r \to p$

Als nächstes prüfen wir, wie s in diesem Automorphismus übersetzt werden kann. s kann auf vier verschiedene Weisen übersetzt werden, indem man $s \to s$, $s \to t$, $s \to u$ oder $s \to v$ verwendet. In allen Fällen werden wir bestimmen, welches Element t zugeordnet werden muß. Nehmen wir an, daß ein Automorphismus die geordneten Paare $q \to q$, $s \to s$ und $t \to x$ enthält. Dann wird der Multiplikationssatz $sq = t$ in die Aussage $sq = x$ übersetzt. Diese Aussage ist nur dann ein Multiplikationssatz, wenn gilt $x = t$. Wenn also ein Automorphismus das geordnete Paar $s \to s$ enthält, enthält er auch $t \to t$.

Nehmen wir an, daß ein Automorphismus die geordneten Paare $q \to q$, $s \to t$ und $t \to x$ enthält. Dann wird der Multiplikationssatz $sq = t$ in die Aussage $tq = x$ übersetzt. Da gilt $tq = s$, ist diese Aussage nur dann ein Multiplikationssatz, wenn gilt $x = s$. Wenn also ein Automorphismus das geordnete Paar $s \to t$ enthält, enthält er auch $t \to s$.

Nehmen wir an, daß ein Automorphismus die geordneten Paare $q \to q$, $s \to u$ und $t \to x$ enthält. Dann wird der Multiplikationssatz $sq = t$ in die Aussage $uq = x$ übersetzt. Da gilt $uq = v$, ist diese Aussage nur dann ein Multiplikationssatz, wenn gilt $x = v$. Wenn also ein Automorphismus das geordnete Paar $s \to u$ enthält, enthält er auch $t \to y$.

Nehmen wir an, daß ein Automorphismus die geordneten Paare $q \to q$, $s \to v$ und $t \to x$ enthält. Dann wird der Multiplikationssatz $sq = t$ in die Aussage $vq = x$ übersetzt. Da gilt $vq = u$, ist diese Aussage nur dann ein Multiplikationssatz, wenn gilt $x = u$. Wenn also ein Automorphismus das geordnete Paar $s \to v$ enthält, enthält er auch $t \to v$.

Es gibt daher nur vier Möglichkeiten der Zuordnung von Gruppenelementen zu s und t durch einen Automorphismus der Gruppe:

$s \to s$ bzw. $s \to t$ bzw. $s \to u$ bzw. $s \to v$
$t \to t$ $t \to s$ $t \to v$ $t \to u$

Wenn wir diese mit den beiden Möglichkeiten der Zuordnung von Gruppenelementen zu i, p, q und r durch einen Automorphismus der Gruppe kombinieren, erhalten wir acht Möglichkeiten der Zuordnung von Gruppenelementen zu i, p, q, r, s und t durch einen Automorphismus der Gruppe:

1. $i \to i$ 2. $i \to i$ 3. $i \to i$ 4. $i \to i$
   $p \to p$ $p \to p$ $p \to p$ $p \to p$
   $q \to q$ $q \to q$ $q \to q$ $q \to q$
   $r \to r$ $r \to r$ $r \to r$ $r \to r$
   $s \to s$ $s \to t$ $s \to u$ $s \to v$
   $t \to t$ $t \to s$ $t \to v$ $t \to u$

5. $i \to i$	6. $i \to i$	7. $i \to i$	8. $i \to i$
$p \to r$	$p \to r$	$p \to r$	$p \to r$
$q \to q$	$q \to q$	$q \to q$	$q \to q$
$r \to p$	$r \to p$	$r \to p$	$r \to p$
$s \to s$	$s \to t$	$s \to u$	$s \to v$
$t \to t$	$t \to s$	$t \to v$	$t \to u$

Wir werden feststellen, daß es in allen Fällen nur eine Möglichkeit gibt, die Transformation der Gruppe durch Übersetzung von u und v zu vervollständigen.

Wenn ein Automorphismus die geordneten Paare in Liste 1 und auch das geordnete Paar $u \to y$ enthält, dann wird der Multiplikationssatz $ps = u$ in die Aussage $ps = y$ übersetzt. Diese Aussage ist nur dann ein Multiplikationssatz, wenn gilt $y = u$. Daher kann ein Automorphismus, der mit Liste 1 beginnt, nur durch die geordneten Paare $u \to u$ und $v \to v$ vervollständigt werden.

Wenn ein Automorphismus die geordneten Paare in Liste 2 und auch das geordnete Paar $u \to y$ enthält, dann wird der Multiplikationssatz $ps = u$ in die Aussage $pt = y$ übersetzt. Da gilt $pt = v$, ist diese Aussage nur dann ein Multiplikationssatz, wenn gilt $y = v$. Daher kann ein Automorphismus, der mit Liste 2 beginnt, nur durch die geordneten Paare $u \to v$ und $v \to u$ vervollständigt werden.

Wenn ein Automorphismus die geordneten Paare in Liste 3 und auch das geordnete Paar $u \to y$ enthält, dann wird der Multiplikationssatz $ps = u$ in die Aussage $pu = y$ übersetzt. Da gilt $pu = t$, ist diese Aussage nur dann ein Multiplikationssatz, wenn gilt $y = t$. Daher kann ein Automorphismus, der mit Liste 3 beginnt, nur durch die geordneten Paare $u \to t$ und $v \to s$ vervollständigt werden.

In der gleichen Weise können wir zeigen (s. Übung 10): ein Automorphismus, der mit Liste 4 beginnt, kann nur durch die geordneten Paare $u \to s$ und $v \to t$ vervollständigt werden; ein Automorphismus, der mit Liste 5 beginnt, kann nur durch die geordneten Paare $u \to v$ und $v \to u$ vervollständigt werden; ein Automorphismus, der mit Liste 6 beginnt, kann nur durch die geordneten Paare $u \to u$ und $v \to v$ vervollständigt werden; ein Automorphismus, der mit Liste 7 beginnt, kann nur durch die geordneten Paare $u \to s$ und $v \to t$ vervollständigt werden; ein Automorphismus, der mit Liste 8 beginnt, kann nur durch die geordneten Paare $u \to t$ und $v \to s$ vervollständigt werden.

Übung:

10. Man überzeuge sich, daß es nur eine Möglichkeit gibt, die Listen 4, 5, 6, 7 und 8 zu einer Transformation zu vervollständigen, die ein Automorphismus sein kann.

Wir sehen also, daß es nur acht Transformationen der Gruppe gibt, die möglicherweise Automorphismen der Gruppe sind. Wir werden diesen Transformationen in der unten angegebenen Weise Namen geben. Wir werden zeigen, daß jede dieser Transformationen tatsächlich ein Automorphismus der Gruppe ist.

Zuordnung zwischen Elementen und ihren Konjugierten

I:	K:	L:	M:
$i \to i$	$i \to i$	$i \to i$	$i \to i$
$p \to p$	$p \to p$	$p \to p$	$p \to p$
$q \to q$	$q \to q$	$q \to q$	$q \to q$
$r \to r$	$r \to r$	$r \to r$	$r \to r$
$s \to s$	$s \to t$	$s \to u$	$s \to v$
$t \to t$	$t \to s$	$t \to v$	$t \to u$
$u \to u$	$u \to v$	$u \to t$	$u \to s$
$v \to v$	$v \to u$	$v \to s$	$v \to t$

N:	P:	Q:	R:
$i \to i$	$i \to i$	$i \to i$	$i \to i$
$p \to r$	$p \to r$	$p \to r$	$p \to r$
$q \to q$	$q \to q$	$q \to q$	$q \to q$
$r \to p$	$r \to p$	$r \to p$	$r \to p$
$s \to s$	$s \to t$	$s \to u$	$s \to v$
$t \to t$	$t \to s$	$t \to v$	$t \to u$
$u \to v$	$u \to u$	$u \to s$	$u \to t$
$v \to u$	$v \to v$	$v \to t$	$v \to s$

Um zu zeigen, daß diese Transformationen Automorphismen der Gruppe sind, werden wir zunächst die inneren Automorphismen der Gruppe unter ihnen bestimmen. Wir wissen bereits, daß der durch i bestimmte innere Automorphismus die Transformation I ist. Der durch p bestimmte innere Automorphismus ist unten dargestellt, wobei wir berücksichtigen, daß gilt $p^{-1} = r$.

$i \to pir = pr = i$
$p \to ppr = qr = p$
$q \to pqr = rr = q$
$r \to prr = ir = r$
$s \to psr = ur = t$
$t \to ptr = vr = s$
$u \to pur = tr = v$
$v \to pvr = sr = u$

Dieser Automorphismus ist die oben dargestellte Transformation K. Wenn wir die durch q, r, s, t, u und v bestimmten inneren Automorphismen in der gleichen Weise darstellen, stellen wir fest, daß sie mit den Transformationen I, K, N, N, P und P übereinstimmen. Also sind die Transformationen I, K, N und P die einzigen inneren Automorphismen der Gruppe.

Übung:

11. Man überzeuge sich, daß die durch q, r, s, t, u und v bestimmten inneren Automorphismen der Symmetriengruppe eines Quadrates mit den Transformationen I, K, N, N, P und P übereinstimmen.

Wir müssen noch zeigen, daß auch die Transformationen L, M, Q und R Automorphismen sind. Daß L ein Automorphismus der Gruppe ist, können wir zeigen, indem wir die auf Seite 106 beschriebene Methode anwenden (s. Übung 12 unten).

Übung:

12. Man benutze die Transformation L als Wörterbuch zur Übersetzung der Multiplikationstafel der Symmetriengruppe eines Quadrates in eine andere Sprache. Man ordne die Spalten und Zeilen der übersetzten Tafel um, um die Spaltennamen und Zeilennamen in die Reihenfolge i, p, q, r, s, t, u, v zu bringen. Man überzeuge sich, daß die übersetzte Tafel nach dieser Umordnung mit der ursprünglichen Tafel übereinstimmt.

In Übung 12 haben wir bewiesen, daß die Transformation L ein Automorphismus der Gruppe ist. Wir wissen auch, daß K, N und P Automorphismen sind, da sie innere Automorphismen sind. Wir können weitere Automorphismen mit Hilfe der Regel bestimmen, daß das Produkt von zwei Automorphismen wieder ein Automorphismus ist. So enthalten z. B. in der linken Tafel unten die Spalten 1 und 2 die geordneten Paare der Transformation L und die Spalten 2 und 3 die geordneten Paare der Transformation K. Dann enthalten die Spalten 1 und 3 die geordneten Paare der Transformation LK.

$L:$ $K:$ $\qquad$ $LK:$

$i \to i \to i \qquad\quad i \to i$
$p \to p \to p \qquad\quad p \to p$
$q \to q \to q \qquad\quad q \to q$
$r \to r \to r \qquad\quad r \to r$
$s \to u \to v \qquad\quad s \to v$
$t \to v \to u \qquad\quad t \to u$
$u \to t \to s \qquad\quad u \to s$
$v \to s \to t \qquad\quad v \to t$

Beim Vergleich der rechten Tafel mit den Tafeln auf Seite 135 sehen wir, daß gilt $LK = M$. Wir können auf die gleiche Weise zeigen, daß gilt $LN = R$ und $LP = Q$ (s. Übung 13 unten). Somit sehen wir, daß M, R und Q Automorphismen der Gruppe sind. Die Symmetriengruppe eines Quadrates hat daher genau die folgenden acht Automorphismen:

innere Automorphismen: I, K, N und P
äußere Automorphismen: L, M, R und Q

Übungen:

13. L, N, P, Q und R seien die auf Seite 135 dargestellten Transformationen. Man überzeuge sich, daß gilt $LN = R$ und $LP = Q$.

14. Die Automorphismen der Symmetriengruppe eines Rechtecks sind in der Antwort zu Übung 25 von Kapitel 11 angegeben. Welche von ihnen sind innere Automorphismen?
15. Die Automorphismen der Gruppe der Drehungen, die Vielfache von *120°* sind, sind in der Antwort zu Übung 26 von Kapitel 11 angegeben. Welche von ihnen sind innere Automorphismen?
16. Die Automorphismen der Symmetriengruppe eines gleichseitigen Dreiecks sind in der Antwort zu Übung 27 von Kapitel 11 angegeben. Welche von ihnen sind innere Automorphismen?

Das Zentrum einer Gruppe

Sind a und b Elemente einer Gruppe, so sagen wir, daß *a und b vertauschbar* sind, wenn gilt $ab = ba$. So ist z. B. jedes Element a einer Gruppe mit seinem Inversen a^{-1} vertauschbar, da gilt $aa^{-1} = a^{-1}a$. Es gibt Elemente der Gruppe, die mit jedem Element der Gruppe vertauschbar sind. Das neutrale Element i z. B. ist mit jedem Element der Gruppe vertauschbar, da für alle Gruppenelemente a gilt $ia = ai$. In der Symmetriengruppe eines Quadrates ist auch das Element q mit allen Elementen der Gruppe vertauschbar. Es gibt ein einfaches Verfahren, in der Multiplikationstafel einer Gruppe ein Element zu erkennen, das mit jedem Element der Gruppe vertauschbar ist: *Ein Element a ist mit jedem Element der Gruppe vertauschbar, wenn Zeile a von links nach rechts gelesen mit Spalte a von oben nach unten gelesen übereinstimmt.* Die Menge aller Elemente, die mit jedem Element der Gruppe vertauschbar sind, wird das *Zentrum* der Gruppe genannt.

Es ist leicht zu sehen, daß ein Element genau dann zum Zentrum einer Gruppe gehört, wenn der durch dieses Element bestimmte innere Automorphismus der identische Automorphismus ist (s. Übungen 17 und 18 unten).

Übungen:
17. Man beweise, daß der durch ein Element a einer Gruppe G bestimmte innere Automorphismus von G der identische Automorphismus ist, wenn a zum Zentrum von G gehört.
18. Man beweise, daß ein Element a einer Gruppe G zum Zentrum von G gehört, wenn der durch a bestimmte innere Automorphismus von G der identische Automorphismus ist.
19. Welche Elemente gehören zum Zentrum der Symmetriengruppe eines Quadrates?
20. Welche Elemente gehören zum Zentrum der Symmetriengruppe eines gleichseitigen Dreiecks?
21. Welche Elemente gehören zum Zentrum der Symmetriengruppe eines Rechtecks?
22. Welche Elemente gehören zum Zentrum einer kommutativen Gruppe?

Konjugierte einer Untergruppe

Wenn R eine Teilmenge der Gruppe G ist und a ein Element von G, ordnet der durch a bestimmte innere Automorphismus von G jedem Element x von R sein Konjugiertes axa^{-1} zu. Die Menge aller dieser Konjugierten von Elementen von R wird die Konjugierte von R bezüglich a genannt und durch das Symbol aRa^{-1} dargestellt. Man betrachte z. B. in der Symmetriengruppe S eines Quadrates die Menge $R = \{p, q\}$ und den durch s bestimmten inneren Automorphismus. Dieser innere Automorphismus übersetzt p in sps^{-1}, was gleich r ist, und q in sqs^{-1}, was gleich q ist. Also ist die Konjugierte von R bezüglich s die Menge $\{r, q\}$, und wir schreiben $sRs^{-1} = \{r, q\}$.

Als weiteres Beispiel wollen wir die Konjugierte einer Teilmenge bestimmen, die eine *Untergruppe* einer Gruppe ist. Man betrachte die Symmetriengruppe T eines gleichseitigen Dreiecks und die Untergruppe $B = \{i, r\}$. Wir wollen die Konjugierte pBp^{-1} von B bestimmen: $pBp^{-1} = \{pip^{-1}, prp^{-1}\} = \{i, s\}$. Man beachte, daß diese Menge wieder eine Untergruppe von T ist. Dies ist ein Beispiel für eine allgemeine Regel: Eine Konjugierte einer Untergruppe einer Gruppe G ist wieder eine Untergruppe von G. Diese Regel wird bewiesen durch die Ergebnisse von Übung 23, 24 und 25.

Übungen:

23. S sei eine Untergruppe einer Gruppe G und a ein Element von G. Man beweise, daß aSa^{-1} das neutrale Element i von G enthält.
24. S sei eine Untergruppe einer Gruppe G und a ein Element von G. Man beweise, daß aSa^{-1} das Inverse jedes ihrer Elemente enthält.
25. S sei eine Untergruppe einer Gruppe G und a ein Element von G. Man beweise, daß aSa^{-1} das Produkt von je zwei ihrer Elemente enthält.
26. Mit Hilfe des Ergebnisses von Übung 25 beweise man, daß die Untergruppe S isomorph ist zur Untergruppe aSa^{-1}.
27. In der Symmetriengruppe eines gleichseitigen Dreiecks betrachte man die Untergruppe $C = \{i, s\}$. Man bestimme alle Konjugierten von C, nämlich iCi^{-1}, pCp^{-1}, qCq^{-1}, rCr^{-1}, sCs^{-1} und tCt^{-1}.
28. In der Symmetriengruppe eines gleichseitigen Dreiecks betrachte man die Untergruppe $A = \{i, p, q\}$. Man bestimme alle Konjugierten von A, nämlich iAi^{-1}, pAp^{-1}, qAq^{-1}, rAr^{-1}, sAs^{-1} und tAt^{-1}.
29. In der Symmetriengruppe eines Quadrates betrachte man die Untergruppe $A = \{i, p, q, r\}$. Man bestimme alle Konjugierten von A.
30. In der Symmetriengruppe eines Quadrates betrachte man die Untergruppe $G = \{i, q, s, t\}$. Man bestimme alle Konjugierten von G.
31. In der Symmetriengruppe eines Quadrates betrachte man die Untergruppe $B = \{i, q\}$. Man bestimme alle Konjugierten von B.
32. In der Symmetriengruppe eines Quadrates betrachte man die Untergruppe $F = \{i, v\}$. Man bestimme alle Konjugierten von F.
33. In der Symmetriengruppe eines Quadrates betrachte man die Untergruppe $H = \{i, q, u, v\}$. Man bestimme alle Konjugierten von H.
34. In der Symmetriengruppe eines Quadrates betrachte man die Untergruppe $C = \{i, s\}$. Man bestimme alle Konjugierten von C.

35. In der Symmetriengruppe eines Quadrates betrachte man die Untergruppe $D = \{i, t\}$. Man bestimme alle Konjugierten von D.

36. In der Symmetriengruppe eines Quadrates betrachte man die Untergruppe $E = \{i, u\}$. Man bestimme alle Konjugierten von E.

Selbstkonjugierte Untergruppen

In der Symmetriengruppe eines gleichseitigen Dreiecks hat die Untergruppe $C = \{i, s\}$ drei verschiedene Konjugierte, wie wir in Übung 27 sahen:

$$iCi^{-1} = sCs^{-1} = \{i, s\} = C;$$
$$pCp^{-1} = rCr^{-1} = \{i, t\} = D;$$
$$qCq^{-1} = tCt^{-1} = \{i, r\} = B.$$

Die Untergruppe $A = \{i, p, q\}$ hat jedoch nur eine Konjugierte, da jede Konjugierte von A mit A übereinstimmt (vgl. die Antwort zu Übung 28). Wenn jede Konjugierte einer Untergruppe mit der Untergruppe selbst übereinstimmt, wird die Untergruppe eine *normale Untergruppe* genannt. Daher ist die Untergruppe A eine normale Untergruppe der Symmetriengruppe eines gleichseitigen Dreiecks, die Untergruppe C dagegen keine normale Untergruppe.

G sei eine Gruppe und I die Untergruppe $\{i\}$. I, die kleinste Untergruppe von G, ist offensichtlich eine normale Untergruppe, da für jedes Element a von G gibt $aia^{-1} = i$. G, die größte Untergruppe von G, ist ebenfalls eine normale Untergruppe von G.

Übungen:

37. Die Symmetriengruppe T eines gleichseitigen Dreiecks hat die sechs Untergruppen I, A, B, C, D und T, die in der Antwort zu Übung 4 auf Seite 179 angegeben sind. Welche dieser Untergruppen sind normale Untergruppen?

38. Die Symmetriengruppe S eines Quadrates hat die zehn Untergruppen $I, A, B, C, D, E, F, G, H$ und S, die auf Seite 129 angegeben sind. Welche dieser Untergruppen sind normale Untergruppen?

39. Man beweise, daß in einer kommutativen Gruppe jede Untergruppe eine normale Untergruppe ist.

Die Ordnung einer Untergruppe

Die Ordnung der Symmetriengruppe S eines Quadrates ist 8. Die Untergruppen von S haben, wie wir der Liste auf Seite 129 entnehmen können, die Ordnungen $1, 2, 4$ und 8. Man beachte, daß die Ordnung jeder Untergruppe von S ein Teiler der Ordnung von S ist. Dies ist ein Beispiel für eine allgemeine Regel, die als Theorem von *Lagrange* bekannt ist: *Die Ordnung jeder Untergruppe einer endlichen Gruppe ist ein Teiler der Ordnung der Gruppe.* Für den Beweis dieses Theorems führen wir zunächst den Begriff der Nebenklasse einer Untergruppe ein.

Linksnebenklassen einer Untergruppe

S sei eine endliche Gruppe, G eine Untergruppe von S und a ein Element von S. Wir verwenden das Symbol aG für die Menge der Elemente, die wir durch Multiplikation der Elemente von G von links mit a erhalten. Offensichtlich ist eines dieser Elemente a selbst, da G das neutrale Element i enthält und da gilt $ai = a$. Die Menge aG wird *Linksnebenklasse* von G genannt. Um mit den Eigenschaften von Linksnebenklassen einer Untergruppe vertraut zu werden, werden wir zunächst ein uns schon bekanntes Beispiel behandeln.

	i	p	q	r	s	t	u	v
i	i	p	q	r	s	t	u	v
p	p	q	r	i	u	v	t	s
q	q	r	i	p	t	s	v	u
r	r	i	p	q	v	u	s	t
s	s	v	t	u	i	q	r	p
t	t	u	s	v	q	i	p	r
u	u	s	v	t	p	r	i	q
v	v	t	u	s	r	p	q	i

Die Untergruppe $G = \{i, q, s, t\}$

Die Linksnebenklasse $pG = \{p, r, u, v\}$

Die Untergruppe G und ihre Linksnebenklassen

Man betrachte die Symmetriengruppe S eines Quadrates und die Untergruppe $G = \{i, q, s, t\}$. Die Multiplikationstafel für S ist oben abgebildet. Wir haben diejenigen Spalten der Tafel, deren Spaltennamen Elemente der Untergruppe G sind, dunkel gezeichnet. Die Linksnebenklasse pG ist die Menge $\{pi, pq, ps, pt\}$. Jedes dieser Produkte, das ein Element von pG ist, kommt in Zeile p und einer Spalte vor, deren Spaltenname ein Element von G ist. Dies sind aber gerade die Spalten, die wir dunkel gezeichnet haben. *Also ist die Linksnebenklasse pG die Menge aller Eintragungen in den dunklen Feldern der Zeile p.* Entsprechend ist die Menge der Eintragungen in den dunklen Feldern einer beliebigen Zeile die Linksnebenklasse, die man durch Multiplikation der Elemente von G von links mit dem Zeilennamen erhält. Auf Grund dieser Tatsache sehen wir unmittelbar, daß die Zahl der Elemente einer Linksnebenklasse von G mit der Ordnung von G übereinstimmt.

Wir beachten als nächstes, daß jedes Element der Gruppe S in einer Linksnebenklasse von G enthalten ist. In der Tat treten alle Elemente von S in Spalte i auf.

Wir wollen jetzt die Nebenklassen genauer untersuchen. Zunächst wollen wir die Nebenklassen iG, qG, sG und tG betrachten, die man durch Multiplikation der Elemente von G von links mit einem Element von G erhält. Der Tafel entnehmen wir, daß gilt $iG = \{i, q, s, t\}$, $qG = \{q, i, t, s\}$, $sG = \{s, t, i, q\}$ und $tG = \{t, s, q, i\}$. Jede dieser Mengen hat die gleichen Elemente wie G, ist also gleich G. Das ist nicht erstaunlich, da wir die Elemente von G mit einem Element von G multipliziert haben und G als Untergruppe von S die Eigenschaft der Abgeschlossenheit besitzt. Wir sehen also, daß G selbst eine Linksnebenklasse von G ist.

Wir wollen jetzt ein beliebiges Element von S herausgreifen und alle Linksnebenklassen von G untersuchen, die dieses Element enthalten. Wir wollen z. B. alle Linksnebenklassen von G betrachten, die das Element p enthalten. Wir entnehmen der Tafel, daß p in jeder der Linksnebenklassen pG, rG, uG und vG und nur in diesen vorkommt. Man beachte, daß pG, rG, uG und vG alle die gleichen Elemente p, r, u und v enthalten. Daher haben alle Linksnebenklassen, die p enthalten, alle Elemente gemeinsam und sind daher gleich. Wir wären zu einem entsprechenden Ergebnis gekommen, wenn wir an Stelle von p zuerst ein anderes Element von S gewählt hätten: Alle Linksnebenklassen, die ein Element gemeinsam haben, haben alle Elemente gemeinsam und sind daher gleich. Wenn also zwei Linksnebenklassen von G nicht gleich sind, haben sie überhaupt keine Elemente gemeinsam.

In diesem Fall werden die 8 Elemente von S in zwei verschiedene Linksnebenklassen von G eingeteilt. Dies sind $\{i, q, s, t\}$ und $\{p, r, u, v\}$. Die Zahl der Elemente in jeder Linksnebenklasse von G ist 4, die Ordnung der Untergruppe G. Also ist die Zahl der Elemente in beiden zusammen 2×4. Da gilt $8 = 2 \times 4$, ist also die Ordnung von G, die 4 ist, ein Teiler der Ordnung von S, die 8 ist.

Wir können jetzt zeigen, daß die Linksnebenklassen einer Untergruppe G einer beliebigen endlichen Gruppe S Eigenschaften haben, wie wir sie oben gesehen haben. Man nehme die Multiplikationstafel von S und zeichne die Spalten, deren Namen Elemente von G sind, dunkel. Wenn dann a ein beliebiges Element von S ist, ist die Linksnebenklasse aG die Menge aller Eintragungen in den dunklen Feldern der Zeile a. Die Linksnebenklassen in den Zeilen, deren Namen Elemente von G sind, sind alle gleich G. Also ist G selbst eine Linksnebenklasse von G. Die Zahl der Elemente jeder Linksnebenklasse von G ist gleich der Zahl der dunklen Spalten der Tafel, und diese ist gleich der Zahl der Elemente von G. Somit ist die Ordnung der Untergruppe G gleich der Zahl der Elemente in jeder ihrer Linksnebenklassen.

Jedes Element von S liegt in einer Linksnebenklasse von G, da Spalte i alle Elemente von S enthält.

Man greife jetzt ein beliebiges Element a von S heraus und betrachte zwei beliebige Linksnebenklassen bG und cG, die a enthalten. Wir werden zeigen, daß jedes Element von bG ein Element von cG ist und umgekehrt. Da a ein Element von bG ist, ist a das Ergebnis der Multiplikation eines Elementes g von G von links mit b. Es gilt also $a = bg$. Da a ein Element von cG ist, ist a das Ergebnis der Multiplikation eines Elementes h von G von links mit c. Also gilt $a = ch$. Damit erhalten wir $bg = ch$. Wenn wir beide Seiten dieser Gleichung von rechts mit g^{-1} multiplizieren, erhalten wir $b = chg^{-1}$. Man betrachte nun ein beliebiges Element bk von bG, wobei k ein Element von G ist. Da gilt $b = chg^{-1}$, gilt $bk = chg^{-1}k = c(hg^{-1}k)$. Die Elemente h, g^{-1} und k sind Elemente von G. Also ist ihr Produkt auch ein Element von G, da G eine Untergruppe von S ist. Somit haben wir gezeigt, daß bk gleich dem Produkt von c und einem Element von G ist. Jedes Produkt, das wir durch Multiplikation eines Elementes von G von links mit c erhalten, ist aber ein Element der Linksnebenklasse cG. Daher ist bk ein Element von cG. Also ist jedes Element von bG ein Element von cG. Wir können auf die gleiche Weise beweisen, daß jedes Element von cG auch ein Element von bG ist. Also haben bG und cG die gleichen Elemente. Daher haben alle Linksnebenklassen von G, die ein Element gemeinsam haben, alle Elemente gemeinsam und sind daher gleich. Also haben verschiedene Linksnebenklassen von G überhaupt kein Element gemeinsam.

Nehmen wir an, daß die Gruppe S die Ordnung n hat, daß die Untergruppe G die Ordnung x hat und daß y die Zahl der verschiedenen Linksnebenklassen von G ist. Dann werden die n Elemente von S in y verschiedene Nebenklassen eingeteilt, von denen jede x Elemente enthält. Es gilt also $n = xy$. Daher ist x ein Teiler von n. Damit ist das Theorem von *Lagrange* vollständig bewiesen.

Übungen:

40. Welche Ordnungen können die Untergruppen einer Gruppe der Ordnung *15* haben?

41. Welche Ordnungen können die Untergruppen einer Gruppe der Ordnung *5* haben?

42. Man beweise, daß eine Gruppe G, deren Ordnung eine Primzahl p ist, nur die trivialen Untergruppen G und $I = \{i\}$ hat.

43. Man beweise, daß eine Gruppe G, deren Ordnung eine Primzahl p ist, eine zyklische Gruppe ist.

44. Man beweise, daß jede Gruppe, deren Ordnung eine Primzahl ist, kommutativ ist.

45. Man beweise, daß jede Gruppe, deren Ordnung kleiner als *6* ist, kommutativ ist.

Rechtsnebenklassen einer Untergruppe

G sei eine Untergruppe der Gruppe S, und a sei ein Element von S. Wir verwenden das Symbol Ga für die Menge der Elemente, die wir durch Multiplikation der Elemente von G von rechts mit a erhalten. Die Menge Ga wird *Rechtsnebenklasse* von G genannt. Rechtsnebenklassen haben Eigenschaften, die denen der Linksnebenklassen sehr ähnlich sind. Wenn wir in der Multiplikationstafel von S jede Zeile, deren Name ein Element von G ist, dunkel zeichnen, dann ist die Rechtsnebenklasse Ga die Menge aller Eintragungen in den dunklen Feldern der Spalte a. Die Zahl der Elemente jeder Rechtsnebenklasse von G stimmt mit der Ordnung von G überein. Jedes Element von S ist in einer Rechtsnebenklasse von G enthalten. Alle Rechtsnebenklassen von G, die ein Element gemeinsam haben, haben alle Elemente gemeinsam.

Die Untergruppe $G = \{i, q, s, t\}$

Die Rechtsnebenklasse $Gp = \{p, r, v, u\}$

	i	p	q	r	s	t	u	v
i	i	p	q	r	s	t	u	v
p	p	q	r	i	u	v	t	s
q	q	r	i	p	t	s	v	u
r	r	i	p	q	v	u	s	t
s	s	v	t	u	i	q	r	p
t	t	u	s	v	q	i	p	r
u	u	s	v	t	p	r	i	q
v	v	t	u	s	r	p	q	i

Die Untergruppe G und ihre Rechtsnebenklassen

Auf Seite 142 unten ist die Multiplikationstafel der Symmetriengruppe S eines Quadrates abgebildet, wobei die Zeilen, deren Namen Elemente der Untergruppe $G = \{i, q, s, t\}$ sind, dunkel gezeichnet sind. Die Rechtsnebenklasse Gi besteht aus den dunklen Feldern der Spalte i, die Rechtsnebenklasse Gp besteht aus den dunklen Feldern der Spalte p usw. Die Untergruppe G hat zwei verschiedene Rechtsnebenklassen, nämlich $\{i, q, s, t\}$ und $\{p, r, v, u\}$.

Die Menge $C = \{i, s\}$ ist ebenfalls eine Untergruppe von S. Die erste Tafel unten zeigt die Linksnebenklassen von C. Die zweite Tafel zeigt die Rechtsnebenklassen von C.

Die Linksnebenklassen von C sind $iC = sC = \{i, s\}$; $pC = uC = \{p, u\}$; $qC = tC = \{q, t\}$ und $rC = vC = \{r, v\}$. Die Rechtsnebenklassen von C sind $Ci = Cs = \{i, s\}$; $Cp = Cv = \{p, v\}$; $Cq = Ct = \{q, t\}$ und $Cr = Cu = \{r, u\}$. Man beachte, daß die Menge $\{p, u\}$, die eine

	i	p	q	r	s	t	u	v
i	i	p	q	r	s	t	u	v
p	p	q	r	i	u	v	t	s
q	q	r	i	p	t	s	v	u
r	r	i	p	q	v	u	s	t
s	s	v	t	u	i	q	r	p
t	t	u	s	v	q	i	p	r
u	u	s	v	t	p	r	i	q
v	v	t	u	s	r	p	q	i

◀ *Die Untergruppe* $C = \{i, s\}$

◀ *Die Linksnebenklasse* $pC = \{p, u\}$

Die Untergruppe C und ihre Linksnebenklassen

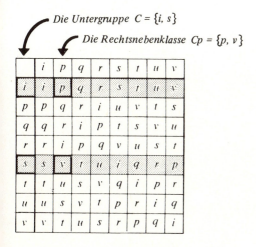

Die Untergruppe C und ihre Rechtsnebenklassen

Linksnebenklasse von C ist, keine Rechtsnebenklasse von C ist, und daß die Menge $\{p, v\}$, die eine Rechtsnebenklasse von C ist, keine Linksnebenklasse von C ist. Dies zeigt, daß eine Linksnebenklasse einer Untergruppe keine Rechtsnebenklasse dieser Untergruppe sein muß und umgekehrt. Es gibt jedoch einige spezielle Untergruppen, für die jede Linksnebenklasse eine Rechtsnebenklasse und jede Rechtsnebenklasse eine Linksnebenklasse ist. Die Linksnebenklassen der Untergruppe G der Symmetriengruppe eines Quadrates sind z. B.:

$iG = qG = sG = tG = \{i, q, s, t\}$ und
$pG = rG = uG = vG = \{p, r, u, v\}$.

Die Rechtsnebenklassen der Untergruppe G sind:

$Gi = Gq = Gs = Gt = \{i, q, s, t\}$ und
$Gp = Gr = Gu = Gv = \{p, r, u, v\}$.

Also ist jede Linksnebenklasse von G eine Rechtsnebenklasse von G und jede Rechtsnebenklasse von G eine Linksnebenklasse von G. Wir werden die Bedeutung dieses Spezialfalles im nächsten Kapitel untersuchen.

13. Zusammenklappen einer Gruppe

Die Nebenklassen einer normalen Untergruppe

Am Ende von Kapitel 12 sahen wir, daß es Untergruppen einer Gruppe mit der besonderen Eigenschaft gibt, daß jede Linksnebenklasse der Untergruppe auch eine Rechtsnebenklasse der Untergruppe ist und umgekehrt. Um die Bedeutung dieses Spezialfalles zu untersuchen, wollen wir ein Beispiel betrachten.

S sei die Symmetriegruppe eines Quadrates. Man betrachte die Untergruppe $G = \{i, q, s, t\}$. Wir haben schon gesehen, daß jede Linksnebenklasse von G eine Rechtsnebenklasse von G ist und umgekehrt. Wir wollen ein beliebiges Element von S wählen, z. B. p, und die Linksnebenklasse pG und die Rechtsnebenklasse Gp untersuchen. Wie wir gesehen haben, haben sie dieselben Elemente p, r, u und v. Man nehme das Element s von G und multipliziere es von links mit p. Das Produkt ps ist ein Element von pG. In der Tat entnehmen wir der Multiplikationstafel für S, daß gilt $ps = u$. Da die Linksnebenklasse pG mit der Rechtsnebenklasse Gp übereinstimmt, kann man das Element u auch durch Multiplikation eines Elementes von G von rechts mit p erhalten. In der Tat gilt $u = tp$. Es folgt daher $ps = tp$. Indem wir beide Seiten dieser Gleichung von rechts mit p^{-1} multiplizieren, erhalten wir $psp^{-1} = t$. Wenn wir dieses Verfahren für jedes Element von G wiederholen, erhalten wir folgende Konjugierte der Elemente von G: $pip^{-1} = i$, $pqp^{-1} = q$, $psp^{-1} = t$ und $ptp^{-1} = s$. Die Menge aller dieser Konjugierten der Elemente von G ist G selbst. Also stimmt die Konjugierte pGp^{-1} von G mit G überein. Durch einen ähnlichen Beweis, bei dem wir mit einem beliebigen anderen Element von S an Stelle von p beginnen, können wir zeigen, daß jede Konjugierte von G mit G übereinstimmt. Daher ist G eine normale Untergruppe von S.

Genau der gleiche Beweis kann für eine beliebige Untergruppe geführt werden, die besondere Eigenschaft hat, daß jede ihrer Linksnebenklassen eine Rechtsnebenklasse ist und umgekehrt. Damit ergibt sich folgende wichtige Folgerung: Wenn jede Linksnebenklasse einer Untergruppe eine Rechtsnebenklasse ist und umgekehrt, dann ist die Untergruppe eine normale Untergruppe.

Diese Aussage kann auch umgekehrt werden: Wenn eine Untergruppe normal ist, dann ist jede Linksnebenklasse der Untergruppe eine Rechtsnebenklasse und umgekehrt (s. Übung auf Seite 146).

In Übung 37 von Kapitel 12 stellten wir fest, daß die Untergruppe $B = \{i, q\}$ in der Symmetriegruppe eines Quadrates eine normale Untergruppe ist. Daher muß jede Linksnebenklasse von B eine Rechtsnebenklasse sein und umgekehrt.

Auf Seite 143 sahen wir, daß die Menge $\{p, u\}$ eine Linksnebenklasse von $C = \{i, s\}$ ist, aber keine Rechtsnebenklasse von C ist. Wir können daher unmittelbar schließen, daß C keine normale Untergruppe der Symmetriegruppe eines Quadrates ist.

Übungen:

1. S sei eine Gruppe und G eine normale Untergruppe von S. Ist a ein beliebiges Element von S, dann gilt $aGa^{-1} = G$. Man beweise, daß gilt $aG = Ga$. (Hinweis: Man zeige, daß jedes Element von aG ein Element von Ga ist und umgekehrt.)

2. In der Symmetriengruppe S eines Quadrates ist die Untergruppe $A = \{i, p, q, r\}$ normal (s. Übung 38 in Kapitel 12). Man bestimme alle Linksnebenklassen von A und alle Rechtsnebenklassen von A. Man überzeuge sich, daß jede Linksnebenklasse von A eine Rechtsnebenklasse von A ist und umgekehrt.

3. In der Symmetriengruppe S eines Quadrates ist die Untergruppe $B = \{i, q\}$ normal. Man bestimme alle Linksnebenklassen von B und alle Rechtsnebenklassen von B. Man überzeuge sich, daß jede Linksnebenklasse von B eine Rechtsnebenklasse von B ist und umgekehrt.

4. In der Symmetriengruppe S eines Quadrates ist die Untergruppe $H = \{i, q, u, v\}$ normal. Man bestimme alle Linksnebenklassen von H und alle Rechtsnebenklassen von H. Man überzeuge sich, daß jede Linksnebenklasse von H eine Rechtsnebenklasse von H ist und umgekehrt.

5. In der Symmetriengruppe T eines gleichseitigen Dreiecks ist die Untergruppe $A = \{i, p, q\}$ normal. Man bestimme alle Linksnebenklassen von A und alle Rechtsnebenklassen von A. Man überzeuge sich, daß jede Linksnebenklasse von A eine Rechtsnebenklasse von A ist und umgekehrt.

Multiplikation eines Elementes einer Nebenklasse mit einem Element einer anderen

In den beiden folgenden Beispielen werden wir zwei Linksnebenklassen einer gegebenen Untergruppe betrachten. Wir werden ein beliebiges Element der ersten Nebenklasse und ein beliebiges Element der zweiten Nebenklasse herausgreifen und sie dann in dieser Reihenfolge multiplizieren. Dann werden wir die Linksnebenklasse suchen, zu der das Produkt gehört. Wir werden dies für jedes Produkt tun, das man auf diese Weise erhalten kann. Dann werden wir die Ergebnisse vergleichen, die wir in den beiden Beispielen erhalten.

Beispiel 1: Man betrachte die Untergruppe $C = \{i, s\}$ in der Symmetriengruppe eines Quadrates. Man nehme die Linksnebenklassen pC und rC. Es gilt $pC = \{p, u\}$ und $rC = \{r, v\}$. Durch Multiplikation eines Elementes von pC mit einem Element von rC können wir vier verschiedene Produkte erhalten: pr, pv, ur und uv. Wie wir der Multiplikationstafel für S entnehmen, gilt $pr = i$, $pv = s$, $ur = t$ und $uv = q$. Die möglichen Produkte sind also i, s, t und q. Die Produkte i und s gehören zur Linksnebenklasse $\{i, s\}$. Die Produkte q und t gehören zur Linksnebenklasse $\{q, t\}$. *In diesem Fall gehören nicht alle Produkte zur gleichen Linksnebenklasse der Untergruppe.*

Beispiel 2: Man betrachte die Untergruppe $B = \{i, q\}$ in der Symmetriengruppe eines Quadrates. Man nehme die Linksnebenklasse pB und sB. Es gilt $pB = \{p, r\}$ und $sB = \{s, t\}$. Durch Multiplikation eines Elementes von pB mit einem Element von sB können wir vier verschiedene Produkte erhalten: ps, pt, rs und rt. Wie wir die Multiplikationstafel für S entnehmen, gilt $ps = u$, $pt = v$, $rs = v$ und $rt = u$. Die möglichen Produkte sind also u und v. Die Produkte u und v gehören zur Linksnebenklasse $\{u, v\}$. *In diesem Fall gehören alle Produkte zur gleichen Linksnebenklasse der Untergruppe.*

Die Verschiedenheit der Ergebnisse in diesen Beispielen hängt mit der Tatsache zusammen, daß C keine normale Untergruppe von S ist, während B eine normele Untergruppe von S ist. In der Tat werden wir folgendes Ergebnis beweisen, das durch Beispiel 2 veranschaulicht wird. S sei eine beliebige Gruppe und G eine normale Untergruppe von S. aG und bG seien zwei beliebige Linksnebenklassen von G. *Dann gehören alle Produkte, die man durch Multiplikation eines Elementes von aG mit einem Element von bG erhält, zur gleichen Linksnebenklasse von G.* Um diese Aussage zu beweisen, wollen wir uns zunächst daran erinnern, daß es für ein beliebiges Element von S nur eine Linksnebenklasse von G gibt, die es enthält. So gibt es nur eine Linksnebenklasse von G, die ab enthält. Jedes Element von aG ist ein Produkt ag, wobei g ein Element von G ist. Entsprechend ist jedes Element von bG ein Produkt bh, wobei h ein Element von G ist. Das Produkt von ag und bh ist $agbh$. Das Produkt gb ist ein Element der Rechtsnebenklasse Gb. Da G aber eine normale Untergruppe von S ist, hat die Rechtsnebenklasse Gb dieselben Elemente wie die Linksnebenklasse bG. Daher ist gb ein Element von bG. Es gibt also ein Element k von G, für das das Produkt bk gleich gb ist. Es gilt also $agbh = a(gb)h = a(bk)h = (ab)(kh)$. Da k und h Elemente von G sind, ist auch ihr Produkt kh ein Element von G. Dann ist $(ab)(kh)$ ein Element der Linksnebenklasse abG, die ab enthält. Daher ist jedes Produkt eines Elementes von aG und eines Elementes von bG ein Element von abG.

Übungen:

6. Die Untergruppe $B = \{i, q\}$ ist eine normale Untergruppe der Symmetriengruppe S eines Quadrates. In der Gruppe S gilt $ur = t$. Man überzeuge sich, daß das Produkt eines beliebigen Elementes von uB und eines beliebigen Elementes von rB ein Element von tB ist.

7. Die Untergruppe $H = \{i, q, u, v\}$ ist eine normale Untergruppe der Symmetriengruppe S eines Quadrates. In der Gruppe S gilt $us = p$. Man überzeuge sich, daß das Produkt eines beliebigen Elementes von uH und eines beliebigen Elementes von sH ein Element von pH ist.

8. Die Untergruppe $A = \{i, p, q\}$ ist eine normale Untergruppe der Symmetriengruppe T eines gleichseitigen Dreiecks. In der Gruppe T gilt $pr = t$. Man überzeuge sich, daß das Produkt eines beliebigen Elementes von pA und eines beliebigen Elementes von rA ein Element von tA ist.

Nebenklassen in einer kommutativen Gruppe

In einer kommutativen Gruppe ist jede Untergruppe eine normale Untergruppe. Somit hat in einer kommutativen Gruppe jede Untergruppe die beiden im vorigen Abschnitt beobachteten Eigenschaften: 1. Jede Linksnebenklasse der Untergruppe ist eine Rechtsnebenklasse und umgekehrt. 2. Alle Produkte, die man durch Multiplikation eines Elementes einer Linksnebenklasse einer Untergruppe mit einem Element einer anderen Linksnebenklasse dieser Untergruppe erhält, gehören zu einer einzigen Linksnebenklasse dieser Untergruppe.

Man betrachte z. B. die Symmetriengruppe eines Rechtecks $R = \{i, a, b, c\}$. Wir können der Multiplikationstafel auf Seite 52 entnehmen, daß R eine kommutative Gruppe ist. Die Menge $A = \{i, a\}$ ist eine Untergruppe von R. Da R kommutativ ist, ist A eine normale Untergruppe von R. Also hat A die oben genannten Eigenschaften 1. und 2. (s. Übung 9 unten).

In einer kommutativen Gruppe benutzen wir manchmal das Symbol + für die Gruppenoperation. In solchen Fällen nimmt die Addition in allen Aussagen über Gruppenelemente, Untergruppen, Nebenklassen usw. die Stelle der Multiplikation ein. So ist z. B. im Sechs-Punkte-System der Zifferblattzahlen die Menge $\{0, 1, 2, 3, 4, 5\}$ eine Gruppe bezüglich der Operation + mit der folgenden Gruppentafel:

+	0	1	2	3	4	5
0	0	1	2	3	4	5
1	1	2	3	4	5	0
2	2	3	4	5	0	1
3	3	4	5	0	1	2
4	4	5	0	1	2	3
5	5	0	1	2	3	4

Wir wollen diese Gruppe M nennen. 0 ist das neutrale Element von M. Die Menge $A = \{0, 3\}$ ist offensichtlich eine Untergruppe von M. Da M eine kommutative Gruppe ist, ist A eine normale Untergruppe von M. Dann hat A die oben genannten Eigenschaften 1. und 2. Die Linksnebenklassen und Rechtsnebenklassen von A können aus der Tafel abgelesen werden. So ist z. B. die Linksnebenklasse $2 + A$ die Menge $\{2 + 0, 2 + 3\} = \{2, 5\}$. Die Rechtsnebenklasse $A + 2$ ist die Menge $\{0 + 2, 3 + 2\} = \{2, 5\}$ (s. Übung 10 auf Seite 149).

Ein anderes Beispiel für eine kommutative Gruppe ist die Menge aller ganzen Zahlen mit der Operation +. In dieser Gruppe ist die Menge $\{0, 2, 4, ..., -2, -4, ...\}$ aller geraden ganzen Zahlen eine Untergruppe und daher eine normale Untergruppe mit den oben genannten Eigenschaften 1. und 2. Auch die Menge $\{0, 3, 6, ..., -3, -6, ...\}$ aller Vielfachen von 3 ist eine normale Untergruppe der Gruppe der ganzen Zahlen und hat die Eigenschaften 1. und 2. (s. Übung 11 und 12 auf Seite 149).

Übungen:

9. Man betrachte die Untergruppe $A = \{i, a\}$ in der Symmetriengruppe R eines Rechtecks. Man bestimme alle Linksnebenklassen von A und alle Rechtsnebenklassen von A. Man überzeuge sich, daß jede Linksnebenklasse von A eine Rechtsnebenklasse von A ist und umgekehrt. In der Gruppe R gilt $ab = c$. Man überzeuge sich, daß das Produkt eines beliebigen Elementes von aA und eines beliebigen Elementes von bA ein Element von cA ist.

10. Man betrachte die Untergruppe $A = \{0, 3\}$ in der additiven Gruppe M des Sechs-Punkte-Systems der Zifferblattzahlen. Man bestimme alle Linksnebenklassen von A und alle Rechtsnebenklassen von A. Man überzeuge sich, daß jede Linksnebenklasse von A eine Rechtsnebenklasse von A ist und umgekehrt. In der Gruppe M gilt $2 + 3 = 5$. Man überzeuge sich, daß die Summe eines beliebigen Elementes von $2 + A$ und eines beliebigen Elementes von $3 + A$ ein Element von $5 + A$ ist.

11. E sei die Untergruppe $\{0, 2, 4, ..., -2, -4, ...\}$ aller geraden ganzen Zahlen in der Gruppe der ganzen Zahlen. a) Man bestimme jede der folgenden Linksnebenklassen von E, indem man einige ihrer typischen Elemente in geschweifte Klammern schreibt, wie wir es oben für E getan haben: $0 + E, 1 + E, 2 + E, 3 + E$. b) Man bestimme die folgenden Rechtsnebenklassen von E: $E + 0, E + 1, E + 2, E + 3$. c) Wieviele verschiedene Linksnebenklassen hat E? d) Wieviele verschiedene Rechtsnebenklassen hat E? e) Man überzeuge sich, daß jede Linksnebenklasse von E eine Rechtsnebenklasse von E ist und umgekehrt. f) Im System der ganzen Zahlen gilt $1 + 2 = 3$. Man überzeuge sich, daß die Summe eines beliebigen Elementes von $1 + E$ und eines beliebigen Elementes von $2 + E$ ein Element von $3 + E$ ist.

12. T sei die Untergruppe $\{0, 3, 6, ..., -3, -6, ...\}$ der Vielfachen von 3 in der Gruppe der ganzen Zahlen. a) Man bestimme die folgenden Linksnebenklassen von T: $0 + T, 1 + T, 2 + T, 3 + T, 4 + T$. b) Man bestimme die folgenden Rechtsnebenklassen von T: $E + 0, E + 1, E + 2, E + 3, E + 4$. c) Wieviele verschiedene Linksnebenklassen hat T? d) Wieviele verschiedene Rechtsnebenklassen hat T? e) Man überzeuge sich, daß jede Linksnebenklasse von T eine Rechtsnebenklasse von T ist und umgekehrt. f) Im System der ganzen Zahlen gilt $1 + 2 = 3$. Man überzeuge sich, daß die Summe eines beliebigen Elementes von $1 + T$ und eines beliebigen Elementes von $2 + T$ ein Element von $3 + T$ ist.

Produkte von Nebenklassen normaler Untergruppen

S sei eine Gruppe und G eine normale Untergruppe von S. Da jede Linksnebenklasse von G eine Rechtsnebenklasse von G ist und umgekehrt, können wir die Worte „links" und „rechts" weglassen und einfach von Nebenklassen von G sprechen. Man betrachte die Menge aller Nebenklassen von G und wähle ein geordnetes Paar von Nebenklassen, z. B. aG und bG. Wir sahen auf Seite 147, daß alle Produkte, die man durch Multiplikation eines Elementes von aG mit einem Element von bG erhält, zu einer *einzigen* Nebenklasse von G gehören. Wir wollen diese Nebenklasse das *Produkt* von aG und bG nennen. Da a ein Element von aG und b ein Element von bG ist, ist das Produkt von aG und bG die Nebenklasse, die ab enthält, nämlich abG. Damit haben wir folgende Regel für die Multiplikation von Nebenklassen einer normalen Untergruppe G: $(aG)(bG) = abG$.

Man betrachte z. B. die normale Untergruppe $B = \{i, q\}$ in der Symmetriengruppe eines Quadrates. Die Nebenklassen pB und rB sind beide gleich $\{p, r\}$, so daß wir die Wahl zwischen zwei verschiedenen Schreibweisen für die Nebenklasse $\{p, r\}$ haben, nämlich pB oder rB. Die Nebenklassen sB und tB sind beide gleich $\{s, t\}$, so daß wir die Wahl zwischen zwei verschiedenen Schreibweisen für die Nebenklasse $\{s, t\}$ haben, nämlich sB oder tB. Dann haben wir die Wahl zwischen vier verschiedenen Schreibweisen für das Produkt der Nebenklassen $\{p, r\}$ und $\{s, t\}$: $(pB)(sB) = psB$ oder $(pB)(tB) = ptB$ oder $(rB)(sB) = rsB$ oder $(rB)(tB) = rtB$. Es macht keinen Unterschied, auf welche Weise man das Produkt schreibt, denn die Produkte psB, ptB, rsB und rtB sind alle gleich, da ps, pt, rs und rt alle zur gleichen Nebenklasse gehören.

Ist eine Untergruppe nicht normal, können wir nicht das gleiche Verfahren zur Definition einer Operation der Multiplikation für ihre Linksnebenklassen benutzen, da in diesem Fall, wie wir in Beispiel 1 auf Seite 146 gesehen haben, die Produkte, die man durch Multiplikation eines Elementes einer Linksnebenklasse mit einem Element einer anderen Linksnebenklasse erhält, nicht alle zu einer einzigen Linksnebenklasse gehören.

In der Symmetriengruppe eines Quadrates wollen wir jeder Nebenklasse der normalen Untergruppe B gemäß dem folgenden Schema neue Namen zuordnen: Wird ein Element der Nebenklasse mit einem bestimmten kleinen Buchstaben bezeichnet, dann benutze man den entsprechenden großen Buchstaben als Namen für diese Nebenklasse. Es gibt vier Nebenklassen von B, und nach diesem Schema erhält jede von ihnen zwei neue Namen:

$\{i, q\}$ wird I oder Q genannt;

$\{p, r\}$ wird P oder R genannt;

$\{s, t\}$ wird S oder T genannt;

$\{u, v\}$ wird U oder V genannt.

Wenn wir betonen wollen, daß die Nebenklasse $\{p, r\}$ diejenige ist, die p enthält, werden wir sie P nennen. Wenn wir betonen wollen, daß sie diejenige ist, die r enthält, werden wir sie R nennen. Ansonsten steht es uns frei, einen der beiden Namen zu benutzen. Ein entsprechendes Schema zur Bezeichnung von Nebenklassen einer normalen Untergruppe empfiehlt sich in allen Fällen, in denen die Elemente einer Gruppe mit kleinen Buchstaben bezeichnet werden.

In der Symmetriengruppe eines Quadrates ist $\{I, P, S, U\}$ die Menge aller Nebenklassen der normalen Untergruppe B, wobei jede Nebenklasse jetzt durch genau einen ihrer neuen Namen dargestellt wird. Wir haben gerade eine Operation der Multiplikation in dieser Menge definiert. Unter Benutzung dieser Operation können wir das Produkt für ein beliebiges geordnetes Paar von Elementen der Menge bestimmen. Wir sahen z. B. oben, daß unter Verwendung der alten Namen gilt $(pB)(sB) = psB$. Da gilt $ps = u$, können wir schreiben $(pB)(sB) = uB$. P ist der neue Name für pB, S der neue Name für sB und U der neue Name für uB. Wenn wir die neuen Namen verwenden, erhalten wir $PS = U$.

Übung:

13. Man konstruiere die Multiplikationstafel für die Menge $\{I, P, S, U\}$ der Nebenklassen der normalen Untergruppe B in der Symmetriengruppe eines Quadrates.

Eine Gruppe, deren Elemente Nebenklassen sind

Wir haben in Übung 13 oben eine Multiplikationstafel für die Menge $\{I, P, S, U\}$ konstruiert, deren sämtliche Elemente Nebenklassen der normalen Untergruppe B in der Symmetriengruppe eines Quadrates sind (s. S. 182 im Antwortteil). Wir wollen diese Tafel mit Hilfe des folgenden Wörterbuches in eine andere Sprache übersetzen:

Eine Gruppe, deren Elemente Nebenklassen sind

$I \to i$
$P \to a$
$S \to b$
$U \to c$

Die übersetzte Tafel hat folgende Form:

	i	a	b	c
i	i	a	b	c
a	a	i	c	b
b	b	c	i	a
c	c	b	a	i

Wenn wir diese Tafel mit der Tafel der Symmetriengruppe eines Rechtecks vergleichen, sehen wir, daß die beiden übereinstimmen. Dies beweist, daß die Menge der Nebenklassen $\{I, P, S, U\}$ eine Gruppe bezüglich der Operation „Multiplikation von Nebenklassen" ist. Das Wörterbuch, das wir benutzen, ist in der Tat ein Isomorphismus zwischen der Gruppe der Nebenklassen von B und der Symmetriengruppe eines Rechtecks.

Was wir gerade beobachtet haben, ist ein Beispiel für eine allgemeine Regel: Ist S eine beliebige Gruppe und G eine normale Untergruppe von S, dann ist die Menge aller Nebenklassen von G eine Gruppe bezüglich der Operation „Multiplikation von Nebenklassen". Da wir diese Gruppe durch *Einteilen* von S in Nebenklassen bilden, die alle dieselbe Zahl von Elementen haben wie die Untergruppe G, wird sie eine *Quotientengruppe* genannt und durch das Symbol S/G dargestellt. Wenn G mehr als ein Element enthält, gleicht die Bildung der Quotientengruppe S/G einem Zusammenklappen der Gruppe S, das zu einer kleineren Gruppe führt. In der Abbildung unten stellen wir das Zusammenklappen der Gruppe S der Symmetrien eines Quadrates als einen Vorgang dar, der dem Zusammenpressen eines Akkordeons gleicht. Dieses „Zusammenpressen" drückt alle Elemente jeder Nebenklasse von G so aufeinander, daß jede Nebenklasse zu einem einzigen Element in der Quotientengruppe S/B wird.

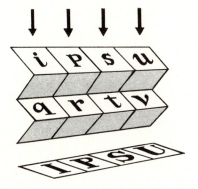

Der Beweis, daß die Menge aller Nebenklassen einer normalen Untergruppe eine Gruppe ist, wird in den Übungen 14, 15 und 16 geführt.

Übungen:

Für die Übungen 14, 15 und 16 sei S eine beliebige Gruppe und G eine normale Untergruppe von S. Für ein beliebiges Element von S, das durch einen kleinen Buchstaben dargestellt wird, bezeichne der entsprechende große Buchstabe die Nebenklasse von G, die dieses Element enthält. Gilt $ab = c$, dann gilt nach der Definition der Multiplikation von Nebenklassen auch $AB = C$. Da das Produkt zweier Nebenklassen von G eine Nebenklasse von G ist, ist die Menge aller Nebenklassen von G abgeschlossen gegenüber der Multiplikation.

14. Man beweise, daß für beliebige Elemente a, b und c von S gilt $(AB)C = A(BC)$.

15. I ist die Nebenklasse von G, die das neutrale Element i von S enthält. Man beweise, daß für eine beliebige Nebenklasse A von G gilt $IA = AI = A$.

16. Man beweise, daß es zu einer beliebigen Nebenklasse A von G eine Nebenklasse B gibt, für die gilt $AB = BA = I$.

17. Die Ordnung einer Gruppe S sei n, und die Ordnung einer normalen Untergruppe G von S sei m. Welches ist die Ordnung der Quotientengruppe S/G?

18. In der Symmetriengruppe S eines Quadrates ist $A = \{i, p, q, r\}$ eine normale Untergruppe. Es gibt zwei Nebenklassen von A, die wir wie folgt bezeichnen: $I = \{i, p, q, r\}$ und $T = \{s, t, u, v\}$. Man konstruiere die Multiplikationstafel für die Quotientengruppe S/A.

19. M sei die additive Gruppe des Sechs-Punkte-Systems der Zifferblattzahlen, und A sei die Untergruppe $\{0, 3\}$. Es gibt drei Nebenklassen von A, die wir wie folgt mit fettgedruckten Ziffern bezeichnen: **0** = $\{0, 3\}$, **1** = $\{1, 4\}$ und **2** = $\{2, 5\}$. Man konstruiere die Additionstafel für die Quotientengruppe M/A.

20. Z sei die additive Gruppe aller ganzen Zahlen, und T sei die Untergruppe aller Vielfachen von 3. Es gibt drei Nebenklassen von T, die wir wie folgt bezeichnen:

    0 = $\{0, 3, 6, ..., -3, -6, ...\}$
    1 = $\{1, 4, 7, ..., -2, -5, ...\}$
    2 = $\{2, 5, 8, ..., -1, -4, ...\}$

    Man konstruiere die Additionstafel für die Quotientengruppe Z/T.

21. a) Man benutze die auf Seite 92 abgebildete Multiplikationstafel von S_4, um die Multiplikationstafel für die Teilmenge $Y = \{i, g, q, x\}$ zu konstruieren. Man überzeuge sich an Hand der Tafel, daß Y eine Untergruppe von S_4 ist. b) Man benutze die Tafel für S_4, um die Linksnebenklassen und die Rechtsnebenklassen von Y zu bestimmen. Man überzeuge sich auf Grund des Ergebnisses, daß Y eine normale Untergruppe von S_4 ist. c) Man bezeichne die Nebenklassen von Y wie folgt:

    $I = \{i, g, q, x\}$; $A = \{a, f, r, w\}$; $B = \{b, k, n, v\}$;
    $C = \{c, l, m, u\}$; $D = \{d, h, p, t\}$; $E = \{e, j, o, s\}$.

    Man konstruiere die Multiplikationstafel für die Quotientengruppe S_4/Y.

Homomorphismen

Wir wollen wieder die Symmetriengruppe S eines Quadrates und die Quotientengruppe S/B, deren Elemente die Nebenklassen der normalen Untergruppe B von S sind, betrachten. Für jedes Element von S wollen wir ein geordnetes Paar bilden, indem wir diesem Element von S das Element von S/B zuordnen, in dem es enthalten ist. Die Menge dieser geordneten Paare ist in der Liste unten aufgeführt:

$i \to I$ (auch Q genannt)
$p \to P$ (auch R genannt)
$q \to Q$ (auch I genannt)
$r \to R$ (auch P genannt)
$s \to S$ (auch T genannt)
$t \to T$ (auch S genannt)
$u \to U$ (auch V genannt)
$v \to V$ (auch U genannt)

Wir können diese Liste geordneter Paare als ein Wörterbuch benutzen, um Aussagen über Elemente von S in eine andere Sprache zu übersetzen. Dieses Wörterbuch übersetzt z. B. die Aussage $ps = u$ in die Aussage $PS = U$. Aus der Definition der Multiplikation von Nebenklassen ergibt sich, daß dieses Wörterbuch jeden Multiplikationssatz von S in einen Multiplikationssatz von S/B übersetzt. In dieser Hinsicht gleicht es der Art von Wörterbüchern, die wir einen Isomorphismus von einer Gruppe auf eine andere genannt haben. Es liegt jedoch kein Isomorphismus vor, da jedes Element von S/B in der zweiten Spalte zweimal vorkommt. (Bei einem Isomorphismus von einer Gruppe auf eine andere kommt jedes Element der ersten Gruppe genau einmal in der ersten Spalte und jedes Element der zweiten Gruppe genau einmal in der zweiten Spalte vor.) Es handelt sich um ein Beispiel für eine andere Art von Wörterbüchern, die *Homomorphismus* genannt und wie folgt definiert wird: Ein zweispaltiges Wörterbuch, das jedem Element einer Gruppe ein Element einer anderen Gruppe zuordnet, wird Homomorphismus genannt, wenn es folgende Eigenschaften hat: 1. Jedes Element der ersten Gruppe kommt genau einmal in der ersten Spalte des Wörterbuches vor. 2. Jedes Element der zweiten Gruppe kommt mindestens einmal in der zweiten Spalte des Wörterbuches vor. 3. Das Wörterbuch übersetzt jeden Multiplikationssatz der ersten Gruppe in einen Multiplikationssatz der zweiten Gruppe. Man beachte, daß jedes Element der zweiten Gruppe auch mehr als einmal in der zweiten Spalte eines Homomorphismus vorkommen kann. In dem Spezialfall, wo jedes Element der zweiten Gruppe nur einmal in der zweiten Spalte vorkommt, ist der Homomorphismus ein Isomorphismus.

Wenn es einen Homomorphismus gibt, der zwischen den Elementen einer Gruppe eine Zuordnung herstellt, so sagen wir, daß die zweite Gruppe *homomorph* zur ersten ist und daß die zweite Gruppe ein *homomorphes Bild* der ersten ist.

Der Homomorphismus von der Gruppe S auf die Quotientengruppe S/B ist ein Beispiel für eine ganze Familie von Homomorphismen, die man auf genau die gleiche Weise erhält: Ist S eine beliebige Gruppe und G eine normale Untergruppe von S, dann ist die Menge geordneter Paare, die jedem Element von S das Element von S/G zuordnet, in dem es enthalten ist, ein Homomorphismus.

In dem Beispiel für einen Homomorphismus, das wir gerade gesehen haben, gingen wir von der Quotientengruppe S/G aus und zeigten, daß sie ein homomorphes Bild von S ist. Dieses Verfahren ist umkehrbar. Wenn wir von einer Gruppe T ausgehen, die ein homomorphes Bild von S ist, können wir zeigen, daß es eine normale Untergruppe G von S gibt, so daß T dieselbe Struktur wie die Quotientengruppe S/G hat. Um zu zeigen, wie man dies beweist, untersuchen wir zunächst ein Beispiel.

Man betrachte die Symmetriengruppe R eines Rechtecks und die symmetrische Gruppe S_2. Ihre Multiplikationstafeln sind auf den Seiten 52 und 92 abgebildet. Um Verwechslungen zu vermeiden, wollen wir die großen Buchstaben I und A an Stelle der kleinen Buchstaben i und a als Namen für die Elemente von S_2 benutzen. Wir wollen die folgende Liste geordneter Paare untersuchen, die jedem Element von R ein Element von S_2 zuordnet.

$i \rightarrow I$
$a \rightarrow I$
$b \rightarrow A$
$c \rightarrow A$

Jedes Element von R kommt genau einmal in der ersten Spalte vor. Jedes Element von S_2 kommt zweimal in der zweiten Spalte vor. Wir wollen diese Liste geordneter Paare als ein Wörterbuch benutzen, um jeden Multiplikationssatz von R in eine andere Sprache zu übersetzen. Es gibt sechzehn Multiplikationssätze von R: $ii = i$, $ia = a$, $ib = b$, $ic = c$, $ai = a$, $aa = i$, $ab = c$, $ac = b$, $bi = b$, $ba = c$, $bb = i$, $bc = a$, $ci = c$, $ca = b$, $cb = a$, $cc = i$. Es ist leicht zu sehen, daß die Übersetzung jedes dieser Multiplikationssätze von R ein Multiplikationssatz von S_2 ist. Die Übersetzung der Aussage $ab = c$ erhält man z. B. durch Ersetzen von a durch I, von b durch A und von c durch A. Die übersetzte Aussage ist $IA = A$, also ein Multiplikationssatz von S_2 (s. Übung 22 auf Seite 155). Folglich ist diese Menge geordneter Paare ein Homomorphismus und S_2 ein homomorphes Bild von R.

Wir wollen nun diesen Homomorphismus anders darstellen, indem wir jedes Element von S_2 nur einmal schreiben und links von ihm die Menge aller Elemente von R schreiben, denen es zugeordnet wird. Dann hat die neue Liste folgende Form:

$\{i, a\} \rightarrow I$
$\{b, c\} \rightarrow A$

Es ist leicht zu sehen, daß $G = \{i, a\}$ eine normale Untergruppe von R ist und daß jede Menge, die in der linken Spalte der neuen Liste vorkommt, eine Nebenklasse von G ist. Außerdem kommt jede Nebenklasse von G in der linken Spalte genau einmal vor. Daher ist die neue Liste ein Isomorphismus zwischen der Gruppe S/G und der Gruppe S_2.

Allgemein kann gezeigt werden: Wenn eine Gruppe T homomorph zu einer anderen Gruppe S ist und wenn G die Menge aller Elemente von S ist, denen das neutrale Element I von T zugeordnet wird, dann ist G eine normale Untergruppe von S, die Menge der Elemente von S, die einem beliebigen Element A von T zugeordnet werden, eine Nebenklasse von G und S/G isomorph zu T (s. Übung 23 bis 28 unten).

Übungen:

22. Man überzeuge sich, daß das Wörterbuch auf Seite 154 jeden Multiplikationssatz von R in einen Multiplikationssatz von S_2 übersetzt.

    Für die Übungen 23 bis 28 sei G die Menge der Elemente einer Gruppe S, denen durch einen Homomorphismus das neutrale Element I einer Gruppe T zugeordnet wird.

23. a und b seien zwei beliebige Elemente von G, und es gelte $ab = c$. Man beweise, daß c ein Element von G ist.
24. Man beweise, daß das neutrale Element i von S ein Element von G ist.
25. Man beweise, daß das Inverse a^{-1} eines beliebigen Elementes a von G ebenfalls ein Element von G ist. (Die Übungen 23 bis 25 zeigen, daß G eine Untergruppe von S ist.)
26. Man beweise, daß jedes Konjugierte eines Elementes von G ebenfalls ein Element von G ist. (Das zeigt dann, daß G eine normale Untergruppe von S ist.)
27. Man beweise, daß die Menge der Elemente von S, die einem beliebigen Element A von T zugeordnet werden, eine Nebenklasse von G ist.
28. Man beweise, daß S/G isomorph ist zu T.
29. G sei eine normale Untergruppe der Gruppe S. Unter welchen Bedingungen erweist sich der Homomorphismus, der jedem Element a von S die Nebenklasse aG zuordnet, als Isomorphismus zwischen S und S/G?

Ganze Zahlen und Zifferblattzahlen

Der Begriff eines Homomorphismus versetzt uns in die Lage, den Zusammenhang zwischen den Zifferblattzahlen, die wir in Kapitel 6 kennengelernt haben, und den ganzen Zahlen, die wir in Kapitel 3 kennengelernt haben, zu verstehen. Z stehe für die additive Gruppe der ganzen Zahlen, und Z_n stehe für die additive Gruppe des n-Punkte-Systems der Zifferblattzahlen. Dann ist es nicht schwer zu zeigen, daß Z_n homomorph ist zu Z.

Wir wollen z. B. Z und Z_5 betrachten. Um Verwechslungen zwischen den Elementen der beiden Gruppen zu vermeiden, wollen wir die üblichen Ziffern für die Elemente von Z und fettgedruckte Ziffern für die Elemente von Z_5 benutzen. Es gilt dann $Z = \{0, 1, 2, \ldots, -1, -2, \ldots\}$ und $Z_5 = \{\mathbf{0, 1, 2, 3, 4}\}$. Die Elemente von Z können als Punkte auf einer Geraden dargestellt werden, die die Gerade in gleiche Segmente einteilen, die alle eine Einheit lang sind. Wie wir wissen, können die Elemente von Z_5 als Punkte auf einem Kreis dargestellt werden, die den Kreis wie in der Abbildung auf Seite 156 oben in fünf gleiche Bogenstücke einteilen. Wir wollen einen Kreis verwenden, dessen Umfang fünf Einheiten beträgt, so daß der Kreisbogen von einem Element von Z_5 zu seinem nächsten Nachbarn in beiden Richtungen eine Einheit lang ist.

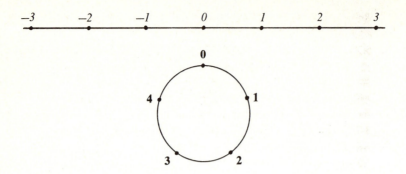

Um einen Homomorphismus zwischen Z und Z_5 herzustellen, denke man sich die Gerade, die die Elemente von Z enthält, als einen Faden. Man lege den Faden so, daß der Nullpunkt von Z auf dem Nullpunkt von Z_5 liegt. Dann winde man den Faden in beiden Richtungen um den Kreis. Auf diese Weise kommt jeder Punkt von Z auf einen Punkt von Z_5 zu liegen. Die Menge geordneter Paare, in der jedem Element von Z das Element von Z_5 zugeordnet wird, auf das es fällt, ist ein Homomorphsimus. Wenn wir die positive Hälfte von Z in der einen Richtung um den Kreis herumlegen, sehen wir, daß *1* auf **1** fällt, *2* auf **2** fällt, *3* auf **3** fällt, *4* auf **4** fällt, *5* auf **0** fällt, *6* auf **1** fällt usw. Wenn wir die negative Hälfte von Z in der anderen Richtung um den Kreis herumlegen, sehen wir, daß *−1* auf **4** fällt, *−2* auf **3** fällt, *−3* auf **2** fällt, *−4* auf **1** fällt, *−5* auf **0** fällt, *−6* auf **4** fällt usw. Jede Windung des Fadens liegt eng am Kreis an. Um die Zuordnung der Punkte in der Abbildung unten darzustellen, haben wir jedoch das Bild ein wenig verzerrt, indem wir jede Windung des Fadens von der nächsten abgehoben haben. Dabei haben wir die negative Seite von Z in das Innere des Kreises gelegt, während wir die positive Seite von Z außen um den Kreis herumgelegt haben.

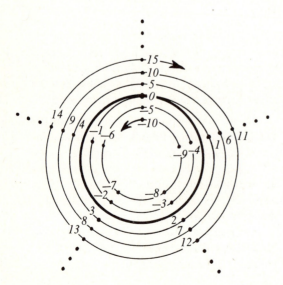

Die Menge der Elemente von Z, die auf dem Kreis auf *0* fallen, ist $G_5 = \{0, 5, 10, ..., -5, -10, ...\}$, die Menge aller Vielfachen von *5*. Wie wir in Übung 11 von Kapitel 11 sahen, ist diese Menge eine Untergruppe von Z. Sie ist eine normale Untergruppe, da Z eine kommutative Gruppe ist. Die Menge der Elemente von Z, die auf ein bestimmtes Element von Z_5 fallen, ist eine Nebenklasse von G_5. In der Abbildung liegen sie auf einer Geraden wie auf der Speiche eines Rades. Die fünf Speichen sind die Elemente von Z/G_5. Die Menge geordneter Paare, die jedem Element von Z/G_5 das Element von Z_5 zuordnet, auf dem es liegt, ist ein Isomorphismus.

Für eine beliebige positive ganze Zahl n stellt eine entsprechende Abbildung, in der Z um einen Kreis, dessen Umfang n Einheiten beträgt, herumgelegt wird, einen Homomorphismus zwischen Z und Z_n her. Die Menge der Elemente von Z, die auf dem Kreis auf *0* fallen, ist die Menge aller Vielfachen von *n*. Wir wollen diese Menge G_n nennen. Sie ist eine normale Untergruppe von Z. Die gleiche Abbildung stellt auch einen Isomorphismus zwischen Z/G_n und Z_n her.

Übungen:
30. Man stelle den Homomorphismus zwischen Z und Z_3 dar, indem man Z um einen Kreis herumlegt, dessen Umfang drei Einheiten beträgt.
31. Man stelle den Homomorphismus zwischen Z und Z_4 dar, indem man Z um einen Kreis herumlegt, dessen Umfang vier Einheiten beträgt.

Antworten zu den Übungen

Kapitel 2

1. 9. 2. $\frac{2}{1}, \frac{4}{2}, \frac{6}{3}, \frac{8}{4}$ usw. Jeder Bruch, dessen Zähler doppelt so groß ist wie sein Nenner.

3. $\frac{3}{2}, \frac{6}{4}, \frac{9}{6}, \frac{12}{8}$ usw. 4. $\frac{2}{21}$. 5. $\frac{3}{2}$.

6. Ja; ja; ja.   7. Nein; nein; nein.

8. $8-(5-2)=8-3=5;\ (8-5)-2=3-2=1;$ nein.

10. Ja; ja; ja; ja.   11. Nein; nein; nein; nein.

12. 1.   13. $\frac{6}{5}$.   14. 2.   15. $\frac{1}{5}$.   16. Nein; nein.

17. $\frac{5}{3}$.   18. $\frac{1}{2} \times \frac{1}{2}; \frac{1}{4}$.   19. $\frac{2}{3} \times \frac{2}{3} \times \frac{2}{3} \times \frac{2}{3} = \frac{16}{81}$.

20. $\frac{1}{9}$.   21. $1, 3, 9, 27, 81, \ldots$ und $\frac{1}{3}, \frac{1}{9}, \frac{1}{27}, \frac{1}{81}, \ldots;$ ja; ja; ja.

22. 2^{10}.   23. 4^9.

24. Abgeschlossenheit, Assoziativgesetz, Neutrales Element.

25. Abgeschlossenheit, Assoziativgesetz.

Kapitel 3

1. $(9+16)+43 = 25+43 = 68$.

2. $9+(16+43) = 9+59 = 68$.

3. Die Summe von drei oder mehr natürlichen Zahlen können wir entweder ohne Klammern oder mit Klammern um zwei oder mehr beliebige in der Summe unmittelbar nebeneinander stehende Zahlen schreiben.

4. Ja, denn a und b sind beide verschieden von 0 und daher natürliche Zahlen. Daher ist ihre Summe eine natürliche Zahl, und jede natürliche Zahl ist eine nichtnegative ganze Zahl.

5. Ja, denn wenn $a=0$ gilt und b von 0 verschieden ist, gilt $a+b=0+b=b;$ b ist aber eine natürliche Zahl.

6. Ja, denn wenn a von 0 verschieden ist und $b=0$ gilt, gilt $a+b=a+0=a;$ a ist aber eine natürliche Zahl.

7. Ja, denn aus $a=0$ und $b=0$ folgt $a+b=0+0=0$.

8. Die Menge aller nichtnegativen ganzen Zahlen ist abgeschlossen gegenüber der Addition.

9. Wenn a, b und c von 0 verschieden sind, sind alle drei natürlichen Zahlen. Da für die Addition natürlicher Zahlen das Assoziativgesetz gilt, gilt $a + (b + c) = (a + b) + c$.

10. Gilt $a = 0$, folgt $a + (b + c) = 0 + (b + c) = b + c$ nach Gleichung (6). Weiter folgt $(a + b) + c = (0 + b) + c = b + c$, denn nach Gleichung (6) gilt $0 + b = b$. Also sind $a + (b + c)$ und $(a + b) + c$ in diesem Fall beide gleich $b + c$ und daher auch einander gleich.

11. Gilt $b = 0$, folgt $a + (b + c) = a + (0 + c) = a + c$, denn nach Gleichung (6) gilt $0 + c = c$. Weiter folgt $(a + b) + c = (a + 0) + c = a + c$, denn nach Gleichung (6) gilt $a + 0 = a$. Also sind $a + (b + c)$ und $(a + b) + c$ in diesem Fall beide gleich $a + c$ und daher auch einander gleich.

12. Gilt $c = 0$, folgt $a + (b + c) = a + (b + 0) = a + b$, denn nach Gleichung (6) gilt $b + 0 = b$. Weiter folgt $(a + b) + c = (a + b) + 0 = a + b$ nach Gleichung (6). Also sind $a + (b + c)$ und $(a + b) + c$ in diesem Fall beide gleich $a + b$ und daher auch einander gleich.

13. Für die Addition nichtnegativer ganzer Zahlen gilt das Assoziativgesetz.

14. *4.*   15. *3.*   16. *1.*   17. *−2.*   18. *−5.*

19. *−1.*   20. Bei *4.*   21. Bei *−5.*   22. *2; −2.*

23. *−2.*   24. *4.*   25. *0.*   26. *−6; 8.*

27. $3 + ((-2) + 6) = 3 + 4 = 7.$

28. $(3 + (-2)) + 6 = 1 + 6 = 7.$

30. *5.*   31. *1.*   32. *1.*   33. $\frac{1}{9}.$ 34. $\frac{1}{32}.$

35. $a^0, a^1, a^2, a^3, \ldots$ und $a^{-1}, a^{-2}, a^{-3}, \ldots$

36. *1; 1.*   37. $a^{-7}; a^3; a^{-1}.$ 38. $a^3; a^4; a^5; a^{-3}.$

39. $a^{n+1}.$

Kapitel 4

1. Abgeschlossenheit, Assoziativgesetz, Neutrales Element; nein.

2. Ja; nein; nein, denn $1 : a$ muß nicht gleich a sein; nein.

3. Alle vier Eigenschaften; ja.

Kapitel 5

1. *180°; 270°; 120°; 1080°.*   2. Ein Sechstel.   3. *4.*

4. a) *20°* im Uhrzeigersinn; b) *60°* im Uhrzeigersinn; c) *280°* im Uhrzeigersinn; d) *320°* im Uhrzeigersinn; e) *0°* im Uhrzeigersinn.

5. Eine Drehung um *90°*.   6. Eine Drehung um *140°*.

7. Eine Drehung um *40°*; eine Drehung um *50°*; eine Drehung um *60°*.

8. Eine Drehung um $0°$; eine Drehung um $0°$; eine Drehung um $0°$.

9. Eine Drehung um $300°$.

10. Eine Drehung um $(360-x)°$.

11. a)

	i	b
i	i	b
b	b	i

b) Ja.

c) Ja, denn für sie gilt das Assoziativgesetz in der Menge aller Drehungen. d) Ja, denn es ist ein neutrales Element in der Menge aller Drehungen. e) Ja. Das Inverse von i ist i, und das Inverse von b ist b. f) Ja.

12. a)

	i	p	q
i	i	p	q
p	p	q	i
q	q	i	p

b) Ja.

c) Ja, denn für sie gilt das Assoziativgesetz in der Menge aller Drehungen. d) Ja, denn es ist ein neutrales Element in der Menge aller Drehungen. e) i, q und p. Ja. f) Ja.

13. a) b) Ja.

c) $i(ii) = ii = i$. Ebenso gilt $(ii)i = ii = i$ und daher $i(ii) = (ii)i$.

d) Ja. e) Ja. f) Ja.

14. Unendlich. 15. Endlich.

16. Ist n eine beliebige natürliche Zahl, enthält die Gruppe sicherlich unter ihren Elementen die n Drehungen der folgenden Liste: eine Drehung um $1°$, eine Drehung um $\frac{1}{2}°$, ..., eine Drehung um $\frac{1}{n}°$. Sie enthält aber unter ihren Elementen auch eine Drehung um $\frac{1}{n+1}°$, die nicht in der Liste vorkommt. Daher hat die Gruppe mehr Elemente, als gezählt werden können. Also ist sie eine unendliche Gruppe.

17. Eins. Sie muß ein neutrales Element i enthalten, und es gibt eine Gruppe, deren einziges Element i ist (s. Übung 13 auf S. 34).

Kapitel 6

1.

+	0	1	2	3	4
0	0	1	2	3	4
1	1	2	3	4	0
2	2	3	4	0	1
3	3	4	0	1	2
4	4	0	1	2	3

2.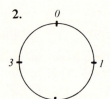

+	0	1	2	3
0	0	1	2	3
1	1	2	3	0
2	2	3	0	1
3	3	0	1	2

Kapitel 6   161

3.

+	0	1	2
0	0	1	2
1	1	2	0
2	2	0	1

4.

+	0	1
0	0	1
1	1	0

5.

×	0	1	2	3	4
0	0	0	0	0	0
1	0	1	2	3	4
2	0	2	4	1	3
3	0	3	1	4	2
4	0	4	3	2	1

6.

×	0	1	2	3
0	0	0	0	0
1	0	1	2	3
2	0	2	0	2
3	0	3	2	1

7.

×	0	1	2
0	0	0	0
1	0	1	2
2	0	2	1

8.

×	0	1
0	0	0
1	0	1

9. *0, 3, 2* und *1*.   10. *0, 2* und *1*.

11. *0* und *1*.

12. a) Beide sind gleich *3*. b) Beide sind gleich *1*. c) Beide sind gleich *4*. d) Beide sind gleich *3*.

13. a)

×	1	2
1	1	2
2	2	1

b) *1* und *2*.
c) Ja.

14. a)

×	1	2	3	4	5
1	1	2	3	4	5
2	2	4	0	2	4
3	3	0	3	0	3
4	4	2	0	4	2
5	5	4	3	2	1

b) *2, 3* und *4*.
c) Nein.

15. a)

×	1	2	3	4	5	6
1	1	2	3	4	5	6
2	2	4	6	1	3	5
3	3	6	2	5	1	4
4	4	1	5	2	6	3
5	5	3	1	6	4	2
6	6	5	4	3	2	1

b) *1, 4, 5, 2, 3* und *6*.

c) Ja.

16. Wenn *3* ein multiplikatives Inverses *b* hat, dann gilt *3* × *b* = *1* und daher *2* × (*3* × *b*) = *2* × *1*. Dies ist unmöglich, da gilt *2* × (*3* × *b*) = (*2* × *3*) × *b* = *0* × *b* = *0*, während *2* × *1* = *2* gilt und *2* von *0* verschieden ist.

17. Wenn *2* ein multiplikatives Inverses *b* hat, dann gilt *2* × *b* = *1* und daher *2* × (*2* × *b*) = *2* × *1*. Dies ist unmöglich, da gilt *2* × (*2* × *b*) = (*2* × *2*) × *b* = *0* × *b* = *0*, während *2* × *1* = *2* gilt und *2* von *0* verschieden ist.

18. a)

×	1	2	3	4	5	6	7
1	1	2	3	4	5	6	7
2	2	4	6	0	2	4	6
3	3	6	1	4	7	2	5
4	4	0	4	0	4	0	4
5	5	2	7	4	1	6	3
6	6	4	2	0	6	4	2
7	7	6	5	4	3	2	1

b) *2, 4* und *6* sind Nullteiler.

c) Man beweise, daß *4* kein multiplikatives Inverses hat: Wenn *4* ein multiplikatives Inverses *b* hat, dann gilt *4* × *b* = *1* und daher *2* × (*4* × *b*) = *2* × *1*. Dies ist unmöglich, da gilt *2* × (*4* × *b*) = (*2* × *4*) × *b* = *0* × *b* = *0*, während *2* × *1* = *2* gilt und *2* von *0* verschieden ist.

19. Wenn *b* ein multiplikatives Inverses *c* hat, dann gilt *b* × *c* = *1* und daher *a* × (*b* × *c*) = *a* × *1*. Dies ist unmöglich, da gilt *a* × (*b* × *c*) = (*a* × *b*) × *c* = *0* × *c* = *0*, während *a* × *1* = *a* gilt und *a* von *0* verschieden ist.

20. *9, 10* und *12*.

21. Nein. Wenn *n* zusammengesetzt ist, gibt es kleinere natürliche Zahlen *a* und *b*, für die *a* × *b* = *n* gilt. Dann sind *a* und *b* Nullteiler im *n*-Punkte-System der Zifferblattzahlen. Dann sind *a* und *b* von *0* verschiedene Zahlen, die kein multiplikatives Inverses in diesem System haben.

Kapitel 7

1.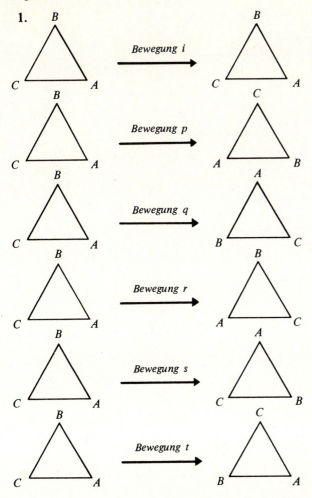

164 Antworten zu den Übungen

2.
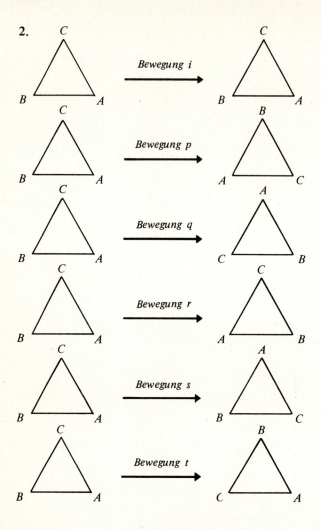

3.

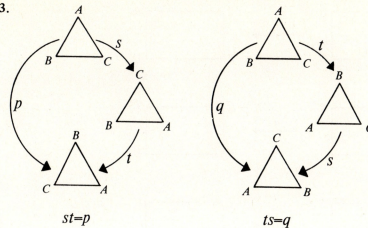

$st = p$ $\qquad$ $ts = q$

4. $r^2 = i;\ s^2 = i;\ t^2 = i.$ $\qquad$ **5.** s. S. 48.

6. $p(st) = pp = q;\ (ps)t = rt = q.$

7. i, q, p, r, s und t.

8.

	i	p	q
i	i	p	q
p	p	q	i
q	q	i	p

a) Ja.
b) Ja.
c) Ja.

9.

	r	s	t
r	i	p	q
s	q	i	p
t	p	q	i

a) Nein.
b) Nein.
c) Nein.

10.

	i	r
i	i	r
r	r	i

Ja.

11. In pq und ir. $\qquad$ **12.** Ja. $\qquad$ **13.** Ja.

14. Ja. $\qquad$ **15.** Ja.

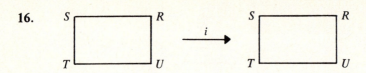

Kapitel 7

18. s. S. 52.

19. $a(bc) = aa = i;\ (ab)c = cc = i$.

20. a) i. b) i, a, b und c.

21. a) $ab = ba = c$. b) $ac = ca = b$. c) $bc = cb = a$. d) Ja.

22. s. S. 54.   **23.** $s(tu) = sp = v;\ (st)u = qu = v$.

24. a) i. b) i, r, q, p, s, t, u und v.

25. $pu = t;\ up = s;$ nein.

26.

	i	p	q	r
i	i	p	q	r
p	p	q	r	i
q	q	r	i	p
r	r	i	p	q

a) Ja.
b) Ja.
c) Ja.

27.

	i	q	s	t
i	i	q	s	t
q	q	i	t	s
s	s	t	i	q
t	t	s	q	i

a) Ja.
b) Ja.
c) Ja.

28.

	s	t	u	v
s	i	q	r	p
t	q	i	p	r
u	p	r	i	q
v	r	p	q	i

Nein

29. a) **M, T, V, W, Y.**   b)

	i	t
i	i	t
t	t	i

30. a) i, q, s, t. b) s. die Antwort zu Übung 27. c) **I**.

31. a) i, q. b)

	i	q
i	i	q
q	q	i

c) **N**.

32. a) i, u. b)

	i	u
i	i	u
u	u	i

c) Keine anderen.

33. a) Alle Symmetrien des Quadrates. b) s. S. 54.
c) Keine anderen.

34. a) i. b)

	i
i	i

c) Keine anderen.

35. a)

	i	r	k	l
i	i	r	k	l
r	r	k	l	i
k	k	l	i	r
l	l	i	r	k

b) Sie ist abgeschlossen gegenüber der Multiplikation. Für die Multiplikation der Befehle gilt das Assoziativgesetz, da i, r, k und l wie Drehungen um $0°, 90°, 180°$ und $270°$ im Uhrzeigersinn wirken. i ist ein neutrales Element. Die Menge enthält das Inverse jedes ihrer Elemente.

Kapitel 8

1. a) $r(st) = rp = s$. b) $(iq)t = qt = r$. c) $(pq)(rs) = ip = p$.

2. a) $(ab)c = cc = i$. b) $(ca)b = bb = i$. c) $(aa)(bb) = ii = i$.

3. a) $(pu)v = tv = r$. b) $(pq)(rs) = rv = t$. c) $(pu)(qt) = ts = q$.

4. $risvut = (ri)(sv)(ut) = rpr = (rp)r = ir = r$.

5. $tqrps = (tq)(rp)s = sss = (ss)s = is = s$.

6. a) $qir = (qi)r = qr = p$. b) $tsi = t(si) = ts = q$. c) $(uu)p = ip = p$.

7. a) $pp^{-1}p^{-1} = (pp^{-1})p^{-1} = ip^{-1} = p^{-1} = r$.
b) $stq^{-1} = (st)q^{-1} = qq^{-1} = i$. c) $uv^{-1}v = u(v^{-1}v) = ui = u$.

8. Gilt $r(px) = rr$, so gilt $(rp)x = rr$. Es gilt aber $rp = i$ und $rr = q$ und daher $ix = q$. Dann folgt $x = p$.

9. a) $(b^{-1}a^{-1})(ab) = b^{-1}a^{-1}ab = b^{-1}(a^{-1}a)b = b^{-1}ib = b^{-1}(ib) = b^{-1}b = i$.
b) $(ab)(b^{-1}a^{-1}) = abb^{-1}a^{-1} = a(bb^{-1})a^{-1} = aia^{-1} = (ai)a^{-1} = aa^{-1} = i$.

10. $(abc)(c^{-1}b^{-1}a^{-1}) = abcc^{-1}b^{-1}a^{-1} = ab(cc^{-1})b^{-1}a^{-1} = abib^{-1}a^{-1} = a(bi)b^{-1}a^{-1} = abb^{-1}a^{-1} = a(bb^{-1})a^{-1} = aia^{-1} = (ai)a^{-1} = aa^{-1} = i$. Ebenso gilt $(c^{-1}b^{-1}a^{-1})(abc) = c^{-1}b^{-1}a^{-1}abc = c^{-1}b^{-1}(a^{-1}a)bc = c^{-1}b^{-1}ibc = c^{-1}b^{-1}(ib)c = c^{-1}b^{-1}bc = c^{-1}(b^{-1}b)c = c^{-1}ic = c^{-1}(ic) = c^{-1}c = i$.

11. $a^2(a^{-1})^2 = (aa)(a^{-1}a^{-1}) = aaa^{-1}a^{-1} = a(aa^{-1})a^{-1} = aia^{-1} = (ai)a^{-1} = aa^{-1} = i$. Ebenso gilt $(a^{-1})^2 a^2 = (a^{-1}a^{-1})(aa) = a^{-1}a^{-1}aa = a^{-1}(a^{-1}a)a = a^{-1}ia = a^{-1}(ia) = a^{-1}a = i$.

12. $aa^2 = a(aa) = aaa = a^3$; $aa^3 = a(aaa) = aaaa = a^4$; $aa^4 = a(aaaa) = aaaaa = a^5$.

13. $a^3a^2 = (aaa)(aa) = aaaaa = a^5$.

14. $a^3a^{-2} = (aaa)(a^{-1}a^{-1}) = aaaa^{-1}a^{-1} = aa(aa^{-1})a^{-1} = aaia^{-1} = a(ai)a^{-1} = aaa^{-1} = a(aa^{-1}) = ai = a$.

15. $a^{-3}a^{-2} = (a^{-1}a^{-1}a^{-1})(a^{-1}a^{-1}) = a^{-1}a^{-1}a^{-1}a^{-1}a^{-1} = a^{-5}$.

16. $(a^3)^2 = a^3 a^3 = (aaa)(aaa) = aaaaaa = a^6$.

17. $(a^{-3})^2 = a^{-3}a^{-3} = (a^{-1}a^{-1}a^{-1})(a^{-1}a^{-1}a^{-1}) = a^{-1}a^{-1}a^{-1}a^{-1}a^{-1}a^{-1} = a^{-6}$.

18. $(a^3)^{-2}$ ist das Inverse von $(a^3)^2$ bzw. von a^6 und daher gleich a^{-6}.

19. $(a^{-3})^{-2}$ ist das Invese von $(a^{-3})^2$ bzw. von a^{-6} und daher gleich a^6.

20. $r^1 = r$; $r^2 = q$; $r^3 = rr^2 = rq = p$; $r^4 = rr^3 = rp = i$. Die Elemente der Untergruppe sind r, q, p und i.

21. $v^1 = v$; $v^2 = i$. Die Elemente der Untergruppe sind v und i.

22. $p^1 = p$; $p^2 = q$; $p^3 = pp^2 = pq = i$. Die Elemente der Untergruppe sind p, q und i.

23. $s^1 = s$; $s^2 = i$. Die Elemente der Untergruppe sind s und i.

24. $2^1 = 2$; $2^2 = 4$; $2^3 = 2(2^2) = 2(4) = 1$. Die Elemente der Untergruppe sind $2, 4$ und 1.

25. $3^1 = 3$; $3^2 = 2$; $3^3 = 3(3^2) = 3(2) = 6$; $3^4 = 3(3^3) = 3(6) = 4$; $3^5 = 3(3^4) = 3(4) = 5$; $3^6 = 3(3^5) = 3(5) = 1$. Die Elemente der Untergruppe sind $3, 2, 6, 4, 5$ und 1. Also ist die durch 3 erzeugte Untergruppe die ganze Gruppe A.

26. $a^m = a^n$. Man multipliziere beide Seiten von rechts mit a^{-m}. Dann folgt $a^m a^{-m} = a^n a^{-m}$. Es gilt aber $a^m a^{-m} = i$ und $a^n a^{-m} = a^{n+(-m)} = a^{n-m}$. Daher folgt $a^{n-m} = i$.

27. Nehmen wir an, daß alle Elemente Potenzen von a sind. Sind x und y zwei beliebige Elemente, gilt $x = a^m$ und $y = a^n$, wobei m und n ganze Zahlen sind. Es gilt $xy = a^m a^n = a^{m+n}$ und $yx = a^n a^m = a^{n+m}$. Da aber für die Addition ganzer Zahlen das Kommutativgesetz gilt, gilt $m + n = n + m$. Daher folgt $xy = yx$.

28. 1 und 3. Nein.

29. Gilt $ac = bc$, folgt $(ac)c^{-1} = (bc)c^{-1}$ und daher $a(cc^{-1}) = b(cc^{-1})$. Also folgt $ai = bi$ bzw. $a = b$.

30. Da gilt $b = bi$, haben wir $bb = bi$. Dann gilt auf Grund der Kürzungsregel $b = i$.

31. $a(a^{-1}b) = (aa^{-1})b = ib = b$.

32. Gilt $ax = b$, folgt $a^{-1}(ax) = a^{-1}b$. Dann folgt $(a^{-1}a)x = a^{-1}b$, $ix = a^{-1}b$ und $x = a^{-1}b$.

33. $(ba^{-1})a = b(a^{-1}a) = bi = b$.

34. Gilt $xa = b$, folgt $(xa)a^{-1} = ba^{-1}$. Dann folgt $x(aa^{-1}) = ba^{-1}$, $xi = ba^{-1}$ und $x = ba^{-1}$.

35. $x = p$. 36. $x = r$. 37. $x = q$. 38. $x = p$.

39. a) $x = 4$. b) $x = 2$. c) $x = 3$.

40. $abc = a(bc) = (bc)a = bca$.

41. $(ab)^3 = (ab)(ab)(ab) = ababab = aaabbb = (aaa)(bbb) = a^3 b^3$.

42. $(ab)^{-1} = (ba)^{-1} = a^{-1}b^{-1}$.

43. a) x und y seien zwei beliebige Elemente der Gruppe. Da gilt $xx = i$, ist das Inverse von x gleich x. Also gilt $x^{-1} = x$. Entsprechend gilt $y^{-1} = y$, da gilt $yy = i$. Da xy zur Gruppe gehört, ist sein Quadrat ebenfalls gleich i. Somit ist auch xy sein eigenes Inverses. Also gilt $xy = (xy)^{-1} = y^{-1}x^{-1} = yx$. Da gilt $xy = yx$ und x und y zwei beliebige Elemente der Gruppe sind, ist die Gruppe kommutativ. b) Die Symmetriengruppe eines Quadrates.

44. a) $p + q$. b) $p + (-p) = 0$. c) $0 + p = p$. d) $p + p = 2p$.
e) $p + (q + r) = (p + q) + r$. f) $p + q = q + p$. g) $2(p + q) = 2p + 2q$.

Kapitel 9

4.

	i	a	b	c
i	i			
a		i		
b			i	
c				i

5.

	i	p	q	r	s	t	u	v
i	i							
p				i				
q					i			
r		i						
s						i		
t							i	
u								i
v								

10. *2* steht in derselben Spalte wie *1*, *2* steht in derselben Zeile wie *1*. *1* steht diagonal gegenüber von *1*. Die Tafel zeigt, daß gilt $2 \times 2 = 1$.

11.

×	1	2	3	4
1	1		3	
2	2		1	
3				
4				

$3 \times 2 = 1$

×	1	2	3	4
1		2	3	
2		4	1	
3				
4				

$3 \times 4 = 2$

×	1	2	3	4
1			3	4
2			1	3
3				
4				

$3 \times 3 = 4$

×	1	2	3	4
1				
2	2		1	
3	3		4	
4				

$4 \times 2 = 3$

×	1	2	3	4
1				
2		4	1	
3		1	4	
4				

$4 \times 4 = 1$

×	1	2	3	4
1				
2			1	3
3			4	2
4				

$4 \times 3 = 2$

Kapitel 10   171

×	1	2	3	4
1				
2	2		1	
3				
4	4		2	

$2 \times 2 = 4$

×	1	2	3	4
1				
2		4	1	
3				
4		3	2	

$2 \times 4 = 3$

×	1	2	3	4
1				
2			1	3
3				
4			2	1

$2 \times 3 = 1$

12. Sie weist das Neutralitätsmuster und das Rechtecksmuster auf. Sie weist nicht das Abgeschlossenheitsmuster, das Inversenmuster und das Eindeutigkeitsmuster auf.

13.

	i	a	b	c
i	i	a	b	c
a	a	b	c	i
b	b	c	i	a
c	c	i	a	b

Kapitel 10

1. $-3 \to 2$.   2. $6 \to 4$; $10 \to 8$; $x \to x - 2$.

3. $7 \to 2$; $8 \to 3$; $9 \to 4$; $x + 5 \to x$.

4. Ein Sprung um 3 Einheiten nach rechts; $12 \to 15$; $x \to x + 3$.

5. $3 \to 6$; $-2 \to -4$; $x \to 2x$.

6.

Neue Position von Floh 1	Neue Position von Floh 2	
1	2	i
2	1	a

i
$1 \to 1$
$2 \to 2$

a
$1 \to 2$
$2 \to 1$

7.

Neue Position von Floh 1	Neue Position von Floh 2	Neue Position von Floh 3	
1	2	3	i
1	3	2	a
2	1	3	b
2	3	1	c
3	1	2	d
3	2	1	e

i	a	b
1 → 1	1 → 1	1 → 2
2 → 2	2 → 3	2 → 1
3 → 3	3 → 2	3 → 3

c	d	e
1 → 2	1 → 3	1 → 3
2 → 3	2 → 1	2 → 2
3 → 1	3 → 2	3 → 1

8. 1 → 2
   2 → 3
   3 → 1 $ek = h$.
   4 → 4

9. $5 \times 4 \times 3 \times 2 \times 1 = 120$; $6 \times 5 \times 4 \times 3 \times 2 \times 1 = 720$;
   $7 \times 6 \times 5 \times 4 \times 3 \times 2 \times 1 = 5040$.

10.
u	q		$uq = l$
1 → 4 → 2			1 → 2
2 → 2 → 4			2 → 4
3 → 1 → 3			3 → 3
4 → 3 → 1			4 → 1

i	a		$ia = a$
1 → 1 → 1			1 → 1
2 → 2 → 2			2 → 2
3 → 3 → 4			3 → 4
4 → 4 → 3			4 → 3

i	b		$ib = b$
1 → 1 → 1			1 → 1
2 → 2 → 3			2 → 3
3 → 3 → 2			3 → 2
4 → 4 → 4			4 → 4

a	a		$aa = i$
1 → 1 → 1			1 → 1
2 → 2 → 2			2 → 2
3 → 4 → 3			3 → 3
4 → 3 → 4			4 → 4

a	b		$ab = c$
1 → 1 → 1			1 → 1
2 → 2 → 3			2 → 3
3 → 4 → 4			3 → 4
4 → 3 → 2			4 → 2

11. vgl. die Tafel für S_4 auf S. 92.

12. vgl. die Tafel für S_3 auf S. 92.

13. vgl. die Tafel für S_2 auf S. 92.   14. S_1 und S_2.

15. a) $1 \to 3$ b) q.   16. a, i;
    $2 \to 4$ d, c, i;
    $3 \to 1$ j, q, s, i.
    $4 \to 2$

17. $n^2 = k^3 k^3 = k^6 = k^4 k^2 = ix = x$.
    $n^3 = k^3 k^3 k^3 = k^9 = k^4 k^4 k = iik = k$.
    $n^4 = k^3 k^3 k^3 k^3 = k^{12} = k^4 k^4 k^4 = iii = i$.

Kapitel 11

1. Man benutze $\begin{cases} \circ \to + \\ i \to 0 \\ b \to 1 \end{cases}$

2. Man benutze $\begin{cases} \circ \to \circ \\ i \to i \\ b \to a \end{cases}$

3. Man benutze $\begin{cases} \circ \to + \\ i \to 0 \\ p \to 1 \\ q \to 2 \end{cases}$

4. Es gibt verschiedene Wörterbücher, die man benutzen kann. Beispiel:

Man benutze $\begin{cases} \circ \to \circ \\ i \to i \\ p \to c \\ q \to d \\ r \to a \\ s \to b \\ t \to e \end{cases}$

$\circ$	i	c	d	a	b	e
i	i	c	d	a	b	e
c	c	d	i	e	a	b
d	d	i	c	b	e	a
a	a	b	e	i	c	d
b	b	e	a	d	i	c
e	e	a	b	c	d	i

Übersetzte Tafel

$\circ$	i	a	b	c	d	e
i	i	a	b	c	d	e
c	c	e	a	d	i	b
d	d	b	e	i	c	a
a	a	i	c	b	e	d
b	b	d	i	e	a	c
e	e	c	d	a	b	i

$\circ$	i	a	b	c	d	e
i	i	a	b	c	d	e
a	a	i	c	b	e	d
b	b	d	i	e	a	c
c	c	e	a	d	i	b
d	d	b	e	i	c	a
e	e	c	d	a	b	i

Übersetzte Tafel nach   Übersetzte Tafel nach Umordnung
Umordnung der Spalten   der Zeilen und Spalten

5. Man benutze $\begin{cases} \circ \to \circ \\ i \to i \\ r \to a \\ k \to b \\ l \to c \end{cases}$ **6.** Man benutze $\begin{cases} \circ \to \circ \\ i \to i \\ q \to a \\ s \to b \\ t \to c \end{cases}$ **7.** Man benutze $\begin{cases} \circ \to \circ \\ i \to i \\ a \to a \\ b \to b \\ c \to c \\ d \to d \\ e \to e \end{cases}$

8.

○	i	j	q	s
i	i	j	q	s
j	j	q	s	i
q	q	s	i	j
s	s	i	j	q

Man benutze $\begin{cases} \circ \to + \\ i \to 0 \\ j \to 1 \\ q \to 2 \\ s \to 3 \end{cases}$

9.

○	i	m	h
i	i	m	h
m	m	h	i
h	h	i	m

Man benutze $\begin{cases} \circ \to + \\ i \to 0 \\ m \to 1 \\ h \to 2 \end{cases}$

10. Sind $3a$ und $3b$ drei beliebige Elemente der Menge, dann ist $3a + 3b = 3(a+b)$ das Dreifache einer ganzen Zahl. Daher ist die Menge abgeschlossen gegenüber der Addition. In ihr gilt das Assoziativgesetz, da die Addition ganzer Zahlen assoziativ ist. Sie enthält das neutrale Element 0. Sie enthält ein additives Inverses für jedes ihrer Elemente. Sie ist daher eine Gruppe bezüglich der Addition. Um zu zeigen, daß sie isomorph ist zur Gruppe aller ganzen Zahlen, benutzen wir das folgende Wörterbuch:

$+ \to +$
$0 \to 3(0)$
$1 \to 3(1)$
$2 \to 3(2)$
$\cdot \quad \cdot \quad \cdot$
$-1 \to 3(-1)$
$-2 \to 3(-2)$
$\cdot \quad \cdot \quad \cdot$

Das Wörterbuch hat offensichtlich die Eigenschaften 1. und 2. Um zu zeigen, daß es Eigenschaft 3. hat, nehmen wir an, daß a und b zwei beliebige ganze Zahlen sind sind und c ihre Summe ist. Dann ist $a + b = c$ ein Additionssatz. Die übersetzte Aussage ist $3a + 3b = 3c$. Da gilt $c = a + b$, folgt aus dieser Aussage $3a + 3b = 3(a+b)$. Dies ist ein Additionssatz, da die Multiplikation ganzer Zahlen distributiv bezüglich der Addition ist.

11. Der Beweis ist der gleiche wie in Übung 10 mit 5 an Stelle von 3.

Kapitel 11

12. Der Beweis ist der gleiche wie in Übung 10 mit k an Stelle von 3.

13. $a^0 a^n = a^{0+n} = a^n$; $a^n a^0 = a^{n+0} = a^n$; das Inverse von a^2 ist a^3.

14.

$\circ$	a^0	a^1	a^2	a^3	a^4
a^0	a^0	a^1	a^2	a^3	a^4
a^1	a^1	a^2	a^3	a^4	a^0
a^2	a^2	a^3	a^4	a^0	a^1
a^3	a^3	a^4	a^0	a^1	a^2
a^4	a^4	a^0	a^1	a^2	a^3

15. Man benutze $\begin{cases} \circ \to \circ \\ i \to a^0 \\ d \to a^1 \\ c \to a^2 \end{cases}$

16. Man benutze $\begin{cases} + \to \circ \\ 0 \to a^0 \\ 1 \to a^1 \\ 2 \to a^2 \\ 3 \to a^3 \\ 4 \to a^4 \end{cases}$

17. Die additive Gruppe des n-Punkte-Systems der Zifferblattzahlen ist isomorph zu C_n.

18. Man numeriere die Elemente i, a, b, c mit $1, 2, 3, 4$. Man ordne jedem Element in der unten angegebenen Weise eine Transformation zu.

Man ordne i folgende Transformation zu, die i genannt wird:
$\begin{cases} i \to ii = i \\ a \to ia = a \\ b \to ib = b \\ c \to ic = c \end{cases}$ bzw. $\begin{cases} i \to i \\ a \to a \\ b \to b \\ c \to c \end{cases}$ bzw. $\begin{cases} 1 \to 1 \\ 2 \to 2 \\ 3 \to 3 \\ 4 \to 4 \end{cases}$

Man ordne a folgende Transformation zu, die g genannt wird:
$\begin{cases} i \to ai = a \\ a \to aa = i \\ b \to ab = c \\ c \to ac = b \end{cases}$ bzw. $\begin{cases} i \to a \\ a \to i \\ b \to c \\ c \to b \end{cases}$ bzw. $\begin{cases} 1 \to 2 \\ 2 \to 1 \\ 3 \to 4 \\ 4 \to 3 \end{cases}$

Man ordne b folgende Transformation zu, die q genannt wird:
$\begin{cases} i \to bi = b \\ a \to ba = c \\ b \to bb = i \\ c \to bc = a \end{cases}$ bzw. $\begin{cases} i \to b \\ a \to c \\ b \to i \\ c \to a \end{cases}$ bzw. $\begin{cases} 1 \to 3 \\ 2 \to 4 \\ 3 \to 1 \\ 4 \to 2 \end{cases}$

Man ordne c folgende Transformation zu, die x genannt wird:
$\begin{cases} i \to ci = c \\ a \to ca = b \\ b \to cb = a \\ c \to cc = i \end{cases}$ bzw. $\begin{cases} i \to c \\ a \to b \\ b \to a \\ c \to i \end{cases}$ bzw. $\begin{cases} 1 \to 4 \\ 2 \to 3 \\ 3 \to 2 \\ 4 \to 1 \end{cases}$

Das Wörterbuch

$$\circ \to \circ$$
$$i \to i$$
$$a \to g$$
$$b \to q$$
$$c \to x$$

übersetzt die Multiplikationstafel für die Symmetrien eines Rechtecks in die folgende Tafel, die tatsächlich die Multiplikationstafel für die Untergruppe von S_4 mit den Elementen i, g, q und x ist:

∘	i	g	q	x
i	i	g	q	x
g	g	i	x	q
q	q	x	i	g
x	x	q	g	i

19. a)

∘	i	c	b	a
i	i	c	b	a
c	c	b	a	i
b	b	a	i	c
a	a	i	c	b

b)

∘	i	a	b	c
i	i	a	b	c
c	c	i	a	b
b	b	c	i	a
a	a	b	c	i

c)

∘	i	a	b	c
i	i	a	b	c
a	a	b	c	i
b	b	c	i	a
c	c	i	a	b

d) Ja.

20. a)

∘	i	b	c	a
i	i	b	c	a
b	b	c	a	i
c	c	a	i	b
a	a	i	b	c

b)

∘	i	a	b	c
i	i	a	b	c
b	b	i	c	a
c	c	b	a	i
a	a	c	i	b

c)

∘	i	a	b	c
i	i	a	b	c
a	a	c	i	b
b	b	i	c	a
c	c	b	a	i

d) Nein.

21. a)

○	i	a	c	b
i	i	a	c	b
a	a	i	b	c
c	c	b	i	a
b	b	c	a	i

b)

○	i	a	b	c
i	i	a	b	c
a	a	i	c	b
c	c	b	a	i
b	b	c	i	a

c)

○	i	a	b	c
i	i	a	b	c
a	a	i	c	b
b	b	c	i	a
c	c	b	a	i

d) Ja.

22. a)

○	i	b	a	c
i	i	b	a	c
b	b	i	c	a
a	a	c	i	b
c	c	a	b	i

b)

○	i	a	b	c
i	i	a	b	c
b	b	c	i	a
a	a	i	c	b
c	c	b	a	i

c)

○	i	a	b	c
i	i	a	b	c
a	a	i	c	b
b	b	c	i	a
c	c	b	a	i

d) Ja

23. a)

○	i	b	c	a
i	i	b	c	a
b	b	i	a	c
c	c	a	i	b
a	a	c	b	i

b)

○	i	a	b	c
i	i	a	b	c
b	b	c	i	a
c	c	b	a	i
a	a	i	c	b

c)

○	i	a	b	c
i	i	a	b	c
a	a	i	c	b
b	b	c	i	a
c	c	b	a	i

d) Ja.

24. Ja. Die identische Transformation, die jedes Element sich selbst zuordnet, ist ein Automorphismus.

25. Die Elemente *a*, *b* und *c* haben alle die Ordnung 2. Es gibt folgende sechs Automorphismen:

I:	*P*:	*Q*:	*R*:	*S*:	*T*:
$i \to i$	$i \to i$	$i \to i$	$i \to i$	$i \to i$	$i \to i$
$a \to a$	$a \to a$	$a \to b$	$a \to b$	$a \to c$	$a \to c$
$b \to b$	$b \to c$	$b \to a$	$b \to c$	$b \to b$	$b \to a$
$c \to c$	$c \to b$	$c \to c$	$c \to a$	$c \to a$	$c \to b$

26. Die Elemente *p* und *q* haben beide die Ordnung 3. Es gibt folgende zwei Automorphismen:

I:	*A*:
$i \to i$	$i \to i$
$p \to p$	$p \to q$
$q \to q$	$q \to p$

27. Die Elemente *p* und *q* haben die Ordnung 3; die Elemente *r*, *s* und *t* haben die Ordnung 2. Es gibt folgende sechs Automorphismen:

I:	*A*:	*B*:	*C*:	*D*:	*E*:
$i \to i$	$i \to i$	$i \to i$	$i \to i$	$i \to i$	$i \to i$
$p \to p$	$p \to q$	$p \to q$	$p \to p$	$p \to p$	$p \to q$
$q \to q$	$q \to p$	$q \to p$	$q \to q$	$q \to q$	$q \to p$
$r \to r$	$r \to s$	$r \to r$	$r \to t$	$r \to s$	$r \to t$
$s \to s$	$s \to r$	$s \to t$	$s \to r$	$s \to t$	$s \to s$
$t \to t$	$t \to t$	$t \to s$	$t \to s$	$t \to r$	$t \to r$

28.

	I	*P*	*Q*	*R*	*S*	*T*
I	*I*	*P*	*Q*	*R*	*S*	*T*
P	*P*	*I*	*R*	*Q*	*T*	*S*
Q	*Q*	*T*	*I*	*S*	*R*	*P*
R	*R*	*S*	*P*	*T*	*Q*	*I*
S	*S*	*R*	*T*	*P*	*I*	*Q*
T	*T*	*Q*	*S*	*I*	*P*	*R*

29.

	I	*A*
I	*I*	*A*
A	*A*	*I*

30.

	I	A	B	C	D	E
I	I	A	B	C	D	E
A	A	I	C	B	E	D
B	B	D	I	E	A	C
C	C	E	A	D	I	B
D	D	B	E	I	C	A
E	E	C	D	A	B	I

31. Die Tafeln sind gleich. Die von ihnen dargestellten Gruppen sind isomorph.

32. Die Tafeln sind gleich. Die von ihnen dargestellten Gruppen sind isomorph.

33. Man benutze die Transformation:

$$\begin{cases} a \to b \\ b \to c \\ c \to a. \end{cases}$$

Bei der Übersetzung mit Hilfe dieser Transformation wird Tafel I nach Umordnung der Zeilen und Spalten zu Tafel IIB1.

34. Die Tafeln sind gleich. Die von ihnen dargestellten Gruppen sind isomorph.

35. Die Tafeln sind gleich. Die von ihnen dargestellten Gruppen sind isomorph.

36. Die zyklischen Gruppen C_1, C_2, C_3 und C_4 sind kommutativ, und die Symmetriengruppe eines Rechtecks ist kommutativ. Daher ist jede beliebige Gruppe, die isomorph zu einer dieser Gruppen ist, auch kommutativ.

Kapitel 12

2. Die Untergruppen von B sind $I = \{i\}$, $G = \{i, b\}$ und $B = \{i, a, b, c\}$.

3. Die Untergruppen von R sind $I = \{i\}$, $A = \{i, a\}$, $B = \{i, b\}$, $C = \{i, c\}$ und $R = \{i, a, b, c\}$.

4. Die Untergruppen von T sind $I = \{i\}$, $A = \{i, p, q\}$, $B = \{i, r\}$, $C = \{i, s\}$, $D = \{i, t\}$ und $T = \{i, p, q, r, s, t\}$.

5. $psp^{-1} = psp = rq = t.$ 6. $pqp^{-1} = pqp = iq = q.$

7. $bab^{-1} = bab = cb = a.$

8. $aba^{-1} = (ab)a^{-1} = (ba)a^{-1} = b(aa^{-1}) = bi = b.$

9. Nach Übung 8 gilt $aba^{-1} = b$ für jedes beliebige Element b von G. Somit ordnet der innere Automorphismus jedes Element b sich selbst zu.

14. Die Gruppe ist kommutativ. Somit ist nach Übung 9 der identische Automorphismus I der einzige innere Automorphismus, den sie hat.

15. Nur I.   16. Alle.   17. vgl. die Antworten 8 und 9 oben.

18. Wenn der durch a bestimmte innere Automorphismus der identische Automorphismus ist, dann gilt für jedes Element b von G $aba^{-1} = b$. Durch Multiplikation von rechts mit a erhalten wir $aba^{-1}a = ba$ bzw. $ab = ba$. Daher ist a mit jedem Element von G vertauschbar.

19. i und q.   20. Nur i.   21. Alle Elemente der Gruppe.

22. Alle Elemente der Gruppe.

23. S enthält i, daher ist $aia^{-1} = i$ in aSa^{-1} enthalten.

24. Jedes Element von aSa^{-1} hat die Form aba^{-1}, wobei b ein Element von S ist. Da S eine Untergruppe ist, enthält S auch b^{-1}. Daher ist $ab^{-1}a^{-1}$ in aSa^{-1} enthalten. $ab^{-1}a^{-1}$ ist aber das Inverse von aba^{-1}.

25. Zwei beliebige Elemente von aSa^{-1} haben die Form aba^{-1} und aca^{-1}, wobei b und c Elemente von S sind. Da S eine Untergruppe ist, enthält S auch bc. Daher ist $abca^{-1}$ in aSa^{-1} enthalten. Es gilt aber $(aba^{-1})(aca^{-1}) = ab(a^{-1}a)ca^{-1} = abica^{-1} = abca^{-1}$.

26. Man benutze ein Wörterbuch, das jedem Element b von S sein Konjugiertes aba^{-1} zuordnet. Wenn $bc = d$ ein Multiplikationssatz in S ist, übersetzt dieses Wörterbuch ihn in die Aussage $(aba^{-1})(aca^{-1}) = ada^{-1}$. Nach Übung 25 ist die Aussage $(aba^{-1})(aca^{-1}) = abca^{-1}$ wahr. Wenn wir bc durch d ersetzen, sehen wir, daß auch die Aussage $(aba^{-1})(aca^{-1}) = ada^{-1}$ wahr ist. Da das Wörterbuch jeden Multiplikationssatz in einen Multiplikationssatz übersetzt, ist es ein Isomorphismus zwischen S und aSa^{-1}. Also ist S isomorph zu aSa^{-1}.

27. $iCi^{-1} = iCi = \{iii, isi\} = \{i, s\}$.
$pCp^{-1} = pCq = \{piq, psq\} = \{i, t\}$.
$qCq^{-1} = qCp = \{qip, qsp\} = \{i, r\}$.
$rCr^{-1} = rCr = \{rir, rsr\} = \{i, t\}$.
$sCs^{-1} = sCs = \{sis, sss\} = \{i, s\}$.
$tCt^{-1} = tCt = \{tit, tst\} = \{i, r\}$.

28. $iAi^{-1} = iAi = \{iii, ipi, iqi\} = \{i, p, q\}$.
$pAp^{-1} = pAq = \{piq, ppq, pqq\} = \{i, p, q\}$.
$qAq^{-1} = qAp = \{qip, qpp, qqp\} = \{i, p, q\}$.
$rAr^{-1} = rAr = \{rir, rpr, rqr\} = \{i, q, p\}$.
$sAs^{-1} = sAs = \{sis, sps, sqs\} = \{i, q, p\}$.
$tAt^{-1} = tAt = \{tit, tpt, tqt\} = \{i, q, p\}$.

Die einzige Konjugierte von A ist A selbst.

29. Die einzige Konjugierte von A ist A.

30. Die einzige Konjugierte von G ist G.

31. Die einzige Konjugierte von B ist B.

32. Die Konjugierten von F sind $F = \{i, v\}$ und $E = \{i, u\}$.

33. Die einzige Konjugierte von H ist H.
34. Die Konjugierten von C sind $C = \{i, s\}$ und $D = \{i, t\}$.
35. Die Konjugierten von D sind $D = \{i, t\}$ und $C = \{i, s\}$.
36. Die Konjugierten von E sind $E = \{i, u\}$ und $F = \{i, v\}$.
37. I, A und T sind normale Untergruppen von T.
38. I, A, B, G, H und S sind normale Untergruppen von S.
39. In einer kommutativen Gruppe ist jeder innere Automorphismus der identische Automorphismus. Somit ist jede Konjugierte jeder Untergruppe die Untergruppe selbst. Daher ist jede Untergruppe eine normale Untergruppe.
40. *1, 3, 5* und *15*.   41. *1* und *5*.
42. Die einzigen Teiler von p sind *1* und p. Daher enthält eine Untergruppe entweder nur *1* Element oder alle p Elemente. Enthält sie nur *1* Element, ist sie die Untergruppe I. Enthält sie alle p Elemente, ist sie die Untergruppe G.
43. p ist größer als *1*. Daher gibt es ein Element a in der Gruppe, das von i verschieden ist. Nach Übung 42 ist die durch a erzeugte zyklische Untergruppe entweder I oder G. Sie kann nicht I sein, da sie a enthält, das von i verschieden ist. Somit muß sie G sein. Also ist G zyklisch.
44. Nach Übung 43 ist die Gruppe zyklisch. Jede zyklische Gruppe ist aber kommutativ (s. Übung 27 in Kapitel 8).
45. Nach Übung 36 in Kapitel 11 ist jede Gruppe der Ordnung *1, 2, 3* oder *4* kommutativ. Nach Übung 44 oben ist jede Gruppe der Ordnung *5* kommutativ.

Kapitel 13

1. $aGa^{-1} = G$. Daher gibt es für jedes Element g in G ein Element h in G, für das gilt $aga^{-1} = h$. Durch Multiplikation von rechts mit a erhalten wir $ag = ha$. ha ist aber ein Element von Ga. Somit ist jedes Element ag von aG auch ein Element von Ga. Aus $aGa^{-1} = G$ folgt auch, daß es für jedes Element h von G ein Element g von G gibt, für das gilt $aga^{-1} = h$. Dann zeigt der gleiche Beweis, daß gilt $ag = ha$. ag ist aber ein Element von aG. Daher ist jedes Element ha von Ga auch ein Element von aG.
2. Die Linksnebenklassen von A sind $\{i, p, q, r\}$ und $\{s, t, u, v\}$. Die Rechtsnebenklassen von A sind $\{i, p, q, r\}$ und $\{s, t, u, v\}$.
3. Die Linksnebenklassen von B sind $\{i, q\}$, $\{p, r\}$, $\{s, t\}$ und $\{u, v\}$. Die Rechtsnebenklassen von B sind $\{i, q\}$, $\{p, r\}$, $\{s, t\}$ und $\{u, v\}$.
4. Die Linksnebenklassen von H sind $\{i, q, u, v\}$ und $\{p, r, s, t\}$. Die Rechtsnebenklassen von H sind $\{i, q, u, v\}$ und $\{p, r, s, t\}$.
5. Die Linksnebenklassen von A sind $\{i, p, q\}$ und $\{r, s, t\}$. Die Rechtsnebenklassen von A sind $\{i, p, q\}$ und $\{r, s, t\}$.

6. $uB = \{u, v\}$, $rB = \{p, r\}$ und $tB = \{s, t\}$. $up = s$, $ur = t$, $vp = t$, $vr = s$.

7. $uH = \{i, q, u, v\}$, $sH = \{p, r, s, t\}$ und $pH = \{p, r, s, t\}$. $ip = p$, $ir = r$, $is = s$, $it = t$; $qp = r$, $qr = p$, $qs = t$, $qt = s$; $up = s$, $ur = t$, $us = p$, $ut = r$; $vp = t$, $vr = s$, $vs = r$, $vt = p$.

8. $pA = \{i, p, q\}$, $rA = \{r, s, t\}$ und $tA = \{r, s, t\}$. Weiter gilt $ir = r$, $is = s$, $it = t$; $pr = t$, $ps = r$, $pt = s$; $qr = s$, $qs = t$, $qt = r$.

9. Die Linksnebenklassen von A sind $\{i, a\}$ und $\{b, c\}$. Die Rechtsnebenklassen von A sind $\{i, a\}$ und $\{b, c\}$. $aA = \{i, a\}$, $bA = \{b, c\}$ und $cA = \{b, c\}$. $ib = b$, $ic = c$, $ab = c$, $ac = b$.

10. Die Linksnebenklassen von A sind $\{0, 3\}$, $\{1, 4\}$ und $\{2, 5\}$. Die Rechtsnebenklassen von A sind $\{0, 3\}$, $\{1, 4\}$ und $\{2, 5\}$. $2 + A = \{2, 5\}$, $3 + A = \{0, 3\}$ und $5 + A = \{2, 5\}$. $2 + 0 = 2$, $2 + 3 = 5$, $5 + 0 = 5$ und $5 + 3 = 2$.

11. a) $0 + E = \{0, 2, 4, \ldots, -2, -4, \ldots\}$.
    $1 + E = \{1, 3, 5, \ldots, -1, -3, \ldots\}$.
    $2 + E = \{2, 4, 6, \ldots, 0, -2, \ldots\}$
    $ = \{0, 2, 4, \ldots, -2, -4, \ldots\} = 0 + E$.
    $3 + E = \{3, 5, 7, \ldots, 1, -1, \ldots\}$
    $ = \{1, 3, 5, \ldots, -1, -3, \ldots\} = 1 + E$.

    b) Wie in a).   c) Zwei.   d) Zwei.

    f) $1 + E = 3 + E$ ist die Menge aller ungeraden ganzen Zahlen. $2 + E$ ist die Menge aller geraden ganzen Zahlen. Die Addition einer ungeraden ganzen Zahl mit einer geraden ganzen Zahl ergibt eine ungerade ganze Zahl.

12. a) $0 + T = \{0, 3, 6, \ldots, -3, -6, \ldots\}$.
    $1 + T = \{1, 4, 7, \ldots, -2, -5, \ldots\}$.
    $2 + T = \{2, 5, 8, \ldots, -1, -4, \ldots\}$.
    $3 + T = \{3, 6, 9, \ldots, 0, -3, \ldots\}$
    $ = \{0, 3, 6, \ldots, -3, -6, \ldots\} = 0 + T$.
    $4 + T = \{4, 7, 10, \ldots, 1, -2, \ldots\}$
    $ = \{1, 4, 7, \ldots, -2, -5, \ldots\} = 1 + T$.

    b) Wie in a).   c) Drei.   d) Drei.

    f) $(3a + 1) + (3b + 2) = 3a + 3b + 3 = 3(a + b + 1)$ ist ein Vielfaches von 3 und daher ein Element von $3 + T$.

13.

	I	P	S	U
I	I	P	S	U
P	P	I	U	S
S	S	U	I	P
U	U	S	P	I

Man beachte, daß gilt $pp = q$.
Deswegen folgt $PP = Q = I$.
Man beachte, daß gilt $pu = t$.
Deswegen folgt $PU = T = S$, usw.

14. Nach der Definition der Multiplikation von Nebenklassen ist $(AB)C$ die Nebenklasse, die das Produkt $(ab)c$ enthält, und $A(BC)$ die Nebenklasse, die das Produkt $a(bc)$ enthält. Da S aber eine Gruppe ist, gilt $(ab)c = a(bc)$. Deshalb haben diese beiden Nebenklassen ein Element gemeinsam. Daher müssen die Nebenklassen gleich sein; also gilt $(AB)C = A(BC)$.

15. a sei ein Element der Nebenklasse A. Da gilt $ia = a$ und $ai = a$, folgt nach der Definition der Multiplikation von Nebenklassen $IA = A$ und $AI = A$.

16. a sei ein beliebiges Element der Nebenklasse A. Da S eine Gruppe ist, hat a ein Inverses b mit der Eigenschaft, daß gilt $ab = i$ und $ba = i$. Dann folgt nach der Definition der Multiplikation von Nebenklassen $AB = I$ und $BA = I$.

17. n/m.

18.

	I	T
I	I	T
T	T	I

19.

	0	1	2
0	0	1	2
1	1	2	0
2	2	0	1

20. Wie in 19.

21. a)

	i	g	q	x
i	i	g	q	x
g	g	i	x	q
q	q	x	i	g
x	x	q	g	i

Y ist eine Untergruppe von S_4, da sie abgeschlossen ist gegenüber der Multiplikation.

b) Die Linksnebenklassen von Y sind $\{i, g, q, x\}$, $\{a, f, r, w\}$, $\{b, k, n, v\}$, $\{c, l, m, u\}$, $\{d, h, p, t\}$ und $\{e, j, o, s\}$. Die Rechtsnebenklassen von Y sind die gleichen sechs Mengen. Y ist eine normale Untergruppe, da jede Linksnebenklasse von Y eine Rechtsnebenklasse von Y ist und umgekehrt.

c)

	I	A	B	C	D	E
I	I	A	B	C	D	E
A	A	I	C	B	E	D
B	B	D	I	E	A	C
C	C	E	A	D	I	B
D	D	B	E	I	C	A
E	E	C	D	A	B	I

23. Da a und b in G liegen, werden beide durch den Homomorphismus in I übersetzt. Nehmen wir an, daß der Homomorphismus c in X übersetzt. Der Homomorphismus übersetzt den Multiplikationssatz $ab = c$ in den Multiplikationssatz $II = X$. Es gilt aber $II = I$ und daher $X = I$. Also ist c ein Element von G.

24. Nehmen wir an, daß der Homomorphismus i in X übersetzt. A sei ein beliebiges Element von T und b ein beliebiges Element von S, dem A zugeordnet wird. Es gelte $ib = bi = b$. Der Homomorphismus übersetzt diese Multiplikationssätze in die Multiplikationssätze $XA = AX = A$. Da dies für jedes Element A von T wahr ist, muß X das neutrale Element von T sein. Also gilt $X = I$. Daher ist i ein Element von G.

25. Nehmen wir an, daß der Homomorphismus a^{-1} in X übersetzt. Der Homomorphismus übersetzt den Multiplikationssatz $aa^{-1} = i$ in den Multiplikationssatz $IX = I$. Es gelte aber $IX = X$ und daher $X = I$. Also ist a^{-1} ein Element von G.

26. g sei ein beliebiges Element von G und a ein beliebiges Element von S. Es gelte $aga^{-1} = h$. X, Y und Z seien die Elemente von T, die der Homomorphismus den Elementen h, a und a^{-1} zuordnet. Der Homomorphismus übersetzt den Multiplikationssatz $aa^{-1} = i$ in den Multiplikationssatz $YZ = I$ und den Multiplikationssatz $aga^{-1} = h$ in den Multiplikationssatz $YIZ = X$. Es gilt aber $YIZ = (YI)Z = YZ = I$ und daher $X = I$. Also ist h ein Element von G.

27. a sei ein beliebiges Element von S, dem der Homomorphismus das Element A zuordnet, und g sei ein beliebiges Element von G. Es gelte $ag = c$. X sei das Element von T, das c zugeordnet wird. Der Homomorphismus übersetzt den Multiplikationssatz $ag = c$ in den Multiplikationssatz $AI = X$. Es gilt aber $AI = A$ und daher $X = A$. Daher wird jedem Element der Nebenklasse aG das Element A zugeordnet. Wir zeigen nun, daß A keinem anderen Element von S zugeordnet wird, indem wir zeigen, daß jedes Element b, dem A zugeordnet wird, ein Element der Nebenklasse aG ist. B sei das Element von T, das a^{-1} zugeordnet wird. Es gelte $a^{-1}b = h$, und X sei das Element von T, das h zugeordnet wird. Der Homomorphismus übersetzt die Multiplikationssätze $a^{-1}a = i$ und $a^{-1}b = h$ in die Multiplikationssätze $BA = I$ und $BA = X$. Es gilt dann $X = I$, und h ist ein Element von G. Wenn wir die Gleichung $a^{-1}b = h$ von links mit a multiplizieren, erhalten wir $b = ah$. Also ist b ein Element der Nebenklasse aG.

28. Man konstruiere ein Wörterbuch, das jedem Element aG von S/G das Element von T zuordnet, das a durch den Homomorphismus zugeordnet wird. Jedes Element von S/G kommt genau einmal in der linken Spalte vor. Jedes Element von T kommt genau einmal in der rechten Spalte vor (vgl. das Beispiel auf Seite 154). aG und bG seien zwei beliebige Elemente von S/G, und es gelte $ab = c$. Es folgt $(aG)(bG) = cG$. Nehmen wir an, daß das Wörterbuch aG, bG und cG in X, Y und Z übersetzt. Dann übersetzt der ursprüngliche Homomorphismus a, b und c in X, Y und Z. Der Homomorphismus übersetzt den Multiplikationssatz $ab = c$ in den Multiplikationssatz $XY = Z$. Das Wörterbuch für die Übersetzung von S/G nach T übersetzt den Multiplikationssatz $(aG)(bG) = cG$ in die Aussage $XY = Z$. Somit übersetzt es jeden Multi-

Kapitel 13   185

plikationssatz von *S/G* in einen Multiplikationssatz von *T* und ist daher ein Isomorphismus zwischen *S/G* und *T*.

29. Genau dann, wenn *G* und jede ihrer Nebenklassen nur ein Element enthalten. Dies ist genau dann der Fall, wenn *G* die triviale Untergruppe $\{i\}$ ist.

30.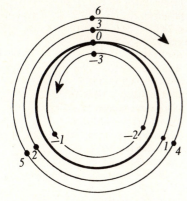

31.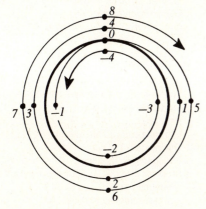

Sachwortverzeichnis

Abgeschlossenheit 5, 7, 11 f., 15, 20 ff., 24 ff., 31, 33 f., 39, 41, 49, 54 f., 62, 69, 74 ff., 90, 117, 125 f., 128
Abgeschlossenheitsmuster 69, 76 f.
Additionstafel einer Gruppe 37 ff., 94
Assoziativgesetz 5 ff., 11 ff., 15, 20 ff., 26 f., 31 ff., 39, 41, 49, 62, 65, 69, 73 ff., 90, 117, 195 f.
Automorphismus 106 ff., 131 ff.
–, äußerer 131 f., 136
–, identischer 115, 131, 137
–, innerer 130, 132, 135 ff.
–, inverser 115 f.
–, Produkt zweier 114, 136

Basis 9
–, Multiplikation von Potenzen gleicher 10
Baumdiagramm 84 ff.
Bewegungen 17 f., 78 f.
–, gleiche 29, 45, 78
–, Kombination von 19 f., 37
–, Wirkung von 29, 44 ff., 78 ff.
binäre Operation 4 ff., 11 ff., 24 ff., 31
Brüche 2 f.

Cayley, Satz von 104, 106

Distrivutivgesetz 101
Drehungen 28 ff., 53, 94, 99, 114, 117 f., 127, 129, 137
Dreiecksflächen 78

Eindeutigkeitsmuster 72, 76
Eins 7, 13
Einsetzungsregel 57 f.
Exponent 9 f.
–, negativer 61

Faktoren 9
–, Reihenfolge der 49 f.

ganze Zahlen 12 ff., 25, 35 f., 49, 83, 100 ff., 149, 155
–, Addition von 12 ff.
–, additive Gruppe der 152, 155 f.
ganze Zahlen, als Pfeile 17 ff.
–, additive Gruppe der 152, 155 f.
–, gerade 17

–, Gruppe der 26
–, Menge der 17
–, negative 17, 21
–, –, als Exponenten 23
–, nichtnegative 13 ff., 27, 39
–, positive 17
Grad 28 f.
Gruppe 25
–, Abelsche 50
–, abstrakte 117 f.
–, additive 40, 152, 155 f.
–, aller Drehungen 31 f., 35
–, aller ganzen Zahlen 35
–, Automorphismen- 116 f.
–, Automorphismus einer 113, 116 ff.
–, der Maßzahlen 26
–, endliche 34 f., 64, 66, 125 ff., 139 ff.
–, –, Bestimmung aller Untergruppen einer 126 ff.
–, –, Modelle für 104
– gleicher Struktur 94 ff.
–, Gleichungen in einer 66
–, kommutative 50, 52, 54, 67 f., 77, 130, 132, 137, 139, 142, 147 f., 157
–, –, additive Schreibweise in einer 67 f.
–, –, Nebenklassen in einer 147 ff.
–, –, Rechnen in einer 67
–, Multiplikationstafel einer 100, 117
–, multiplikative 42, 50
–, Ordnung einer 34 f., 139
–, Ordnung eines Elementes einer 112
–, Quotienten- 151 f.
–, Rechenregeln in einer 57 ff.
–, Struktur einer – der Ordnung 1 bis 4 118 ff.
–, symmetrische 91 f., 99 f., 117
–, –, einer endlichen Menge 104
–, –, S_1, S_2, S_3, S_4 (Multiplikationstafeln) 92
–, –, S_2 154
–, –, S_4 152
–, Tafel einer 32 f., 69 ff., 94 ff.
–, Tafeln einer – gleicher Struktur 94 ff.
Gruppe, Transformations- 90 f.
–, unendliche 34 f.
–, Unter- 125 ff.
–, Zentrum einer 137
–, zyklische 62, 64, 102 f.
–, –, kommutative 64
Gruppentafel 95 ff.

Sachwortverzeichnis

Hauptdiagonale 72 f., 77
Homomorphes Bild 153 f.
Homomorphismus 153 ff.

Inversenmuster 70 ff., 76
Inverses 8 ff., 15 ff., 20 ff., 24 ff., 32, 34, 39 ff., 49, 52, 54 f., 59 ff., 64 ff., 67, 69 ff., 74 ff., 91, 93, 103, 116 f., 125 f., 138, 155
–, additives 15 f., 22, 26, 39
–, multiplikatives 8 f., 15, 26 f., 40 f., 64
Isomorphismus 95 ff., 99 ff., 103, 106, 138, 153 ff.

Klammern, der Gebrauch von 58
Klammerregel 6, 13, 58
Kommutativgesetz 49, 67 f., 124, 129 f.
Kommutativmuster 77
Konjugiertes 129 f., 155
Kürzungsregel 64 f.

Lagrange, Theorem von 139

Maßzahlen 2 ff., 24 ff., 35, 41, 50, 66, 83, 129
–, durch Multiplikation erzeugte 10
–, Gruppe der 25 f.
–, Multiplikation von 3 f.
Menge 34 f.
–, endliche 34
–, Teil- 125
–, unendliche 35
Mengenschreibweise 125
Multiplikationsaussage 100
Multiplikationsregel 59 f.
Multiplikationssätze 100 f., 114 f., 131 ff., 153 ff.
Multiplikationstafel einer Gruppe 69 ff., 77, 94, 99 f.
Multiplikation von Potenzen gleicher Basis 10, 22 f.

Nebenklassen 140 ff., 155, 157
–, einer normalen Untergruppe 145 ff.
–, Links- 140 ff.
–, Multiplikation von 149 ff.
–, Rechts- 142 ff.
Neutrales Element 7 f., 11 ff., 20 ff., 24 ff., 32 f., 39, 41, 49, 52, 54, 59 ff., 65, 67, 69 f., 74 ff., 103, 117, 125 f., 138, 155
Neutralitätsmuster 70, 76 f.
Null 13 ff., 22 f., 83
–, als Exponent 22 f., 61
– teiler 42 f.

Ordnung 34 f., 112, 132, 139
–, einander zugeordneter Elemente 112
– einer Gruppe 34 f., 139
– eines Elementes einer Gruppe 112
–, Primzahl als 142

Paare, geordnete 4 f., 24, 79, 82 ff., 89, 130 ff., 153, 157
Pfeile 17 ff.
Position eines Punktes 78 ff.

Quotientengruppe 151 f.

Rechtecksmuster 73 ff.
Rotation 1

„Simon spricht" 56, 99
Symmetrien 44 ff.
– der Buchstaben eines Alphabetes 55 f.
– ebener Figuren 44 ff., 78, 117
– eines gleichseitigen Dreiecks 44 ff., 57 f., 64, 67, 69 f., 72, 78 f., 99, 114, 125, 129 f., 137 ff., 146 f.
– – – –, Multiplikationstafel der 48
– eines Quadrates 44 ff., 52 ff., 57 f., 63 f., 66 f., 70, 72, 99, 125, 127, 132, 136 ff., 143, 146 f., 149 ff.
– – –, Gruppe der 136
– – –, Multiplikationstafel der 54
– eines Rechtecks 50 ff., 58, 69 ff., 99, 114 f., 124, 129 f., 137, 148, 151, 154
Symmetrien, eines Rechtecks, Multiplikationstafel der 52
–, Multiplikation von 47 ff.
–, Produkt zweier 47 f.

Tafel einer Gruppe 32 f., 69 ff., 94 ff.
Tafeln gleicher Struktur 94 f.
Teilmenge 125
Transformationen 82 ff., 116 f., 131 ff., 134 ff.
–, einer Menge 82 ff., 117
–, Multiplikation von 89 f.
–, Multiplikationstafel der – einer Menge mit drei Elementen 90
–, Multiplikationstafel der – einer Menge mit vier Elementen 90
–, Multiplikationstafel der – einer Menge mit zwei Elementen 90
–, Produkte von 89 f.
–, Zahl der – einer endlichen Menge 84, 88 f.

Untergruppe 62 ff., 93, 99 f., 103 f., 117, 125 ff., 157
–, Bestimmung der – einer endlichen Gruppe 126 ff.
–, größte 125, 139
–, kleinste 125, 139
–, Konjugierte einer 137 ff., 145
–, Nebenklassen einer 140 ff.
–, nichttriviale 125
–, normale 139, 145 f., 150 f., 155, 157
–, –, Nebenklassen einer 145 ff.
–, –, Produkt von Nebenklassen einer 149 f.
–, Ordnung einer 139 ff.
–, selbstkonjugierte 139
–, Test für – einer ordentlichen Gruppe 125 f.
–, triviale 125, 142
–, von einem Element erzeugte 62 ff.
–, zyklische 112

Verknüpfungsregel 1
Verschiebung 18

Zahlen
–, ganze 12 ff., 25, 35 f., 49, 83, 100 ff., 149, 155
–, irrationale 83
–, Maß- 2 ff., 24 ff., 35, 41, 50, 66, 83, 129
–, natürliche 2 f., 5, 7 ff., 11, 17, 27, 49, 64, 66
–, –, Multiplikation von 38
Zahlen, nichtnegative ganze 13 ff., 27, 39
–, positive rationale 2
–, Potenzen von 9 ff.
–, reelle 83
–, Zifferblatt- 36 ff., 155
–, zusammengesetzte 43
Zahlengerade 2 f., 14, 36, 83 f., 155 f.
Zifferblattzahlen 36 ff., 94, 155
–, Addition von 37, 94

–, Acht-Punkte-System der 43
–, Drei-Punkte-System der 38
–, –, Additionstafel des 38
–, –, additive Gruppe des 40, 99
–, –, Multiplikationstafel des 39
–, –, Multiplikationstafel der von 0 verschiedenen Elemente des 42
–, Fünf-Punkte-System der 36 ff., 50
–, –, Additionstafel des 37, 39
–, –, additive Gruppe des 50, 73, 77, 103
–, –, Multiplikationstafel des 38, 40
–, –, Multiplikationstafel der von 0 verschiedenen Elemente des 40 f.
–, –, multiplikative Gruppe der von 0 verschiedenen Elemente des 50, 67, 73, 97
–, –, von 0 verschiedene Elemente des 40, 67, 76
–, Multiplikation von 38
–, n-Punkte-System der 39, 43
–, –, additive Gruppe des 155
–, Sechs-Punkte-System der 148
–, –, additive Gruppe des 148, 152
–, –, Multiplikationstafel der von 0 verschiedenen Elemente des 42
–, –, von 0 verschiedene Elemente des 64
–, Sieben-Punkte-System der 42, 64
–, –, Multiplikationstafel der von 0 verschiedenen Elemente des 42
–, –, von 0 verschiedene Elemente des 64
–, Vier-Punkte-System der 38, 43
–, –, Additionstafel des 38
–, –, additive Gruppe des 40, 97, 118
–, –, Multiplikationstafel des 39
–, –, Multiplikationstafel der von 0 verschiedenen Elemente des 41 f.
–, –, von 0 verschiedene Elemente des 65
Zifferblattzahlen, Zwei-Punkte-System der 38
–, –, Additionstafel des 38
–, –, additive Gruppe des 40, 99
–, –, Multiplikationstafel des 39